国家科学技术学术著作出版基金资助出版

纳米孔道电化学分析

龙亿涛　等 编著

化学工业出版社

·北京·

内容简介

本书是一部系统阐述纳米孔道电化学分析方法及应用的著作，在综述纳米孔道电化学发展历史、原理和应用的基础上，针对生物纳米孔道、固态纳米孔道、玻璃纳米孔道，介绍了其原理、特点和实验技术的要点与细节，详细列出了目前纳米孔道电化学测量仪器的组成及性能指标等，讲解了纳米孔道电化学信号分析处理方法，总结了这些方法与技术在单个体测量的新进展，并列举了丰富的应用实例。同时展望了纳米孔道电化学分析领域的前沿和发展趋势。

本书汇集了作者团队多年的研究成果和教学经验，系统介绍了纳米孔道电化学技术的原理、发展及应用，兼具前沿性、实用性和综合性，可供分析化学、电化学、单分子科学、传感等领域的研究人员及高等院校相关专业学生参考使用，也可用作高等院校分析化学、仪器分析等相关专业的教学参考书。

图书在版编目（CIP）数据

纳米孔道电化学分析 / 龙亿涛等编著. —北京：化学工业出版社，2024.3

ISBN 978-7-122-44849-1

Ⅰ.①纳… Ⅱ.①龙… Ⅲ.①电化学分析 Ⅳ.①O657.1

中国国家版本馆CIP数据核字（2024）第026646号

责任编辑：傅聪智 李晓红　　文字编辑：毕梅芳 师明远
责任校对：宋 玮　　装帧设计：王晓宇

出版发行：化学工业出版社
（北京市东城区青年湖南街13号 邮政编码100011）
印　　装：中煤（北京）印务有限公司
710mm×1000mm 1/16 印张16½ 字数278千字
2024年7月北京第1版第1次印刷

购书咨询：010-64518888　　售后服务：010-64518899
网　　址：http://www.cip.com.cn
凡购买本书，如有缺损质量问题，本社销售中心负责调换。

定　　价：150.00元　　

序言

新的测量方法为推动科学认知的跨越式发展提供了可能。最典型的例子是继Röntgen发现X射线后，Friedrich、Knipping、von Laue、Ewald、Braggs、Debye、Sumner、Patterson等人在此基础上发展了X射线晶体衍射技术。这项技术已广泛应用于晶体、DNA（Franklin、Wilkins、Gosling）和蛋白质（Kendrew、Perutz等人）的三维结构表征，推动了材料科学研究，揭示了DNA和蛋白质的功能，并为开发新型诊断试剂和创新生物大分子应用提供了重要技术支撑。

自20世纪30年代以来，传统的电生理技术一直被用于研究神经和肌肉行为的分子机理，如Young、Cole、Curtis、Hodgkin、Huxley、Eccles、Fatt和Katz等的工作。膜片钳是对神经细胞膜上单个离子通道“开-关”状态也就是“门控”所产生的动作电位变化进行测量，如Neher和Sakmann的工作促使电生理技术向更深层次发展。在当时，将神经中的“兴奋诱导物质”（由Ehrenstein、Lecar和Nossal研究）重新构建到人工磷脂双层膜中的方法（由Tsien及其同事在20世纪60年代初开发，Montal和Mueller在20世纪70年代提出的另一种方法），为研究离子通道另辟蹊径。

X射线晶体衍射是一项成功用于表征晶体结构及其变化规律的技术，其实质是探测比原子间距小的电磁波波长。但自20世纪80年代起，人们发现该技术并不能实现对离子通道等跨膜蛋白结构的研究。将电生理技术和水溶性的纳米聚合物结合，可以用来表征离子通道内部结构的固有性质。例如，利用可溶性聚合物分子进入离子通道门控系统产生的离子电流来估计通道内分子体积排阻瞬时变化（如Zimmerberg和Parsegian的工作）。随后，Krasilnikov和同事基于单个分子进入纳米尺寸离子通道（纳米孔道）并造成纳米孔道内电导瞬时变化的基本物理原理，使用不同尺寸的聚合物分子确定了离子通道内腔的直径，也就是只有当聚合物分子尺寸小到可以进入到孔道内时才能减少孔道电导。在那个时期，Simon（与Blobel合作）就开始使用我在美国国立卫生研究院的电生理装置，研究了内质网上一种尚未确定结构的蛋白质传导通道。可以看出，利用离子通道研究人工合成聚合物和生物大分子的想法在20世纪80年代后期已经形成。

在上述基础上，我决定利用离子通道测试人工合成聚合物和生物大分子。最初的设计是利用电压调控的离子通道检测DNA的穿孔实验，但没有成功。然而，该实验随后孕育了两个重要发现：第一，我实验中发现的离子通道电压依赖性门控现象是可以被控制和终止的，这直接促使在后来研究中利用纳米孔道传感技术区分不同的离子，见我和Bezrukov的工作。第二，在1990年我们利用蛋白质离子通道对人工合成的聚合物分子（Krasilnikov也用了同一分子）进行检测时发现，聚合物穿过纳米孔道的持续时间比基于爱因斯坦公式计算的布朗运动所获得的纳米孔道内分子理论扩散时间要长约1000倍。实验结果很清楚地表明，当聚合物分子在穿过纳米孔道时，分子与孔道内壁发生了相互作用，这使得用纳米孔道进行单分子检测成为可能（如Bezrukov、Vodyanoy、Brutyan和Kasianowicz的工作）。以上两个结果使得我们与哈佛大学的Brandin、Branton以及加利福尼亚大学洛杉矶分校的Deamer合作的核糖核苷酸在电场驱动下穿过蛋白质纳米孔道的研究得以进行，这项检测方法为后续基于纳米孔道的第一代DNA测序技术，即对DNA碱基进行“卡带式”信息读取的发展提供了研究基础（这个想法最终于2012年被华盛顿大学Gundlach实验室证明）。2000年，我与Krasilnikov进行合作，发现纳米孔道可以直接区分不同尺寸的聚合物分子，且区分效果突破单体尺寸限制，这项发现为我们（Ju和Churchk课题组）开展基于纳米孔道的第二代DNA测序技术研究提供了全新测量方法和理论基础（即无需荧光标记即可进行直接合成式的DNA测序）。这两种测序方法现已分别被牛津纳米孔科技（ONT）公司和罗氏（Genia/Roche）公司采用。第三种纳米孔道测序方法是在纳米孔道入口处利用核酸剪切酶对DNA序列进行碱基剪切，该方法也曾被牛津纳米孔科技公司所采用，但在2012年，我们从理论上证明了这种策略并不可行。尽管纳米孔道单分子检测的第一阶段是在没有孔道结构知识的情况下完成的，但X射线晶体学（如Gouaux实验室）和基因工程的结合着实促进了蛋白质纳米孔道的合理设计，赋予其新功能。

有一些例子提到，纳米孔道单分子检测技术是基于库尔特计数器原理发展而来的。然而，并非如此，其原因有二：首先，颗粒在进入和穿过微米尺寸毛细管时，由于毛细管长度较长，颗粒很容易被识别，而相对较小的单分子只有在它们与纳米孔壁发生相互作用时才能被检测到；其次，两种测量方法所产生的电导随时间变化的信号本质上产生的原因并不一致，在库尔特计数器中，颗粒在毛细管中电泳产生的电导变化的原因相对复杂。在基于纳米孔道的单分子传感中，由于孔口的电阻远小于孔道内部的电阻，分子在孔口的停留时间极大缩短，造成分子穿过纳米孔道时产生的瞬时孔道电导变化形状是方波脉冲（Hall于1975年提出理论假设，我和Bezrukov、Vodyanoy、Brutyan在1996年进行了相关的实验测量）。

在这本书中，龙亿涛教授详细讲述了纳米孔道电生理学测量的进展及应用，旨在帮助下一代学生推动该技术的进一步发展和运用。除了本文所述的技术方法外，此书的目的还在于让学生认识到科学灵感并非凭空产生：新的概念是建立在先前的实验发现基础之上的。最后，以上所述的所有纳米孔道传感都利用了电极-溶液界面的简单可逆电化学反应。但是如果将这一分析方法应用于化学及生物学中的电化学反应研究，将能取得更多的成果，这也正是编纂本书的重要动力之一。

John J. Kasianowicz 博士

美国佛罗里达州，南佛罗里达大学（坦帕）物理系

德国弗莱堡大学，玛丽·居里高级研究员

2023年12月9日于南京大学

Preface

New methods of measurement make significant leaps in scientific knowledge possible. A prime example is the 3-dimensional structural analysis of materials that followed Röntgen's discovery of X-rays and the development of the effect by Friedrich, Knipping, von Laue, Ewald, the Braggs, Debye, Sumner, Patterson, and others. The method's application to structural determination of crystalline solids, DNA (Franklin, Wilkins, Gosling) and proteins (Kendrew, Perutz, and others) led to advancements in materials science, the elucidation of DNA and protein function, development of therapeutic agents, and novel applications of biological molecules.

Classical electrophysiology has been used since the 1930s to better understand the molecular basis of nerve and muscle activity (Young, Cole, Curtis, Hodgkin, Huxley, Eccles, Fatt, Katz, and others). Refinement of the method by the "patch clamping" of nerve membranes (Neher and Sakmann) demonstrated that the action potential was mediated by individual ion channels that flickered or "gated" between open and "closed" states. Around that time, the ability to study "Excitability-Inducing Material" from nerve (Ehrenstein, Lecar, and Nossal) reconstituted in artificial phospholipid bilayer membranes (developed in the early 1960s by Tsien and colleagues and another method in the 1970s by Montal and Mueller) opened another way to study ion channels.

X-ray crystallography was a successful structural technique, because it uses electromagnetic radiation with wavelengths that are smaller than the atoms it locates. In the 1980s, the method was not sufficiently developed to elucidate the structures of transmembrane proteins like ion channels. However, a combination of electrophysiology and nanometer-scale water-soluble polymers were used to physically characterize ion channel structure. For example, the volume change that occurs during channel gating was estimated using pore-impermeant polymers (Zimmerberg and Parsegian). Subsequently, Krasilnikov and colleagues used polymers with different mean sizes to determine the inner diameter of an ion channel's pore: only polymers that were small enough to enter the pore were able to reduce the nanopore conductance. Around that time, Simon (collaborating with Blobel) initially used my electrophysiology rig at the National Institutes of Health to study a putative protein-conducting channel from the endoplasmic reticulum. Thus, the thought that ion channels could be a conduit for synthetic and biological polymers was clear by the late 1980s.

Based on those efforts, I decided to test whether ion channels could be used to physically characterize synthetic and biological polymers. Initial experiments to test DNA translocation through the voltage-dependent ion channel were not successful. However, that capability was soon made possible by two experimental findings. First, I discovered experimentally that the voltage-dependent gating of an ion channel could be controlled and stopped, which enabled us (Kasianowicz and Bezrukov) to use a nanopore to sense and discriminate between different ions. Second, in 1990, we found that the dwell time of polymers (the same ones used by Krasilnikov) in a protein ion channel was $\approx$1000 times longer than one would expect if polymers simply diffused through a nanoscale pore according to Einstein's equation for Brownian motion. It was clear to us that polymers interacted with the pore walls, making single molecule detection with nanopores possible (Bezrukov, Vodyanoy, Brutyan, and Kasianowicz). These two results enabled our study of nucleic acid transport through a protein nanopore (Kasianowicz, Brandin, Branton, and Deamer), which provided the basis for using a nanopore to read DNA bases in a ticker tape-like fashion (finally demonstrated by Gundlach's group). In the 2000s, in collaboration with Krasilnikov's group, we showed that a nanopore could discriminate between different sized polymers to better than the monomer limit, and this new measurement capability allowed us (with Ju's and Church's groups) to demonstrate a second nanopore-based DNA sequencing method (i.e., sequencing-by-synthesis without the need for fluorescent tags). These two DNA sequencing methods are employed by Oxford Nanopore Technologies (ONT) and Genia Technologies/Roche, respectively. A third DNA sequencing method, based on the cleavage of bases by exonuclease in proximity to the nanopore entrance, was proposed by ONT, but in 2012 we demonstrated theoretically that this was not feasible. While the first phase of nanopore-based single molecule sensing was done without the knowledge of channel structures, a combination of X-crystallography (e.g., by Gouaux's group) and genetic engineering markedly aided the rational design of protein nanopores with novel functions.

It has been stated in several instances that nanopore-based single molecule sensing is a simple extension of the Coulter counter principle. However, that is not the case for two reasons. First, the entry and transport of particles into and through a microscale capillary are easily measured because of the relatively long path length of the capillary. In contrast, relatively small single molecules that partition into and/or translocate through a nanopore can only detected if they interact with the pore walls, as noted above. Second, the natures of the conductance time series signals measured in the two methods are quite different. With Coulter counting, the initial decrease in the capillary conductance is relatively complex. In nanopore-based sensing, the molecule-induced change in pore conductance look like rectangular resistive pulses, because the access resistance just outside the pore mouth is far less than that of the pore itself (which was suggested by Hall in 1975 and measurements reported by Bezrukov, Vodyanoy, Brutyan, and me in 1996) and the short time scale the molecules spend just outside the pore.

In this book, professor Yitao Long describes in more detail the development, and some of the applications of, nanopore-based electrophysiology measurements to help the next generation of students further the technique's development and applications. In addition to the technical methods described herein, the purpose of the book is to have students also appreciate that ideas are not born in a vacuum: new concepts are built on experimental findings that precede them. Finally, all of the nanopore-based sensing, described above, made use of simple reversible electrochemical reactions at the electrode-solution interface. However, much more could be done by the analytical method if it was applied to the study of electrochemical reactions in chemistry or biology. That latter fact is one of the motivations for this book.

John J. Kasianowicz, Ph.D.
at Nanjing University, China; 9 December, 2023

University of South Florida Tampa
Department of Physics
Tampa, FL USA

Senior Marie Curie Fellow
Universität Freiburg
Germany

前言

孔，通也。《说文解字》中，孔的含义是平面上通透的小洞。顾名思义"纳米孔"是指具有纳米尺寸孔径的孔洞。笔者将具有识别传感功能的纳米孔称作"纳米孔道"，主要基于如下考虑:"孔"在汉字中的含义为"贯通""透"，但并未阐明该孔具有的深度与厚度，是薄薄一张纸上的孔？还是山川中深邃的洞？这如同在显微镜下俯视观察一个微孔，只能看到孔径大小而不知孔有多深。"道"的释义为"所行道也"，即"道路"，从道路起点走到终点，具有时序性和空间趋向性。故此，"纳米孔道"意指具有纳米尺寸直径和一定深度的贯通孔。纳米孔道作为传感器时，待测物首先与"孔口"发生相互作用，两者"相匹配"时，待测物被识别并进入"孔"中，进而在"道"中发生时序性的连续作用与运动。将孔道界面看作检测系统中的"电极"，待测物与孔道之间的相互作用则可理解为电极界面的电化学过程。记录的电流信号变化可以反映待测物与孔道之间的相互作用及待测物的特性信息。

纳米孔道电化学作为一种新兴起的电化学分析方法，以"孔道"作为电荷传输限域空间，将电化学传感分析从宏观界面推进到纳米限域界面，从分子整体行为测量推进到单个分子、单个颗粒、单个细胞等单个体水平差异性测量，在DNA测序、蛋白质构象解析和测序、多糖序列识别、化学反应中间体识别、单分子反应路径监测，以及分子、离子和电荷的限域仿生传输研究等方面具有独特的优势。纳米孔道电化学的研究属于前沿交叉方向，可推动生物大分子测序、高通量临床标志物监测及生化反应等研究，或成为化学、生物、医学等领域的新热点。

在总结笔者多年科研教学经验和汇集国内外最新研究进展的基础上，本书从基础知识和理论出发，系统阐述了纳米孔道电化学分析技术的原理、仪器、方法及其应用，重点讲述了研究应用实例。全书共分为8章。第1章概述了纳米孔道电化学基础与应用；第2～4章分别详细介绍了生物、固体、玻璃纳米孔道检测技术的理论知识和实验方法，具体包括孔道的制备表征、功能化设计修饰以及单个体测量研究等内容；第5章重点介绍了纳米孔道电化学测量仪器系统的组成和性能指标，并简述了常见商品化仪器；第6章主要介绍了纳米孔道电化学信号分析与处理的原理和方法；第7章综述了生物、固体和玻璃纳米孔道单个体分析研究进展；第8章总结并展望了纳米孔道电化学分析领域面临的机遇和挑战。本书还提供了具体的应用实例，不仅对相关领域的科研人员具有重要的参考价值，也可供对该技术感兴趣的高等院校教师、学生参考借鉴。由于笔者学术水平和精力有限，书中难免存在疏漏和不当之处，恳请同行专家和广大读者批评指正。

本书由龙亿涛等编著。参与本书编写的人员有：应佚伦、于汝佳、马慧、胡正利、刘少创、李孟寅、武雪原、胡咏絮、芦思珉、钟诚兵、蒋杰、牛红艳、刘威、李欣怡、陈梦洁、高凡、霍明珠、杨超男、张琳琳、陈珂乐和周子琪。在校稿过程中得到了任壬、汤娟、辛凯莉、王佳、谢保康、高妍、李俊鸽、傅英焕、黄庭婧、宋嘉凯、魏慧君、李亚雪的支持和帮助。值2023年冬，笔者团队在南京举办了国际纳米孔道电化学会议，邀请到John J. Kasianowicz博士参会报告，并为本书撰写了序言，谨谢东南大学汪海燕博士将此序言译为中文！在此对所有参与人员谨致衷心的感谢！感谢本书责任编辑的邀约和指导，以及国家科学技术学术著作出版基金的资助，正是这份支持使本书能够呈现在广大读者面前。特别感谢国家自然科学基金委员会对笔者团队研究工作的长期支持，感谢化学工业出版社工作人员在本书出版过程中的宝贵帮助与辛勤付出，感谢各位同仁的支持！

二十年来，纳米孔道电化学之路，笔者深觉“道”直而深邃，需纯粹之心方能成就卓绝。参与本书的编者，皆在笔者课题组深耕学习或携手工作过，共同见证了此领域历风霜、沐疑云而行稳致远。在此发展历程中，深识世情人心，于挚友于挑战，铭记于心，历经艰辛曲折，见微知著，无怨无悔，纳米孔道电化学，因纯粹之追求而更显丰饶！

龙亿涛
2024年2月于南京

目录 CONTENTS

第 1 章

纳米孔道电化学基础与应用

1.1 纳米孔道电化学分析

众所周知，自然界中很多感知器官的形状类似于孔道结构。例如，宏观上具有厘米尺寸孔道结构的耳道和鼻腔可以接收、放大声波及气味信号；微观上纳米尺寸的生物通道蛋白在基本生命活动中发挥着至关重要的作用，能够将一系列物理和化学信号转换为生物学信号。生物通道的结构与功能的关系一直是多学科协同研究的热点，这些镶嵌在细胞膜上的蛋白具有不同的化学组成和分子结构，承担着各类离子和生物分子的跨膜运输功能。多年来，研究人员一直致力于寻找一种合适的生物通道蛋白作为传感器件，探究生物分子在纳米限域空间中的传输机制。在公开报道的文献中，1996年，John Kasianowicz、Eric Brandin、Daniel Branton和David Deamer使用α-溶血素（α-hemolysin，α-HL）孔道成功实现了单个寡聚核苷酸分子的检测，此研究对纳米孔道单分子分析具有划时代的科学意义，证明了α-HL这种天然生物通道蛋白，即纳米孔道进行单个核酸分子分析的可行性[1-2]。自此，纳米孔道电化学单分子分析技术得到了快速发展，已应用于包括核酸、多肽、蛋白质、糖等多种生物分子的无标记、高通量、实时单分子分析[3]。

1.2 纳米孔道的分类

根据形成孔道的材料，可将纳米孔道大致分为天然纳米孔道和人造纳米孔道两类[4]。早在20世纪90年代，蛋白质纳米孔道就被用来对人工合成聚合物大分子进行检测，并发现聚合物分子穿过纳米孔道的持续时间比布朗运动中基于理论计算所得的分子运动扩散时间要长约1000倍，表明聚合物分子在穿过纳米孔道时与孔道内壁相互作用，这为纳米孔道单分子检测的开展提供了前期实验和理论依据[5-7]。如表1-1所示，天然纳米孔道通常以天然成孔蛋白质、多肽或DNA分子为基础，这些分子在磷脂双分子层上自组装形成具有纳米限域空间的通道，具有高度重现的孔道尺寸和化学结构。除α-HL外，气溶素（aerolysin）、耻垢分枝杆菌孔蛋白A（mycobacterium smegmatis porin A, MspA）、大肠杆菌溶细胞素A（cytolysin A, ClyA）等蛋白质也被用于生物纳米孔道的构建。人造纳米孔道主要包含固体纳米孔道、玻璃纳米孔道、从头设计的人工蛋白质纳米孔道等。固体纳米孔道是指固体膜上人工加工的小孔，其具有化学性质稳定、尺寸可调、易于对其内壁进行化学和物理修饰等优势，进一步拓宽了纳米孔道单分子分析技术的应用范围。制备固体孔道的材料主要有氮化硅、氧化硅、氧化铝、石墨烯、二硫化钼以及高分子聚合物等。通常情况下，制备固体纳米孔道通常需要用到聚焦离子束、聚焦电子束等微纳加工方法，制备步骤烦琐、成本高昂。近来，一种基于电化学刻蚀技术制备固体纳米孔道的新方法被提出，通过可控电介质击穿（controlled dielectric breakdown, CDB）在氮化硅薄膜上制备单个纳米孔道[8]。该方法操作过程简单、制备可控，可以原位在电解质溶液中完成孔道制备，并被用于与微流控装置集成，进行多种待测物的同时分析。受电化学和扫描探针显微镜技术的启发，硅酸盐或石英玻璃毛细管被制备成尖端具有纳米级小孔的三维非对称锥形结构，用于单分子、单颗粒、单细胞等待测物的分析研究。玻璃纳米孔道的制备方法主要有电化学刻蚀法和激光拉制法两种，操作简单，可在普通化学实验室批量制备。

表1-1　纳米孔道的分类

孔道种类	成孔材料	制备方法	优势	实验装置示意图
生物纳米孔道	成孔蛋白：气溶素、α-HL、MspA、ClyA；DNA、多肽分子等	自组装在磷脂双分子层上形成孔道	孔径小，易于进行单分子电化学实验；实验重现性高；结构稳定	
固体纳米孔道	半导体材料：氮化硅、氧化硅、氧化铝等 二维材料：石墨烯、二硫化钼等	可控电介质击穿、聚焦离子束、激光打孔等	孔径可控； 机械强度高； 易于功能化	
玻璃纳米孔道	石英玻璃、硼硅酸盐玻璃	电化学刻蚀、激光拉制等	孔径可控； 易于制备； 易于功能化	

1.3　纳米孔道电化学技术原理

纳米孔道电化学技术是基于瞬态离子流的测量技术，其将由单个成孔蛋白分子形成的纳米孔道置于电解质溶液中，孔道内壁与作为离子导体的电解质直接接触形成两相界面，纳米孔道结构可被等效为特殊的“单分子阻抗”。在电场和流体场的驱动下，电解质离子有序地通过纳米孔道，从而形成稳定的离子流。由于孔道内腔具有纳米级的三维几何立体结构，尺寸与单个生物分子适配，为单分子分析提供了恰适的传感空间。当单个分子有序地逐个通过纳米限域空间时，会引起纳米孔道界面的变化，从而使得测量体系的电容和电阻发生改变，进而产生相应的离子流变化。进一步，通过对高通量的瞬时电流信号进行分析，可解析出通过纳米孔道的大量单个生物分子的时序性的物理、化学性质[1-9]。构建纳米孔道电化学单分子测量系统，首先需要具有一定面积的支撑薄膜。根据纳米孔道种类的不同，薄膜材料可以是由磷脂双分子层组成的生物膜，或者是固体薄膜比如二氧化硅、氮化硅等。其次，在支撑薄膜上需要有具有纳米级尺寸的孔道。孔道及支撑薄膜将检测池分为两部分，检测池中电解质溶液仅能通过这一孔道相连通。使用电极（通常为银/氯化银电极）在检测池两侧施加一定电压，电解质溶液中的离子发生定向迁移，产生特定大小的离子电流。最后，在检测池一侧加入目标待测物分子，在电场或流体场的作用下，溶液中随机运动的目标分子逐个通过纳米孔道，由于分子占据了孔道内部的空间，孔道内离子流发生变化。当待测物分子完全通过孔道后，孔道电流又恢复至开孔状态。由于电流信号的持续时间、幅值及产生频率与待测物分子的构象、尺寸、浓度变化等信息直接相关，因此，对产生的高通量电流信号进行数据统计分析和算法解析，可无标记、实时解析单个待测物分子的结构与性质信息，追踪单分子构象变化，揭示单分子反应机制。

纳米孔道电化学的基本原理是利用电场或流体场操控溶液中目标分子的运动，对通过孔道的单分子所产生的瞬态电信号进行精准读取与解析。概括地说，这是一种通过纳米孔道实现的单分子电化学控制技术。如图1-1所示，纳米孔道检测装置中的电势分布可以被分为三个部分：①从检测池一侧电极至纳米孔道孔口处；②纳米孔道内部；③纳米孔道另一侧至另一个电极。①和③通常被称为“入口电阻”（access resistance），②被称为孔道电阻（pore resistance）。不考虑孔道带电的情况下，整个体系的总电阻可以被表示为[10-11]：

$$R = R_{\text{pore}} + R_{\text{access}} \tag{1-1}$$

因此，整个体系的电导（G）可以表示为[11-12]：

$$G = \sigma \left[\frac{4l}{\pi d^2} + \frac{1}{d} \right]^{-1} \tag{1-2}$$

式中，l为有效膜厚；σ为电解质的电导率；d为孔径。公式第一项对应于纳米孔道电阻，第二项对应于入口电阻。不考虑孔道带电的情况下，整个纳米孔道电化学检测体系的电场分布与膜厚、孔径以及电解质溶液相关。

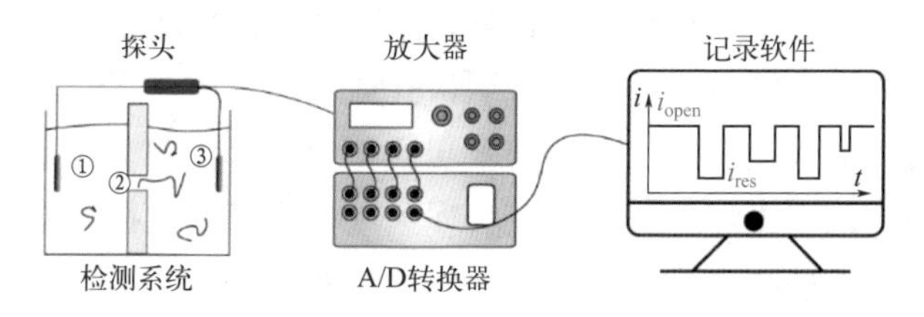

图1-1 纳米孔道单分子检测技术原理图

同时，进一步得到开孔电流（I_0）与施加电压V的关系方程：

$$I_0 = \sigma V \left[\frac{4l}{\pi d^2} + \frac{1}{d} \right]^{-1} \tag{1-3}$$

式中，l为有效膜厚；σ为电解质的电导率；d为孔径。

在纳米孔道单分子分析过程中，溶液中的待测物如DNA或蛋白质等带有一定表面电荷，其在外加电压下受到电场力作用，这种作用力被称为电泳力（EPF）。电泳力在大多数带电检测体系中都占有主导地位，并且可以通过改变施加在电极上的电压大小对电泳力大小进行调节[13-14]。除受到电泳力外，由于孔道内壁也通常带有一定量的电荷，带相反电荷的离子在其表面吸附，从而产生双电层，表面吸附的离子随着施加电场产生的定向运动，形成电渗流[15]。有研究表明，电渗流会显著影响单个分子的穿孔行为[16]。除上述两种力影响外，待测物分子，尤其是生物大分子，在电解质溶液中还会受到溶液黏性带来的阻滞力，以及与生物孔道中氨基酸残基或者固体纳米孔道表面产生的弱相互作用力（氢键、范德华力、静电相互作用），进而影响其穿孔行为[17]。生物纳米孔道是由氨基酸有序排列组成的蛋白质单分子界面，目标分子在孔道内的排阻体积与其和孔道之间的相互作用共同决定了离子流信号的特征。

近来，有研究证明目标分析物与生物纳米孔道内壁氨基酸残基之间的弱相互作用是影响离子流信号特征的主要因素[18]。该研究提出限域相互作用增强的单分子分析新机制，即通过调控孔道内氨基酸残基的化学特性，增强纳米孔道与目标分子之间的时序相互作用能力。从理论角度揭示了纳米孔道与目标分子之间的非共价相互作用通过方向、距离、强度等影响孔道内的离子迁移率，改变孔道内未被目标分子占位部分的溶液电导，以乘积的形式在体积排阻的基础上诱导离子流传感信号的增强。同时，在实验验证方面，结合溶液电导理论，证实了甲基化DNA与气溶素的相互作用在增强离子流信号中的重要性，并对其在离子流信号增强中的贡献进行了定量化。

纳米孔道单分子分析技术的另一个关键部分就是对微弱电流信号的准确记录，以通过信号对单个分子行为进行解读（图1-1）。纳米孔道单分子分析技术所能达到的时间和电流分辨率不仅与纳米孔道界面性质及实验环境有关，同时与电化学测量仪器性能密切相关。纳米孔道单分子分析的检测系统面临着如何放大微弱、瞬态离子电流信号，以及实现大规模高通量数据记录的同时有效地处理数据以提取准确信息的挑战。因此，纳米孔道分析检测仪器和数据处理算法的开发也成为纳米孔道电化学分析技术的重要组成部分[19-20]。通过解析获得的高通量纳米孔道电化学电流信号，可获得目标单分子的固有性质及其与孔道之间的相互作用，如可以揭示分子构象、电荷、体积大小等性质的不同，同时也可以在一定条件下反映待测物的浓度；还可以实现待测物细微结构组成差异的探测，比如单个不同种脱氧核糖核苷酸的体积差异区分[21]、蛋白质不同翻译后修饰的区分[22]等。正是不同待测分子产生的不同电流信号，奠定了纳米孔道单分子电化学传感分析的基础。

1.4 纳米孔道电化学分析的应用

近年来，分析化学对超微空间的研究，不仅提高了痕量物质的检测灵敏度，还推动了对微纳尺度下分子的结构、分子动力学行为、分子间相互作用等研究，单分子技术已经成为生命科学研究的一个重要手段。单分子分析方法具有明显的优势——克服大量分子带来的平均效应，区别分子间的统计和动态性质的差异，测量出在大量分子中隐藏的少数分子的行为，从而建立单个生物分子的行为特征与其生物学功能的关系，帮助我们更好地深入了解生物分子的结构和功能，获取分子间信号传输机制等。传统的单分子研究方法可以大致分为三类：第一类是基于光学方法的单分子技术，例如通过荧光分子修饰标记的单分子荧光技术[23-24]；第二类是基于力学研究的单分子技术，如光镊[25]、磁镊[26]和原子力显微镜[27]；第三类是基于电子检测的单分子研究技术，如扫描电子显微镜[28-29]以及透射电子显微镜[29]等。这些方法可以协同利用，从而实现对单分子行为的动态实时研究。然而，上述研究方法也具有一定的局限性，如通常需要昂贵复杂的实验装置以及较低的检测通量等，因而难以满足单分子行为研究的需要。纳米孔道电化学分析，凭借其无需标记、高通量等优势逐渐在单分子测量领域占据越来越重要的地位，成为生命分析化学、电化学、环境化学等学科发展的至关重要的推动力。纳米孔道电化学分析技术是通过分析待测物通过与其尺寸匹配的限域测量空间时造成的离子流变化来特异性识别目标单分子（图1-2）。其由于简明的原理以及容易实现的实验条件，目前已经被成功应用于DNA测序[30]、蛋白质/多肽分析[31-36]等领域，获得了一些使用传统分析难以获取的单体信息，将理解生命过程的分子尺度又推进到了一个新层次。

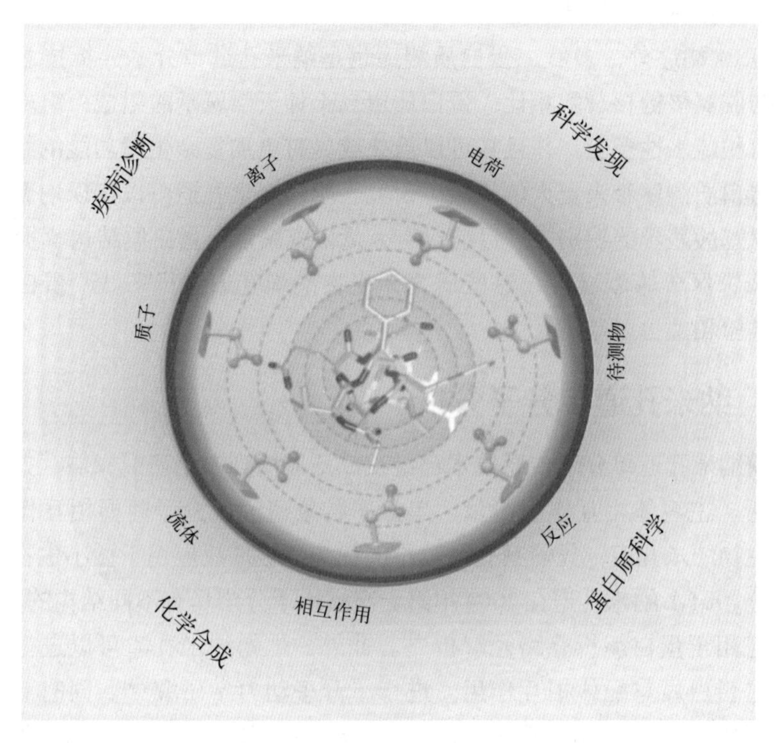

图1-2 纳米孔道电化学测量[35]

1.4.1 纳米孔道单分子测序

纳米孔道在单分子测序上的优势推动了其在单分子传感技术中的兴起。有科学家在20世纪80年代便提出利用孔道来分辨不同种类的脱氧核糖核苷酸的设想，从而实现DNA单分子测序[1]。随后α-溶血素（α-HL）等生物纳米孔道被广泛应用于单分子分析领域，使得DNA单分子测序逐渐从可能变成现实[13]。生物纳米孔道具有较窄的孔径、易于精确修饰的特性，对分子间的细微差异的区分具有较高的灵敏度。近年来，基于生物纳米孔道的DNA测序方法（包括使用修饰的α-HL或者MspA[37]等）得到了不断发展和完善。同时，牛津纳米孔（Oxford Nanopore）公司已经开发出了基于α-HL的商业化DNA测序仪[38]。随着新技术的发展以及新材料的不断出现，固体纳米孔道在很多方面也实现了突破。石墨烯、二硫化钼等二维材料被成功应用于固体纳米孔道检测分析。由于其单原子层的超薄特性，在单碱基和单个氨基酸分辨方面具有巨大的潜力。并且由于其具有高的横向导电性，在纳米孔道的间隙中会产生隧穿电流，也可用于单分子的超灵敏检测，目前已有报道使用石墨烯纳米孔道检测DNA，使用二硫化钼和氮化硼纳米孔道分辨单个核苷酸等[39-40]。

除DNA测序外，多肽、蛋白质测序也是纳米孔道单分子分析技术研究的焦点。与脱氧核糖核苷酸相比，蛋白质由二十种天然氨基酸组成，组成更加复杂，电荷和疏水性多变，并且其可以折叠成具有更加复杂生理功能的结构，这无疑给蛋白质测序带来更大的挑战。研究表明气溶素孔道可以实现均聚短肽链上单个氨基酸差异的识别[41]。目前已有大量研究聚焦于蛋白质结构解折叠[32,42]、翻译后修饰区分等领域[22]，这些研究为生物纳米孔道进行多肽、蛋白质测序提供了实验和理论基础。

1.4.2 纳米孔道单分子分析

目前纳米孔道单分子传感技术已经被广泛应用到多个研究领域，如生物大分子分析、主客体相互作用测量、单分子构象研究、分子间弱相互作用识别等。如生物纳米孔道，凭借其孔径较小的优势，被广泛应用于微小生物分子差异的区分。α-HL纳米孔道在2004年第一次被用于分辨具有不同结构的多肽[33]，后续被应用于蛋白解折叠路径解析[43]。此外，生物纳米孔道可以进行配体修饰，通过蛋白质与配体相互作用，进行单分子动力学研究[44]。同时，基于主客体相互作用，α-HL纳米孔道实现了癌症相关标志物的检测以及DNA甲基化的灵敏区分[45-46]。固体纳米孔道中，由于其表面易于被修饰，因而被广泛应用于大分子研究。通过增强孔道与待测物之间的相互作用，减缓待测物过孔速度，固体纳米孔道已经实现了大分子量蛋白尺寸、构象等信息的精确捕获[47]。同时，为减小固体孔道表面材料与待测物之间的非特异性吸附，使用磷脂双分子层对固体纳米孔道表面进行功能化处理，再将小分子“锚点”修饰在磷脂表面，使待测的蛋白质分子可以被锚定后沿着磷脂双分子层进入孔道，成功实现了不同分子量β-淀粉样蛋白寡聚体的区分[48]。

基于纳米孔道的电化学分析方法被进一步升华凝练出“单分子界面限域测量”新概念，如图1-3所示，由单个生物大分子卷曲形成的纳米孔道结构精准、功能可控，限域测量界面内每一个氨基酸基团均可以被定点、定向地修饰。因此，纳米孔道可被视为一种由氨基酸有序排列组成的蛋白质单分子电极，与传统的电极/电解质两相界面类似，纳米孔道单分子界面的等效电路模型为溶液电阻与电阻-电容（resistor-capacitance，RC）串联的形式。纳米孔道电化学分析的灵敏性和选择性主要取决于测量界面的性质。通过界面内多区域、多位点动态协同作用，可以实时追踪、分析、操控单个被限域在纳米孔道内的生物单分子，有利于精准测量和解析生物分子的动态相互作用和“构-效”关系。此单分子界面被进一步用于单分子间相互作用谱的研究[49]。发展了单分子时频谱学分析技术，通过时频变换方法解析离子流波动信息，从微小的离子流中获得时序性的信息，寻找频率特征值和限域空间内化学过程以及化学基团之间的对应关系，建立单分子相互作用指纹谱库，实现对突变气溶素纳米孔道内离子相互作用网络特性的预测。进一步，基于机器学习等智能算法，结合学习的电流时域和频域参数，有望实现纳米孔道蛋白质信号的分类和纳米孔道单分子多肽/蛋白质的测序[50,51]。

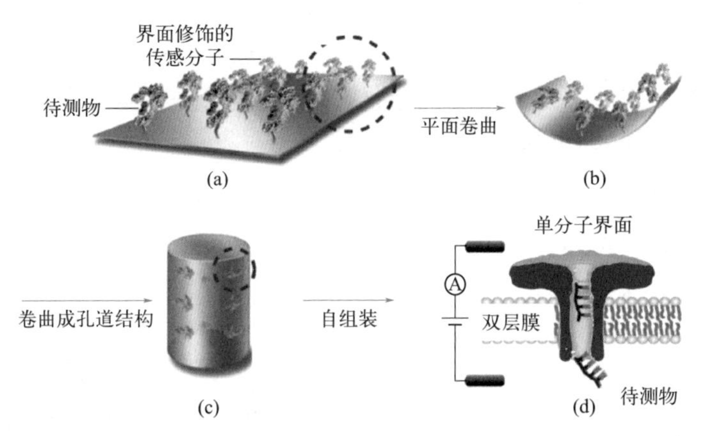

图1-3　纳米孔道单分子界面构想示意图[49]：（a）传统电化学分析传感界面；（b）界面微观化和卷曲过程；（c）具有三维立体孔道结构的分析界面；（d）自组装单分子界面用于单个生物大分子无标记、高通量分析

纳米孔道不仅可以实现无标记、实时、瞬态单分子电化学测量，还具有特殊的亚波长光学性质，可以有效增强电场、电磁场等理化势场。因此，纳米孔道电化学技术可以与荧光成像、表面等离激元散射、表面增强拉曼等光学技术结合，实现光电双信号耦合测量，原位、高通量追踪目标分析物动态构象、瞬态结构及分子水平信息。纳米孔道电化学单分子分析可与荧光技术如共聚焦纤维成像、全内反射荧光及零模波导等结合。在玻璃纳米孔道孔口限域空间内构建液/液两相界面，可通过孔尖的增强电场来控制两相界面的移动[52]。基于共聚焦荧光成像-电化学高带宽耦合测量系统实现聚集诱导发光（aggregation-induced emission, AIE）过程的光电可逆调节与追踪。进一步，将此石英孔道

作为“纳米注射器”，把AIE分子精准、可控地注射递送至单个乳腺癌细胞内，进行单细胞无损成像分析。例如，在磷脂微球上构建MspA生物纳米孔道，将Ca^{2+}和可被Ca^{2+}激活产生荧光的Fluo-8荧光探针分别置于孔道两端。在电场力驱动下，Ca^{2+}定向迁移至含有Fluo-8的溶液端，两者结合产生荧光。当单个生物分子通过纳米孔道时，阻碍Ca^{2+}在孔道内的有效迁移，因此荧光强度降低。通过分析产生的瞬态全内反射荧光信号强度变化，实现无需电驱动的纳米孔道检测单分子[53]。当光照射在金属薄膜上亚微米尺寸的孔道结构时，限域在孔内的等离激元共振能够显著增强特定波长光的折射率，发生异常光学透射现象（extraordinary optical transmission, EOT）。基于此原理，设计、制备了Au膜修饰的SiN_x暗场散射纳米孔道（scattering nanopores），可以对单个聚苯乙烯颗粒瞬态穿孔行为进行散射光-离子流双信号同步读出。单个颗粒穿过纳米孔道造成的离子流扰动被高带宽、弱电流检测仪器记录。亚波长孔道限域作用使可见光透射率显著增强，颗粒移动过程造成孔道区域折射率变化，散射光强被光电倍增管探测记录[24]。通过精准设计散射纳米孔道和贵金属薄膜的几何结构及尺寸，可实现对单个生物分子的构象变化动态分析及实时操控。此光散射纳米孔道有望被用于表面增强拉曼测量，精准获取分子本征指纹信息。

1.4.3 纳米孔道限域可控单分子化学

20世纪90年代末，“nanopore”一词被提出用作描述单链DNA分子通过纳米级尺寸的孔道进行单分子测序的技术[54]。经过近30年的发展，除了DNA测序以外，这一单分子分析方法在生物化学反应动态测量研究领域发展迅速并显示出独特的优势。纳米孔道具有天然的限域结构，可以作为优秀的纳米级反应器，应用于多种单分子共价反应研究[55]。通过定点突变，可在α-HL孔道界面内引入半胱氨酸（P_{SH}），利用其侧链巯基与单个分子反应引起的电流变化，实现P_{SH}与有机砷化合物共价反应的实时观测[56]。将α-HL单体的5个不同位点同时突变为半胱氨酸，在单分子水平上实时监测了有机砷化合物在孔道内半胱氨酸轨道上的运动轨迹[57]。除了天然氨基酸外，还可将非天然氨基酸引入生物纳米孔道内部来探究限域空间内的单分子化学反应。将末端具有炔烃的氨基酸引入α-HL孔道，实现了单分子水平上点击化学反应的可视化[58]。基于相同原理，利用含有酮基的氨基酸对纳米孔道单分子界面进行精准修饰，进行非天然侧链上的单分子可逆共价化学反应的研究[59]。通过定点突变技术制备了同一位点突变为半胱氨酸的七聚体气溶素孔道K238C，实现了环形单分子反应界面的构建，这为纳米限域空间内的单分子反应提供了更为丰富的化学反应动力学信息[60]。此外，Stable Protein 1（SP 1）生物纳米孔道被用作纳米限域反应器，用来精准控制贵金属纳米颗粒的电化学动态过程[61]。对离子流信号的扰动和散射光谱的变化进行解析，可原位解析金属纳米颗粒电沉积过程中的成核动力学机制。通过调节施加电压、沉积时间，控制ITO导电玻璃上SP 1纳米孔道的密度，即数量及孔道之间的距离，实现了金属纳米颗粒的可控合成与组装。这是首次利用纳米孔道限域效应调控前驱体离子与孔道内壁之间的相互作用，精准控制电化学沉积中电子转移动态过程，实现对单个金属纳米颗粒成核、生长的可控调节。根据暗场散射光谱变化，可在单个金属颗粒上对抗原-抗体特异性结合进行定量分析。

1.4.4　纳米孔道单个体电化学

电荷传输是生命活动中分子与分子之间、分子与细胞之间以及细胞与细胞之间最基本的信号传导方式之一。纳米孔道分析技术不仅可以获得离子流变化信息，还可以被进一步构建成具有不同几何形貌的纳米限域电极界面，增强电极/电解质界面两相极化，解析微纳尺度下电荷及物质传递机制。以具有三维锥形几何结构的石英纳米孔道作为模板，利用磁控溅射、电子束蒸镀等微纳加工技术，在孔道尖端制备具有非对称结构的开孔式无线纳米孔电极，构建纳米金属电活性界面[62-67]。将电活性基团引入纳米孔道电极的尖端，利用纳米孔道的电化学限域效应，有效调控了电极界面极化电场。建立了纳米孔道电极孔尖离子流增强机制，将细胞内还原型辅酶Ⅰ（NADH）电子传递过程的微弱法拉第电流转化为纳米孔道孔尖电荷密度的实时变化过程，获得了极易分辨的离子流增强时序信号，从而增强了纳米电化学测量的灵敏度及空间分辨能力。该方法对NADH检测限可低至1 pmol/L，可有效评估抗癌药物对单个细胞呼吸链电子传递能力的影响，为在单细胞水平揭示单个氧化还原代谢分子及信号分子作用机制提供了新方法[62]。如图1-4所示，以纳米孔道尖端限域空间为模板，将“电化学过程”限域在单个纳米孔道内，通过“化学-电化学”制备策略，实现了在普通化学实验室即可构建含有电活性尖端的无线纳米孔电极。研究发现，单个无线限域纳米孔电极具有孔尖电荷极化增强效应，显著提升了分析物与纳米电极间的动态相互作用能力。基于此，进一步提出“尖端限域电容增强”纳米电化学检测新机制，提高了纳米电极测量动态电化学过程的灵敏度，将单个纳米颗粒电信号的电流分辨率提升至0.6 pA（均方根值）、时间分辨率提升至10 μs，从而实现了在混合样品中对单个纳米颗粒尺寸的高灵敏分辨。同时，由于无线限域纳米孔电极表面形貌均一度高，显著降低了传统电化学测量过程中的随机性与不确定性，将单纳米粒子碰撞电极的频率提升了两个数量级，为准确获取单个纳米颗粒的本征信息提供了新途径[63]。传统的纳米电极制备过程依赖于微纳加工技术，其尺寸形貌较难控制，极大地限制了纳米电化学检测中的可重复性和精准分析，无线纳米孔电极的制备在普通化学实验室即可简单快速完成，不仅可被用来进行单个细胞内电化学过程的高时空分辨研究，结合纳米孔道独特的光学特性[66-68]，这一新型电极还可进一步应用于生物分析及单细胞的精准检测，为研究限域环境内的氧化还原过程提供新思路。

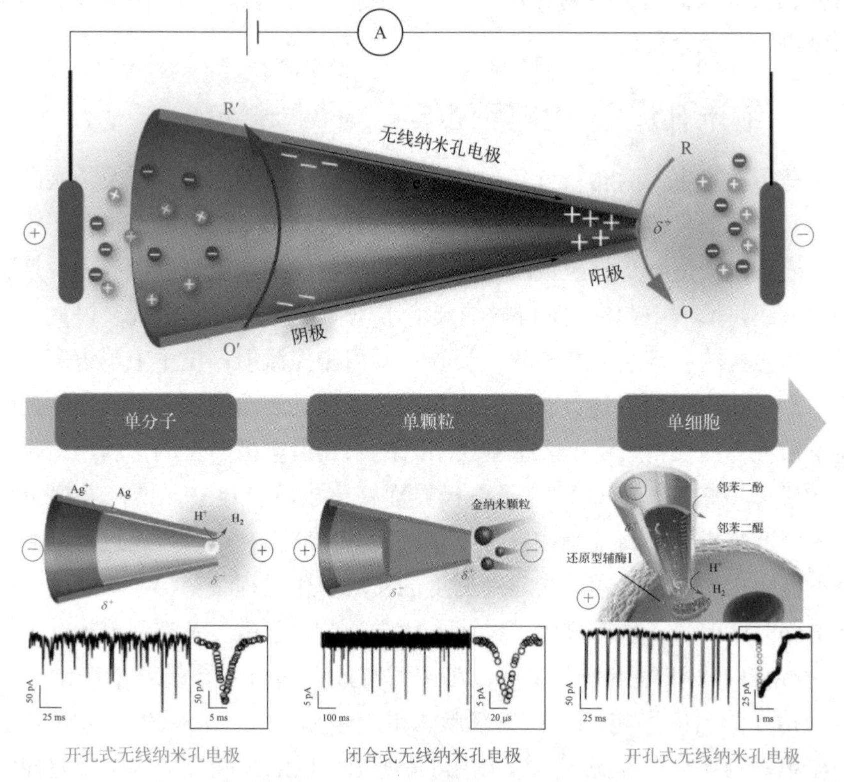

图1-4 基于双极性电化学机制的无线纳米孔电极单体电化学测量：从单分子到单颗粒再到单细胞[62]

参考文献

[1] Deamer D, Akeson M, Branton D. Three decades of nanopore sequencing[J]. *Nature Biotechnology*, 2016, 34(5): 518-524.

[2] Kasianowicz J J, Brandin E, Branton D. Characterization of individual polynucleotide molecules using a membranechannel[J]. *Proceedings of the National Academy of Sciences of the United States of America*, 1996, 93(24): 13770-13773.

[3] Long Y T, Zhang M N. Self-assembling bacterial pores as components of nanobiosensors for the detection of single peptide molecules[J]. *Science in China Series B: Chemistry*, 2009, 52(6): 731-733.
[4] Long Y T. Confining electrochemistry to nanopores[M]. London: Royal Society of Chemistry, 2020.
[5] Bezrukov S M, Kasianowicz J J. Current noise reveals protonation kinetics and number of ionizable sites in an open protein ion channel[J]. *Physical Review Letters*, 1993, 70(15): 2352.
[6] Kasianowicz J J, Bezrukov S M. Protonation dynamics of the alpha-toxin ion channel from spectral analysis of pH-dependent current fluctuations. *Biophysical Journal*, 1995, 69(1): 94-105.
[7] Bezrukov S M, Vodyanoy I, Brutyan R A, Kasianowicz J J. Dynamics and free energy of polymers partitioning into a nanoscale pore[J]. *Macromolecules*, 1996,29(26): 8517-8522.
[8] Ying Y L, Long Y T. Single-molecule analysis in an electrochemical confined space[J]. *Science China Chemistry,* 2017, 60(9): 1187-1190.
[9] Reiner J E, Balijepalli A, Robertson J W F, et al. Disease detection and management via single nanopore-based sensors[J]. *Chemical Reviews*, 2012, 112(12): 6431-6451.
[10] Cao C, Long Y T. Biological nanopores: Confined spaces for electrochemical single-molecule analysis[J]. *Accounts of Chemical Research*, 2018, 51(2): 331-341.
[11] Kowalczyk S W, Grosberg A Y, Rabin Y, Dekker C. Modeling the conductance and DNA blockade of solid-state nanopores[J]. *Nanotechnology*, 2011, 22(31): 315101.
[12] Carlsen A T, Zahid O K, Ruzicka J, Taylor E W, Hall A R. Interpreting the conductance blockades of DNA translocations through solid-state nanopores[J]. *ACS Nano*, 2014, 8(5): 4754-4760.
[13] Keyser U F, Koeleman B N, van Dorp S, Krapf D, Smeets R M, Lemay S G, Dekker N H, Dekker C. Direct force measurements on DNA in a solid-state nanopore[J]. *Nature Physics*, 2006, 2(7): 473-477.
[14] van Dorp S, Keyser U F, Dekker N H, Dekker C, Lemay S G. Origin of the electrophoretic force on DNA in solid-state nanopores[J]. *Nature Physics*, 2009, 5(5): 347-351.
[15] Melnikov D V, Hulings Z K, Gracheva M E. Electro-osmotic flow through nanopores in thin and ultrathin membranes[J]. *Physical Review*, 2017, 95(6): 063105.
[16] Firnkes M, Pedone D, Knezevic J, Doblinger M, Rant U. Electrically facilitated translocations of proteins through silicon nitride nanopores: conjoint and competitive action of diffusion, electrophoresis, and electroosmosis[J]. *Nano Letters*, 2010, 10(6): 2162.
[17] Wanunu M, Sutin J, McNally B, Chow A, Meller A. DNA translocation governed by interactions with solid-state nanopores[J]. *Biophysical Journal*, 2008, 95(10): 4716-4725.
[18] Li M Y, Ying Y L, Yu J, et al. Revisiting the origin of nanopore current blockage for volume difference sensing at the atomic level[J]. *JACS Au*, 2021, 1(7): 967-976.
[19] Gu Z, Wang H, Ying Y L, Long Y T. Ultra-low noise measurements of nanopore-based single molecular detection[J]. *Science Bulletin*, 2017, 62(18): 1245-1250.
[20] Ying Y L, Hu Y X, Gao R, Yu R J, Gu Z, Lee L P, Long Y T. Asymmetric nanopore electrode-based amplification for electron transfer imaging in live cells[J]. *Journal of the American Chemical Society*, 2018, 140(16): 5385-5392.
[21] Stoddart D, Heron A J, Mikhailova E, Maglia G, Bayley H. Single-nucleotide discrimination in immobilized DNA oligonucleotides with a biological nanopore[J]. *Proceedings of the National Academy of Sciences of the United States of America*, 2009, 106(19): 7702-7707.

[22] Li S, Wu X Y, Li M Y, Liu S C, Ying Y L, Long Y T. T232K/K238Q aerolysin nanopore for mapping adjacent phosphorylation sites of a single tau peptide[J]. *Small Methods*, 2020, 4(11): 2000014.

[23] Kinkhabwala A, Yu Z, Fan S, Avlasevich Y, Müllen K, Moerner W E. Large single-molecule fluorescence enhancements produced by a bowtie nanoantenna[J]. *Nature Photonics*, 2009, 3: 654-657.

[24] Shi X, Gao R, Ying Y L, Si W, Chen Y F, Long Y T. A scattering nanopore for single nanoentity sensing[J]. *ACS Sensors*, 2016, 1(9): 1086-1090.

[25] Bustamante C, Alexander L, Maciuba K, Kaiser C M. Single-molecule studies of protein folding with optical tweezers[J]. *Annual Review of Biochemistry*, 2020, 89(1): 443-470.

[26] de Vlaminck I, Kker C D. Recent advances in magnetic tweezers[J]. *Annual Review of Biophysics*, 2012, 41(1): 453-472.

[27] Rief M. Single molecule force spectroscopy on polysaccharides by atomic force microscopy[J]. *Science*, 1997, 275(5304): 1295-1297.

[28] Wang X, Colavita P E, Metz K M, Butler J E, Hamers R J. Direct photopatterning and SEM imaging of molecular monolayers on diamond surfaces: mechanistic insights into UV-initiated molecular grafting[J]. *Langmuir: The ACS Journal of Surfaces & Colloids*, 2007, 23(23): 11623.

[29] Rong W, Pelling A E, Ryan A, Gimzewski J K, Friedlander S K. Complementary TEM and AFM force spectroscopy to characterize the nanomechanical properties of nanoparticle chain aggregates[J]. *Nano Letters*, 2004, 4(11): 2287-2292.

[30] Clarke J, Wu H C, Jayasinghe L, Patel A, Reid S, Bayley H. Continuous base identification for single-molecule nanopore DNA sequencing[J]. *Nature Nanotechnology*, 2009, 4(4): 265.

[31] Wang H Y, Gu Z, Cao C, Wang J, Long Y T. Analysis of a single α-synuclein fibrillation by the interaction with a protein nanopore[J]. *Analytical Chemistry*, 2013, 85(17): 8254-8261.

[32] Liu S C, Ying Y L, Li W H, Wan Y J, Long Y T. Snapshotting the transient conformation and tracing the multiple pathways of single peptides folding using solid-state nanopore[J]. *Chemical Science*, 2021, 12(9): 3282-3289.

[33] Sutherland T C, Long Y T, Stefureac R I, Bediako-Amoa I, Kraatz H B, Lee J S. Structure of peptides investigated by nanopore analysis[J]. *Nano Letters*, 2004, 4(7): 1273-1277.

[34] Stefureac R, Long Y T, Kraatz H B, Howard P, Lee J S. Transport of α-helical peptides through α-hemolysin and aerolysin pores[J]. *Biochemistry*, 2006, 45(30): 9172.

[35] Ying Y L, Ivanov A P, Tabard-Cossa V. No small matter[J]. *Nature Chemistry*, 2021, 13(3): 216-217.

[36] Lu S M, Wu X Y, Li M Y, Ying Y L, Long Y T. Diversified exploitation of aerolysin nanopore in single-molecule sensing and protein sequencing[J]. *View*, 2020, 1(4): 20200006.

[37] Derrington I M, Butler T Z, Collins M, et al. Nanopore DNA sequencing with MspA[J]. *Proceedings of the National Academy of Sciences of the United States of America*, 2010, 107(37): 16060-16065.

[38] Rusk N. Genomics: MinION takes center stage[J]. *Nature Methods*, 2014, 12(1): 12-13.

[39] Saha K K, Drndi M, Nikoli B K. DNA base-specific modulation of microampere transverse edge currents through a metallic graphene nanoribbon with a nanopore[J]. *Nano Letters*, 2012, 12(1): 50-55.

[40] Heerema S J, Kker C D. Graphene nanodevices for DNA sequencing[J]. *Nature Nanotechnology*,

2016, 11(2): 127.

[41] Piguet F, Ouldali H, Pastoriza-Gallego M, Manivet P, Pelta J, Oukhaled A. Identification of single amino acid differences in uniformly charged homopolymeric peptides with aerolysin nanopore[J]. *Nature Communications*, 2018, 9(1): 966.

[42] Nivala J, Marks D B, Akeson M. Unfoldase-mediated protein translocation through an α-hemolysin nanopore[J]. *Nature Biotechnology*, 2013, 31(3): 247-250.

[43] Rodriguez-Larrea D, Bayley H. Protein co-translocational unfolding depends on the direction of pulling[J]. *Nature Communications*, 2014, 5: 4841.

[44] Howorka S, Nam J, Bayley H, Kahne D. Stochastic detection of monovalent and bivalent protein–ligand interactions[J]. *Angewandte Chemie International Edition*, 2004, 116(7): 860-864.

[45] Zeng T, Liu L, Li T, Li Y, Gao J, Zhao Y, Wu H C. Detection of 5-methylcytosine and 5-hydroxymethylcytosine in DNA via host-guest interactions inside α-hemolysin nanopores[J]. *Chemical Science*, 2015, 6(10): 5628-5634.

[46] Li T, Liu T, , Li L, Xie Y, Wu H C. A universal strategy for aptamer-based nanopore sensing through host-guest interactions inside α-hemolysin[J]. *Angewandte Chemie International Edition*, 2015, 54(26): 7568-7571.

[47] Yusko E C, Prangkio P, Sept D, Rollings R C, Li J, Mayer M. Nanopore-based measurements of protein size, fluctuations, and conformational changes[J]. *ACS Nano*, 2017, 11(6): 7b01212.

[48] Yusko E C, Prangkio P, Sept D, Rollings R C, Li J, Mayer M. Single-particle characterization of Aβ oligomers in solution[J]. *ACS Nano*, 2012, 6(7): 5909-5919.

[49] Ying Y L, Cao C, Hu Y X, Long Y T. A single biomolecule interface for advancing the sensitivity, selectivity and accuracy of sensors[J]. *National Science Review*, 2018, 5(4): 450-452.

[50] Liu S C, Li M X, Li M Y, et al. Measuring a frequency spectrum for single-molecule interactions with a confined nanopore[J]. *Faraday Discussions*, 2018, 210: 87-99.

[51] Li X, Ying Y L, Fu X X, Wan Y J, Long Y T. Single-molecule frequency fingerprint for ion interaction networks in a confined nanopore[J]. *Angewandte Chemie International Edition*, 2021, 60(46): 24582-24587.

[52] Ying Y L, Li Y J, Mei J, Gao R, Hu Y X, Long Y T, Tian H. Manipulating and visualizing the dynamic aggregation-induced emission within a confined quartz nanopore[J]. *Nature Communications*, 2018, 9(1): 3657.

[53] Wang Y, Wang Y, Du X, Yan S, Zhang P, Chen H Y, Huang S. Electrode-free nanopore sensing by DiffusiOptoPhysiology[J]. *Science Advances*, 2019, 5(9): eaar3309.

[54] Brown B B, Wu E S, Zipfel W, Webb W W, Measurement of molecular diffusion in solution by multiphoton fluorescence photobleaching recovery[J]. *Biophysical Journal*, 1999, 77(5): 2837-2849.

[55] Liu W, Yang Z L, Yang C N, Ying Y L, Long Y T. Profiling single-molecule reaction kinetics under nanopore confinement[J]. *Chemical Science*, 2022, 13(14): 4109-4114.

[56] Shin S H, Luchian T, Cheley S, Braha O, Bayley H. Kinetics of a reversible covalent-bond-forming reaction observed at the single-molecule level[J]. *Angewandte Chemie International Edition*, 2002, 41(19): 3707-3709.

[57] Pulcu G S, Mikhailova E, Choi L S, Bayley H. Continuous observation of the stochastic motion of an individual small-molecule walker[J]. *Nature Nanotechnology*, 2015, 10(1): 76-83.

[58] Lee J, Bayley H. Semisynthetic protein nanoreactor for single-molecule chemistry[J]. *Proceedings*

of the National Academy of Sciences of the United States of America, 2015, 112(45): 13768-13773.

[59] Lee J, Boersma A J, Boudreau M A, Cheley S, Daltrop O, Li J, Tamagaki H, Bayley H. Semisynthetic nanoreactor for reversible single-molecule covalent chemistry[J]. *ACS Nano*, 2016, 10(9): 8843-8850.

[60] Zhou B, Wang Y Q, Cao C, Li D W, Long Y T. Monitoring disulfide bonds making and breaking in biological nanopore at single molecule level[J]. *Science China(Chemistry)*, 2018, 61(11): 47-50.

[61] Qin L X, Li Y, Li D W, Jing C, Chen B Q, Ma W, Heyman A, Shoseyov O, Willner I, Tian H, Long Y T. Electrodeposition of single - metal nanoparticles on stable protein 1 membranes: Application of plasmonic sensing by single nanoparticles[J]. *Angewandte Chemie International Edition*, 2011,51(1): 140-144.

[62] Gao R, Lin Y, Ying Y L, Hu Y X, Xu S W, Ruan L Q, Yu R J, Li Y J, Li H W, Cui L F, Long Y T. Wireless nanopore electrodes for analysis of single entities[J]. *Nature Protocols*, 2019, 14(7): 2015-2035.

[63] Ying Y L, Hu Y X, Gao R, Yu R J, Gu Z, Lee L P, Long Y T. Asymmetric nanopore electrode-based amplification for electron transfer imaging in live cells[J]. *Journal of the American Chemical Society*, 2018, 140(16): 5385-5392.

[64] Gao R, Ying Y L, Li Y J, Hu Y X, Yu R J, Lin Y, Long Y T. A 30 nm nanopore electrode, facile fabrication and direct insights into the intrinsic feature of single nanoparticle collisions[J]. *Angewandte Chemie International Edition*, 2017, 57(4): 1011-1015.

[65] Yu R J, Chen K L, Ying Y L, Long Y T. Nanopore electrochemical measurement for single-molecular interactions and beyond[J]. *Current Opinion in Electrochemistry*, 2022, 35: 101063.

[66] Wang H W, Lu S M, Chen M, Long Y T. Optical-facilitated single-entity electrochemistry[J]. *Current Opinion in Electrochemistry*, 2022, 34: 100999.

[67] Long Y T, Yu R J, Lu S M. Nanoconfinement measurement: Nanopore electrochemistry[M]//Bard A J. Encyclopedia of Electrochemistry. New York: Wiley & Sons, 2021: 1-37.

[68] Long Y T, Wanunu M, Winterhalter M. Nanopore electrochemistry[J]. *Chemistry: An Asian Journal*, 2023, 18(3): e202201253.

第 2 章

生物纳米孔道检测系统

基于生物分子材料构建的纳米孔道称为生物纳米孔道。成孔蛋白是最早应用于单分子电化学检测的生物纳米孔道，天然的生物纳米孔道是由外膜孔蛋白（outer-membrane porin, OMP）、成孔毒素（pore-forming toxin, PFT）蛋白和通道肽（channel-forming peptide, CFP）等单个生物大分子插入磷脂双分子层膜而形成的纳米级通道。除了上述天然的生物纳米孔道，近年，基于从头设计和DNA折纸技术，构建出了多种以多肽和DNA为材料的仿生纳米孔道。这些研究丰富了生物纳米孔道结构的多样性，扩展了生物纳米孔道在单分子检测领域的应用范围。与固体纳米孔道相比，生物纳米孔道最大的优势是可以利用蛋白质工程技术和化学反应对孔道内的不同位点进行定点修饰，其修饰精确度可达原子级。生物纳米孔道的定点修饰实现了检测界面不同区域局部微环境的可控改造，从而可以精准调控单个分子在孔道内的运动过程，提高纳米孔道传感器的选择性与灵敏性。

生物纳米孔道单分子分析系统的构建包括两个核心要点。其一是制备能够分隔两个检测腔室且具有一定机械强度，并能够承载生物纳米孔道的磷脂双分子层。两亲性的磷脂分子在水溶液中能够自组装聚集形成磷脂双分子层。磷脂双分子层内部为疏水环境，能够阻隔检测池两个腔室溶液间的物质交换。同时，磷脂双分子层厚度与孔道蛋白的疏水区域相匹配，对生物纳米孔道具有支撑作用，使其成为两个腔室间物质转运的唯一通道。其二是在磷脂双分子层上组装单个结构稳定的生物纳米孔道。具有成孔活性的孔道蛋白嵌入磷脂双分子层，形成纳米尺寸的孔道，电解质离子在外加电压的驱动下定向运动，穿过纳米孔道形成稳定的离子流。在电渗流和电泳力的共同作用下，目标分子进入纳米孔道并造成离子流扰动，通过解析单个目标分子引起的离子电流的变化，可以在单分子水平上获取目标分子的尺寸、电性、结构、序列以及目标分子与其他分子的作用原理和功能机制等方面的信息。本章结合笔者十几年的研究经验，以α-HL和气溶素等生物纳米孔道为例，系统介绍磷脂双分子层的构建，生物纳米孔道的设计、组装和修饰，单分子实验方法，以及阵列化生物孔道系统等内容。

2.1 磷脂双分子层

生物膜由脂质双层和膜蛋白以及少量糖组成，可以维持膜内环境的相对稳定，确保膜内外的物质交换和各种生化反应的有序进行。受生物膜的启发，纳米孔道电化学系统在体外构建由磷脂分子排列形成的平面脂双层膜（black lipid membrane, BLM，又称黑脂膜），它可维持生物膜的流动性，并可通过镶嵌孔道蛋白实现生物膜的某些功能。纳米孔道单分子技术中选用的磷脂为二植酰磷脂酰胆碱（1,2-diphytanoyl-sn-glycero-3-phosphocholine, DPhPC），其结构式如图2-1（a）所示，DPhPC分子由甘油衍生而来，是一种两亲性分子，一端为含氮的亲水性极性基团头部，一端为两个由长烃基链组成的疏水性尾部。因此，磷脂分子在水溶液中能够自组装为微团、脂质体和脂双层等结构。

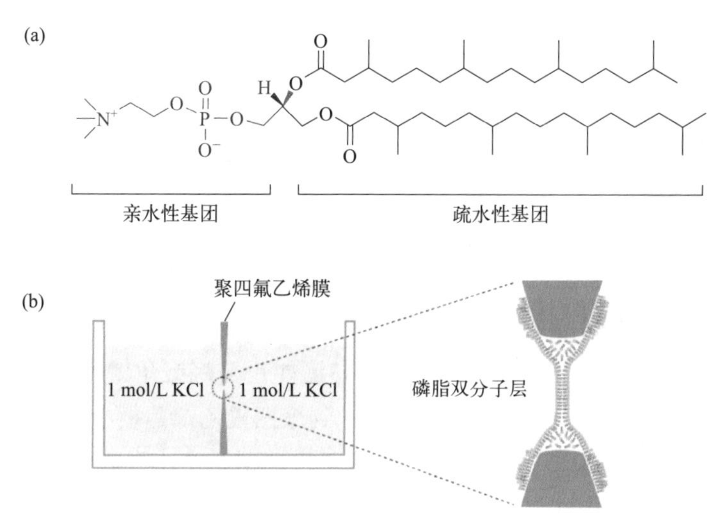

图2-1 （a）DPhPC分子结构式；（b）经典的BLM系统，在微孔表面制备磷脂双分子层（详细装置图见2.3.2节的图2-11）

经典的体外BLM系统如图2-1（b）所示，检测池两个腔室中的溶液由微米级厚度的疏水性聚四氟乙烯隔板或薄膜分隔开，并经由隔板表面一个面积小于0.25 cm^2的微孔连通，磷脂分子在疏水性的微孔表面自组装为脂双层膜，阻碍两侧溶液的物质交换[1-4]。BLM系统可以根据实际应用进行灵活设计与构建，通过调整磷脂的种类和组分可以调控脂膜的力学强度，以适应不同的检测环境。此外，对于特殊的实验需求，必要时也可制备不对称的脂双层膜，以及选择不对称的电解质溶液。环境温度和磷脂分子的结构会影响BLM的流动性，在变温或低温条件下实验时需要考虑磷脂种类的选择，其中具有不饱和键的磷脂在低温环境下通常不易自结晶为凝固态。纳米孔道的形成要求BLM在较宽的温度范围（−10～60℃）、电解质浓度不超过4 mol/L和特定pH（范围1～14）条件下具有刚性伸展结构和一定的流动性，并能够在实验条件下长时间（数小时甚至数天）保持稳定。

2.1.1 磷脂双分子层的构建

得到一个稳定的磷脂双分子层是高重现性实验的保证。因此，在短时间内构建一个薄厚适中、具有一定力学强度、寿命较长、低噪声的磷脂双分子层是后续实验的必要条件。

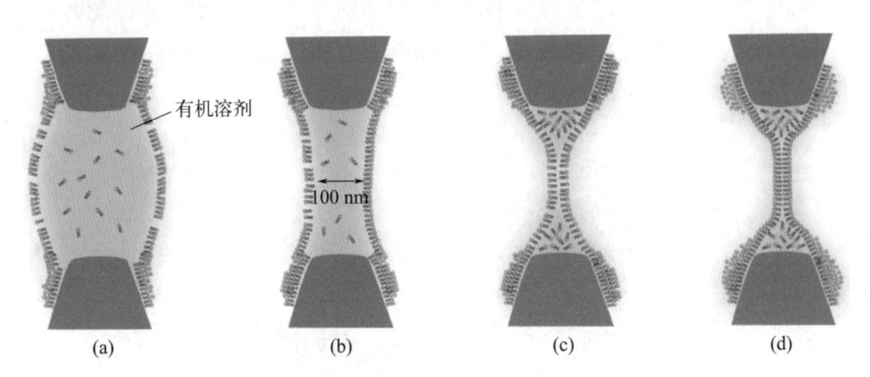

图2-2 磷脂双分子层在小孔上的形成机制示意图[5]

在水相溶液中制备平面双层膜通常有以下几种方法。

第一种方法是涂片法，将磷脂溶解在诸如正癸烷或角鲨烯的有机溶剂中，用尼龙毛勾线笔蘸取微量磷脂，均匀涂抹到聚四氟乙烯隔板中间的小孔上，使磷脂溶液附着在疏水小孔的四周，并逐渐扩展到整个小孔表面，有机溶剂层逐渐变薄以形成磷脂双层，同时在小孔的边缘留下较厚的磷脂-溶剂层（称为Plateau-Gibbs border），维持BLM的稳定性[5]。如图2-2所示，BLM的形成会经历四个过程：首先，较厚的磷脂-溶剂膜包裹在小孔表面，磷脂单分子层内的溶剂向外扩散排出；当磷脂-溶剂混合物薄至约100 nm时，中间层将继续变薄；磷脂分子在随机的热振动和机械振动中相互接近，分子间的范德华力使磷脂分子亲水性头部相互靠近，疏水性尾部相互靠近，这一过程类似“拉链”；最终两层磷脂单层聚集在一起形成磷脂双层。需要注意的是，用于溶解磷脂的有机溶剂会影响人造膜的流动性并可能影响嵌入其中的膜蛋白。本书中生物纳米孔道实验范例中制备脂质膜采用此方法。

第二种方法是液面提拉法。如图2-3，首先用移液枪吸取少量溶解在有机溶剂中的磷脂，轻轻按动移液枪使磷脂溶液在枪头尖端形成液滴并使该液滴与检测池缓冲液液面恰好接触，磷脂分子会自发平铺在液面形成亲水端接触液面、疏水端朝向空气的单分子层。注意枪头不要插入液面以下，避免磷脂在溶液中形成胶束。通过滴管吸取缓冲液，缓冲液液面缓慢下降从而使铺展在液面的单层磷脂膜铺在聚四氟乙烯膜小孔上。再放出滴管中的缓冲液，此时液面上

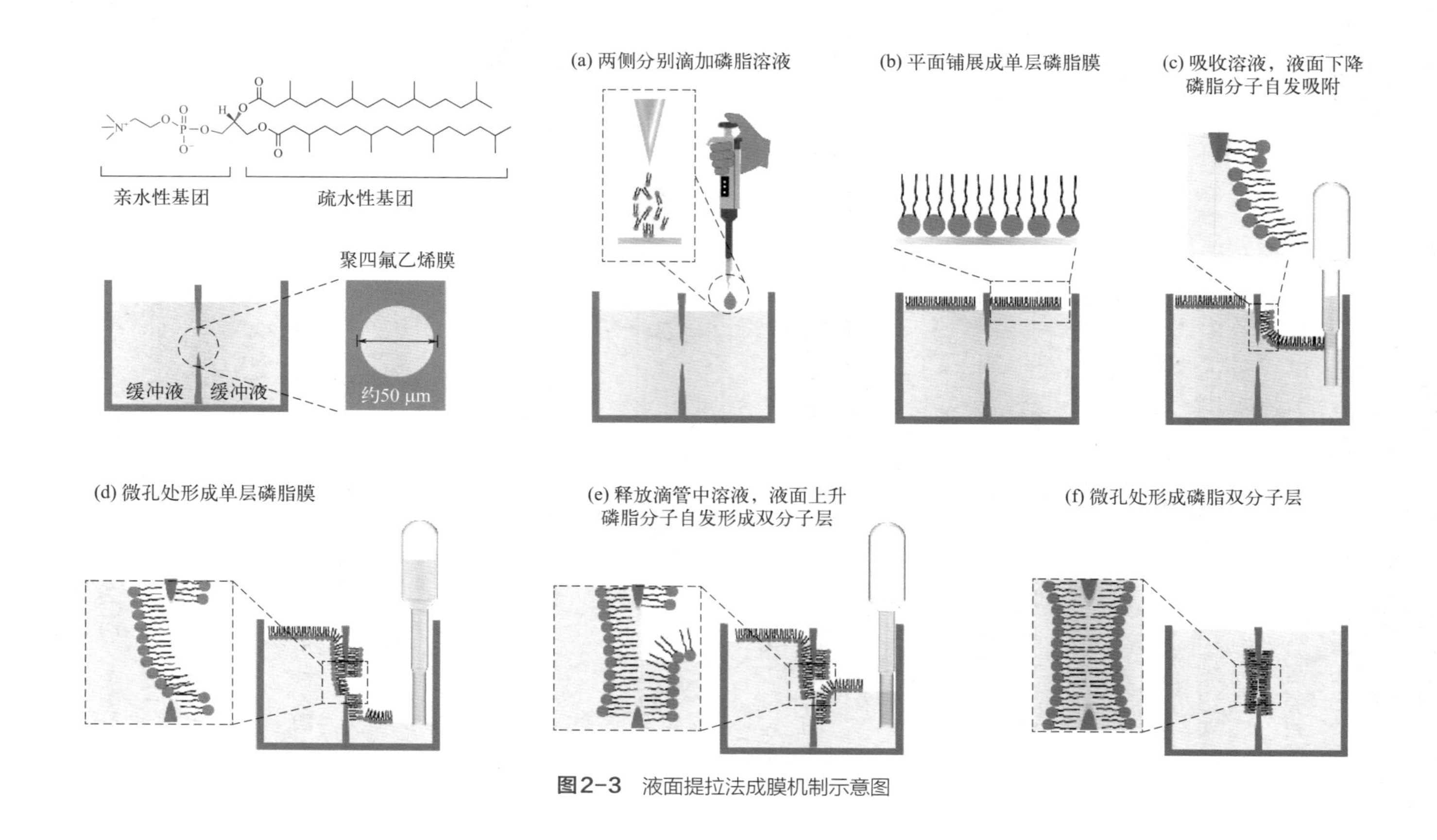

图 2-3　液面提拉法成膜机制示意图

的单层磷脂膜随着液面上升与上述单层磷脂自组装成磷脂双分子层。此方法制备的磷脂膜厚度在5 nm左右，具有较高的力学强度和较长的使用寿命。

第三种方法是囊泡法。将巨大单层囊泡（giant unilamellar vesicle，GUV）黏附在检测池表面，随后GUV在检测池微孔处破裂，展开形成平面双分子层磷脂膜。GUV法需要预先制备得到尺寸合适的磷脂囊泡。

第四种方法是在加入水溶液之前，直接在小孔周围涂抹磷脂/有机相溶液(例如，DPhPC的正癸烷溶液)来构建磷脂双层。由于Plateau-Gibbs吸力的作用，这层厚厚的脂质/油膜会自然变薄，几分钟后形成双层。

玻璃纳米孔道尖端的磷脂双分子层可以通过囊泡法制备，首先使用囊泡制备仪制备一批5～100 μm大小不等的囊泡，将适宜浓度的孔道蛋白加入囊泡溶液中孵育15～30 min。如图2-4所示，孔道蛋白插入囊泡内后，将玻璃纳米孔道尖端浸入囊泡-蛋白溶液中，通过注射器向玻璃管内施加负压，同时可以通过倒置显微镜追踪和成像磷脂分子在玻璃纳米孔道尖端的聚集过程。当溶液中的囊泡被吸到孔口处时会立即破裂，形成磷脂双分子层。囊泡法可以通过反复施加正负压在玻璃纳米孔道尖端快速反复制备磷脂双分子层，直至筛选得到仅包含单个孔道蛋白的脂质膜。

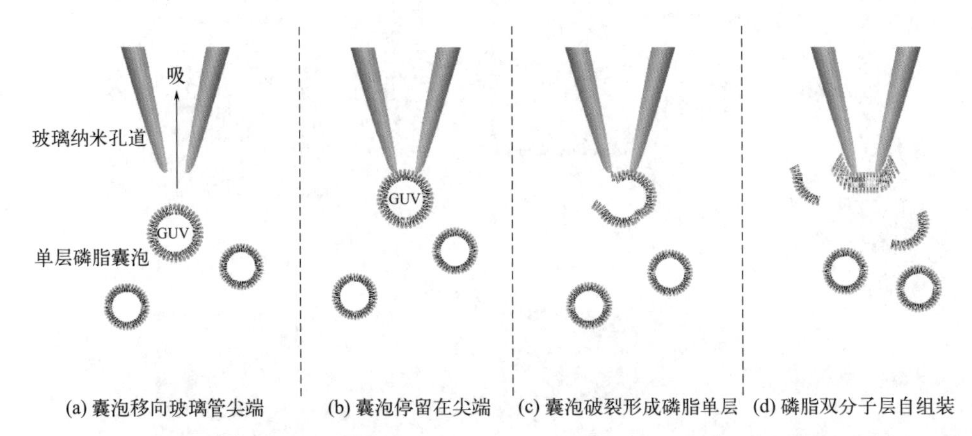

图2-4 通过囊泡法在玻璃纳米孔道尖端制备磷脂双分子层膜原理图[6]

近年来，许多研究人员结合微流体技术研究复杂的黑脂膜系统，在制备黑脂膜的过程中，通过控制溶剂的蒸发时间，将单层脂质组装到双层脂质中，并利用微流体膜可以精确地控制有机溶剂和水性物质的量。通过精确控制黑脂膜的面积和Plateau-Gibbs环的大小调控黑脂膜的稳定性。如图2-5所示，通过控制时间使有机溶剂挥发，在独立微流体12通道阵列检测池表面形成黑脂膜，并在微流体通道中集成Ag/AgCl电极以实现电流检测，类似的研究系统还有钾离子跨膜通道蛋白KcsA的电生理研究[7]。

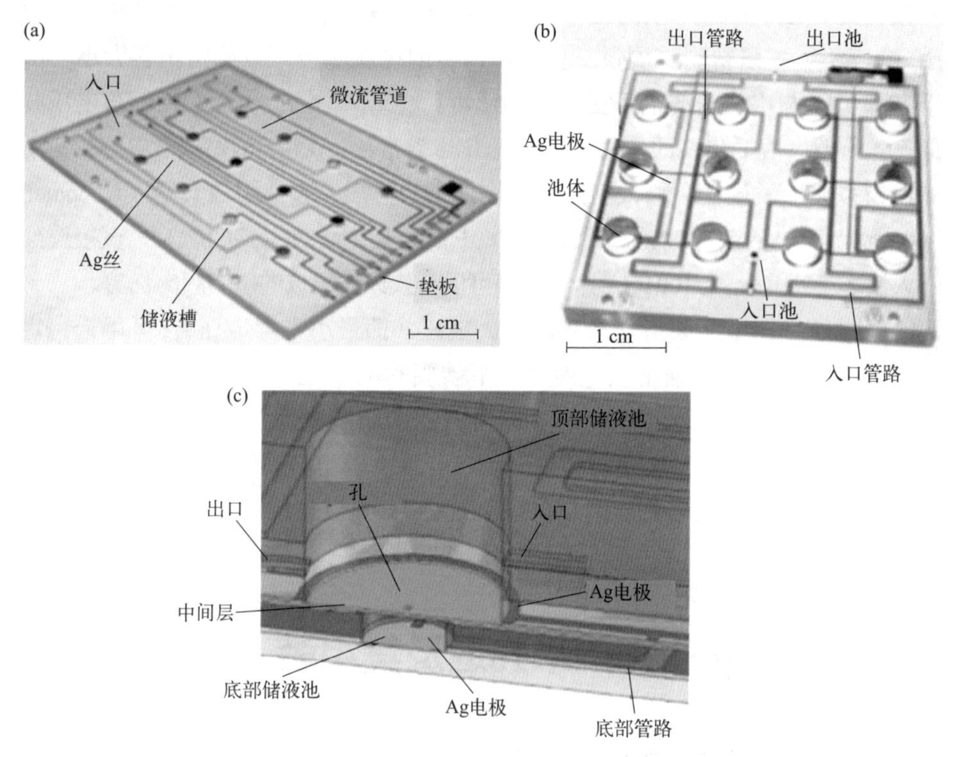

图2-5　（a）底部微流体部分的照片；（b）顶部微流体部分的照片（浅蓝色和绿色突出显示两个微流体网络，它们同时通过银电极连接到每个孔道）；（c）单个微流体通道BLM结构的横截面图[8]

2.1.2　磷脂双分子层膜的表征

纳米孔道实验所构建的磷脂膜是由边缘很厚的Plateau-Gibbs边界逐渐过渡到中间的双分子层结构。为了将生物纳米孔道（气溶素或α-HL等）嵌入在磷脂膜上，磷脂膜的厚度需要与孔道尺寸相匹配，膜厚需要控制在4～5 nm。如果磷脂膜为单分子层结构，或者双分子层区域面积很小，或者磷脂膜太薄，则其力学强度差且容易破裂，难以长时间支撑生物纳米孔道；如果磷脂膜为三层及以上的多分子层结构，由于磷脂膜太厚，会使孔道蛋白陷入磷脂膜内而无法导通两侧溶液。在实验中，可以通过膜电容和膜电压对磷脂双分子层进行表征。

膜电容是指磷脂双分子层对交流电显示电容性电抗，可以用于估算磷脂膜的厚度：a. 如果膜电容过大，说明磷脂膜可能很薄，容易破裂，难以长时间支撑生物纳米孔道；b. 反之，如果膜电容太小，说明磷脂膜可能太厚，导致成孔蛋白无法穿透磷脂膜进行磷脂两侧的物质交换。根据实验经验，在直径为

50 μm的微孔处构建的磷脂双分子层的膜电容在20～30 pF，在直径为150 μm的微孔处构建的磷脂双分子层的膜电容在60～100 pF。膜电容可以通过“激励-响应法”测量得到，测量交变电压产生的电流响应可以确定电容大小。由于电流（*I*）与电容器的电压变化率（d*V*/d*t*）成比例，因此可以应用三角电压波形产生方波电流输出（即，每个扫描的d*V*/d*t*为常数），用于确定双层电容。使用商用模拟波形发生器，输入三角波（约20 Hz），插入膜片钳放大器（Axopatch 200B放大器上的前置输入）。使用100 pF双层模型电池（MCB-1U）直接校准输入波形，使100 pA=100 pF，这一策略可以有效评估形成的磷脂膜的优劣。

膜电压是指磷脂膜可以承受的最大电压（即最小击穿电压），可用于判定磷脂膜的厚度与力学强度。一般情况下磷脂膜的膜电压与磷脂膜的厚度呈正相关性，膜电压在300～400 mV范围内时的磷脂膜的厚度较为合适，达到膜电压后电流迅速溢出，表明磷脂膜破裂。若膜电压超出或低于这一范围，可根据实际膜电压值增减调整磷脂/有机相含量，直到获得膜电压合适的磷脂双分子层。

2.2 蛋白质生物纳米孔道及其组装

2.2.1 蛋白质生物纳米孔道

成孔毒素蛋白和外膜孔蛋白是两类使用最广泛的蛋白质生物纳米孔道。其中，成孔毒素蛋白是一类由细菌分泌的毒素膜蛋白，可以在磷脂双分子层膜上自组装形成生物纳米孔道，改变靶细胞的质膜通透性，最终导致细胞死亡。根据跨膜分子的二级结构可以将成孔毒素蛋白分为α-螺旋形和β-桶状结构。外膜孔蛋白常见于革兰氏阴性菌或革兰氏阳性分枝杆菌的细胞外膜，可以通过被动运输实现水溶性物质的吸收，调控细胞膜的渗透性。

不同生物纳米孔道的结构及化学特性不同，一种生物纳米孔道往往仅对某一类目标分子和应用需求具有独特优势。因此，充分理解各类生物纳米孔道的优缺点对于合理选择和设计纳米孔道是至关重要的。下面简单介绍几种典型的蛋白质纳米孔道的结构特点（图2-6）。

（1）α-HL纳米孔道　是由金黄色葡萄球菌分泌产生的一种七聚体β-桶状成孔毒素蛋白，单体分子质量约为33 kDa。孔道由一个较大的膜外前庭和一个β-桶结构的跨膜茎部组成，前庭和茎部的长度分别为4.8 nm和5.2 nm。前庭入口和内径分别为26 nm和4.6 nm，孔道最窄处约1.4 nm。

（2）气溶素纳米孔道　为一种七聚体β-桶状成孔毒素蛋白，其前体蛋白称作气溶素前体（pro-aerolysin），由革兰氏阴性气单胞杆菌分泌，单体分子质量约为52 kDa。气溶素前体在水溶液中为二聚体，经过胰蛋白酶切去一小段C端肽后获得成孔活性，能够自组装为七聚体结构。目前，冷冻电镜结构显示气溶素纳米孔道为铆钉状，膜外有一个直径约16 nm的帽子结构，其跨膜孔道整体呈均匀细长条形，长度约10 nm，最窄处的内径仅为1 nm左右。此外，气溶素纳米孔道内含有丰富的带电氨基酸残基，其与目标分子之间的相互作用能够显著减缓目标分子的穿孔速度。

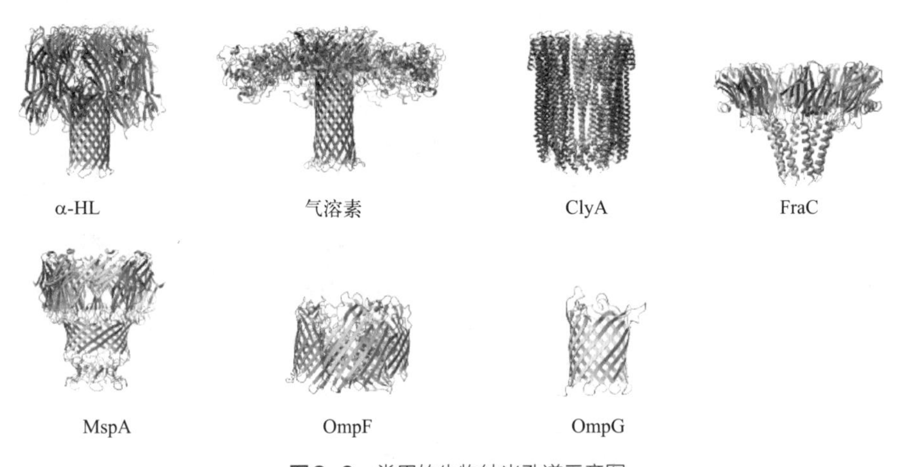

图2-6　常用的生物纳米孔道示意图

α-HL，PDB ID：3ANZ；气溶素，PDB ID：5JZT；ClyA，PDB ID：6MRT；
MspA，PDB ID：1UUN；FraC，PDB ID：4TSY；OmpF，PDB ID：20MF

（3）ClyA纳米孔道　为十二聚体α-螺旋成孔毒素蛋白，单体分子质量约34 kDa。纳米孔道呈中空的圆柱体状，长度约13 nm，上端入口内径约7 nm，下端出口是孔道最窄处，内径约3.5 nm。ClyA孔道开口与内腔较大，允许如凝血酶等蛋白以折叠状态进入孔道。

（4）FraC纳米孔道　是八聚体α-螺旋成孔毒素蛋白，单体分子质量约20 kDa。孔道呈对称的漏斗形，长度约7 nm，上端入口内径约6 nm，下端出口是孔道最窄处，内径约1.6 nm。

（5）MspA纳米孔道　是八聚体外膜孔蛋白，单体分子质量约为20 kDa。孔道呈高脚杯状，包括上下两个连续的β-桶，长度约9.6 nm。孔道内径上宽下窄，最宽处达4.8 nm，最窄处仅为1.2 nm，最窄处的厚度只有0.5 nm。2012年，通过将MspA孔道与DNA聚合酶Phi29联用，首次成功实现了纳米孔道DNA测序。

（6）OmpF纳米孔道　是三聚体外膜孔蛋白，每个单体是由一条多肽链折叠16次形成的β-桶结构，分子质量约40 kDa。孔道整体长度约5 nm，β-桶最窄处截面积仅为0.7×1.1 nm^2，一条存在细胞外的长环会折叠进入孔道，在高电压下有明显的门控现象。

（7）OmpG纳米孔道　是单体外膜孔蛋白，这点与其他外膜孔蛋白家族成员非常不同，它是由一条肽链折叠14次形成的β-桶结构，分子质量约为34 kDa，β-桶内部截面积约为1.2×1.5 nm^2。OmpG孔道存在显著的pH依赖性门控现象：在中性条件下，可以保持开孔状态；但酸性条件下，12号链会发生部分解折叠，致使6号环延伸进入β-桶内。

孔道蛋白一般由各实验室表达纯化，部分孔道蛋白可以直接购买，如野生型α-HL、气溶素等蛋白。为了提高对目标分子的分辨能力或为单分子化学反应提供反应位点，需要结合基因工程对野生型孔道蛋白进行定点突变或化学修饰。例如，将野生型气溶素生物纳米孔道238位点的赖氨酸突变为半胱氨酸，在孔道内腔构建巯基反应位点，得到突变型气溶素纳米孔道K238C，可以在单分子水平上观察到K238C孔道与5,5′-二硫代双（2-硝基苯甲酸）［5,5'-dithiobis (2-nitrobenzoic acid)，DTNB］分子共价反应过程中单个二硫键的断裂与形成[10]。突变体的设计与构建详见2.4节。

2.2.2　蛋白质生物纳米孔道的组装

生物纳米孔道的组装涉及多个生物过程。常用的成孔蛋白（如α-HL和气溶素）是一类由细菌分泌的毒素膜蛋白，可以在磷脂双分子层膜上自组装形成生物纳米孔道。孔道蛋白的插入机理如图2-7所示[11]，可溶性成孔蛋白通过蛋白质受体与脂质的特异性相互作用被吸引到宿主细胞膜附近。在与细胞膜结合时开始插入，这种结合通常遵循两种途径，大多数成孔蛋白形成过程中，孔道蛋白将在膜表面发生寡聚反应，产生一种中间结构，称为前孔结构（气溶素的机制），前孔结构最终进行构象重排，协同插入细胞膜。最终形成一个具有稳定结构、尺寸以及特定化学计量和传输特性的跨膜孔道。还有另外一种插入方式，即疏水结构域直接插入磷脂双分子层，形成跨膜蛋白孔道。

本章内容以目前应用最为广泛的两种生物孔道气溶素和α-HL为例，简要描述生物孔道蛋白在磷脂双分子层上的组装过程。气溶素是一种β-桶状孔道毒素，与气单胞菌的致病性感染有关。细菌分泌所产生的是这种孔道蛋白的前体蛋白，即气溶素前体（图2-8），该前体蛋白通常以二聚体形式存在[12]。气溶素前体经蛋白酶水解作用，形成寡聚体气溶素。气溶素单体首先组装成

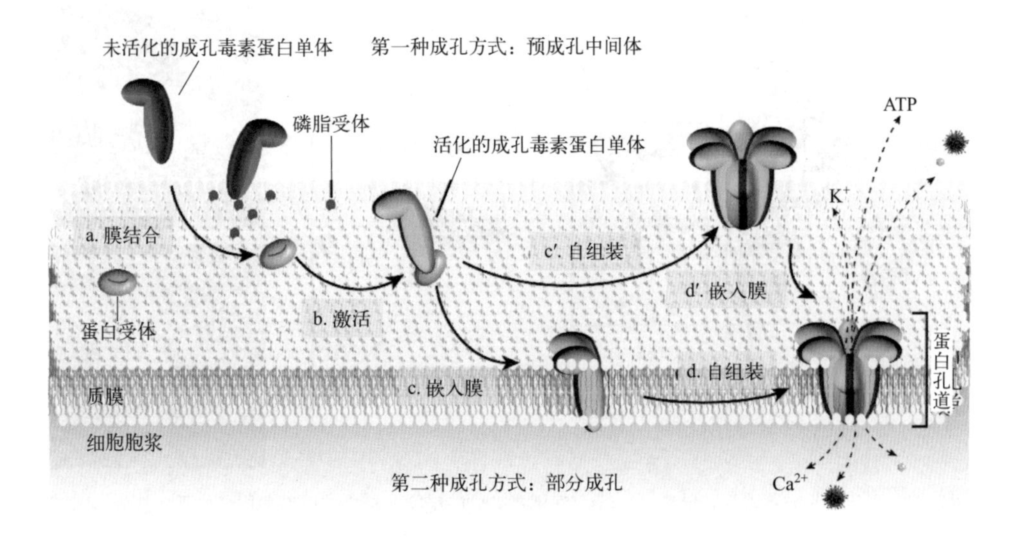

图2-7　成孔毒素蛋白的成孔机理[11]。可溶性成孔蛋白单体与细胞膜表面的脂类受体相结合并开始寡聚过程，通常遵循两种机制。大多数β-成孔蛋白遵循第一种机制，聚合发生在膜表面，经历一个称为孔前体（pre-pore）的中间态结构，在构象重排后插入磷脂膜中形成纳米孔道。大多数α-成孔蛋白遵循第二种机制，蛋白单体的聚合与插入磷脂膜同时发生，这一过程中会形成有活性的半孔结构，最终形成完整的纳米孔道

七聚体预孔结构复合物。该复合物停留在膜表面，孔前的环状区域逐渐旋转插入预孔的内腔，触发了从预孔到孔的转变，孔前环状区域最终变为两亲性β-发夹结构，形成跨膜β-桶状结构。这种构象变化伴随着一种旋转机制，当β-桶状结构形成并插入膜中时，孔的外部结构变平，呈铆钉状。最终形成一个具有帽状结构的孔道，其“外帽区域”直径约为16 nm。值得注意的是，β-桶状区域内部由带正电荷氨基酸和带负电荷氨基酸（赖氨酸和谷氨酸）交替组成，这种交替组成为调控气溶素纳米孔道的选择性和灵敏性、拓展该孔道蛋白在生物技术中的应用提供了可能。

同为β-桶状成孔毒素蛋白的α-HL，其组装过程与气溶素有着极大的相似性。均遵循两步成孔机制，即先形成β-桶结构的膜外帽形区域，随后形成底部的跨膜结构。但对于α-HL的组装，目前普遍认可的是四阶段成孔机制：水溶性单体蛋白→膜结合单体→七聚体预孔→七聚体跨膜孔[13]。在这一过程中，N端的氨基酸门闩（amino latch）起着非常关键的作用。在水溶性单体中，氨基酸门闩与前茎区域（pre-stem）分别以β-股以及β-三明治结构折叠在蛋白质的疏水核心区。经圆二色谱验证，原有的β-二级结构在形成膜结合单体的过程中保持不变。随后，已经与膜结合的单体既可以通过水溶性单体的不断结合，达到

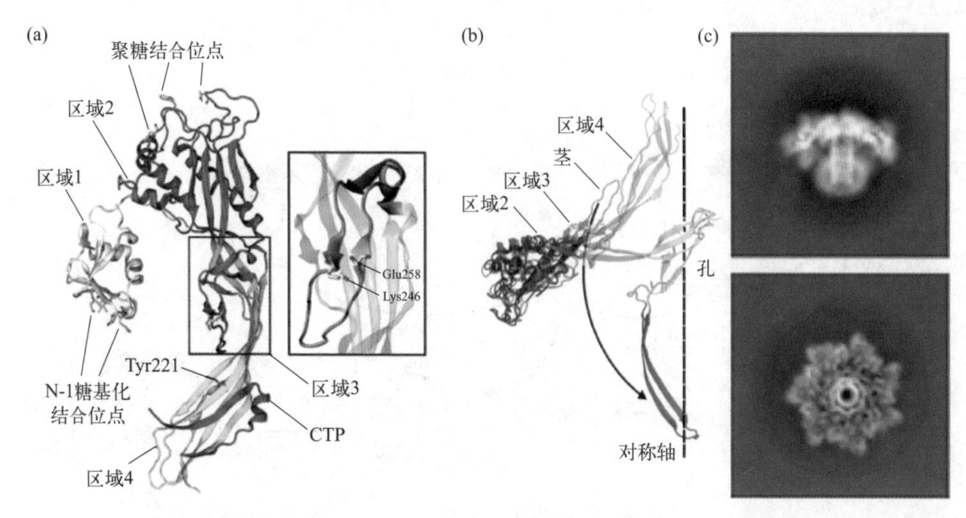

图2-8 气溶素的成孔途径和结构[12]。(a)气溶素前体的结构，结构域的颜色区分如下：灰色—区域1，橙色—区域2，绿色—区域3，黄色—区域4。C端肽呈蓝色，插入部分扩大的前茎域呈棕褐色。(b)气溶素单体的带状表征，观察到前孔结构模型和膜插入(固态)状态。在过渡过程中，区域3和4旋转并变平到几乎与膜平面平行的位置。在过渡过程中，提取出孔前茎环，并翻转形成跨膜β-桶结构。(c)气溶素纳米孔道结构冷冻电镜的正视图和俯视图(该图尚未发表且版权归龙亿涛课题组所有)

适当的长度成环，也可以通过中间体(如二聚体、三聚体等)之间的随机结合组装成七聚体的预孔结构。此时在邻近单体的作用下，氨基酸门闩的结构发生变化。其疏水氨基酸逐渐占据相邻的单体疏水核心域，重排回到帽形区域的腔内。这一转变破坏了前茎区域与帽形区域关键的氢键。将前茎区域从蛋白质的疏水核心区域释放，使重新折叠的β-发夹插入膜中，形成具有一个较大前庭的蘑菇形结构[14]。随着冷冻电镜技术的发展，α-HL的结构解析精度已经达到了0.19 nm的分辨率[15]，极大地促进了研究者们对孔道内相互作用的理解，拓展了其在纳米孔道单分子检测领域的应用范围。

气溶素和α-HL纳米孔道的形状、大小和电荷分布差异较大。α-HL外形呈蘑菇状，外膜部分(前庭)体积较大，而跨膜部分收缩至1.4 nm左右。α-HL纳米孔道整体呈正电，携带7个正电荷。气溶素外形呈铆钉状，没有前庭结构，膜外部分是一个类似帽子的结构。跨膜部分是一个长而均匀的孔道，内径为1～1.7 nm。

在进行生物纳米孔道实验时，当磷脂双分子层形成，将孔道蛋白溶液加入检测池内，并实时监测离子电流的变化。如图2-9所示，若磷脂膜上嵌入生物纳米孔道，可观察到离子电流呈量子化阶跃。这是因为该孔道瞬间连通了

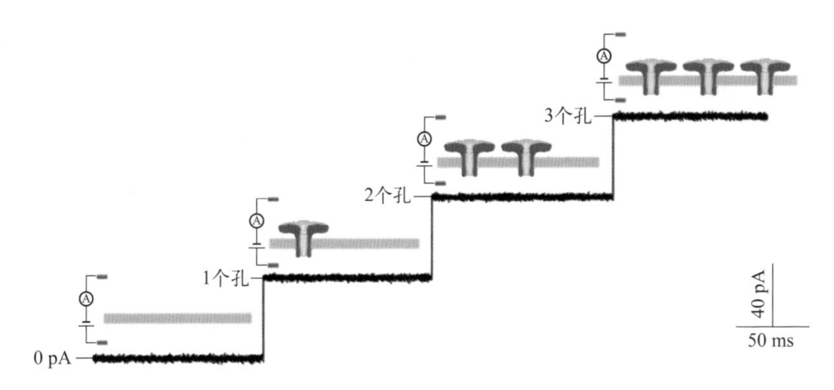

图2-9　离子电流随磷脂双分子层上气溶素纳米孔道数量的变化趋势

磷脂膜两侧的电解质溶液，在电压驱动下，正负离子定向移动通过孔道，产生离子电流。例如，在室温（20 ℃）、100 mV和1 mol/L Tris-KCl（pH 8.0）条件下，单个气溶素生物纳米孔道插入磷脂双分子层中，离子电流由0 pA阶跃至约45 pA；两个气溶素生物纳米孔道产生约90 pA的电流阶跃；三个气溶素生物纳米孔道造成约135 pA的电流阶跃。除了对磷脂膜质量和性质有要求外，孔道蛋白的活性和浓度也会影响生物纳米孔道在磷脂膜上自组装的难易程度和数量。如果孔道蛋白活性太好或者浓度太高，磷脂双分子层上可能会同时插入多个孔道蛋白，影响单分子检测。反之，如果长时间（大于10 min）内仍然无法上孔，则可能是由于蛋白活性太差，无法形成生物纳米孔道。在实际实验过程中，需要根据实际实验条件及孔道蛋白活性，灵活调整孔道蛋白用量或浓度。

通过电流-电压（*I-V*）曲线对纳米孔道进行表征。如图2-10（a），在实验温度为15 ℃下两种孔道的*I-V*曲线呈现出轻微的不对称性。以参数$\alpha=|I_+ / I_-|$计算两种纳米孔道的不对称性，α越趋近于1，*I-V*曲线的对称性越好。实验结果显示，α-HL纳米孔道的α约为1.26，气溶素纳米孔道的α约为0.96，I_+和I_-分别为+80 mV和−80 mV时的开孔电流。在5～70 ℃范围内，两种纳米孔道的开孔电流随温度升高而增大［图2-10（b）］。在较小的温度范围内，开孔电流的增加趋势与溶液的黏度变化相吻合。以阿伦尼乌斯定律拟合开孔电流随温度的变化曲线，得到能垒约为$5k_BT$，与大量体系下测得的值是一致的。因此，开孔电流的大小与电解质溶液的性质相关。*I-V*曲线的不对称性取决于沿孔离子的相互作用势，可以通过一维Poisson-Nernst-Planck方程来建模。图2-10（b）的插图中展示了利用该模型计算出的两种孔道的不对称性随温度的变化。

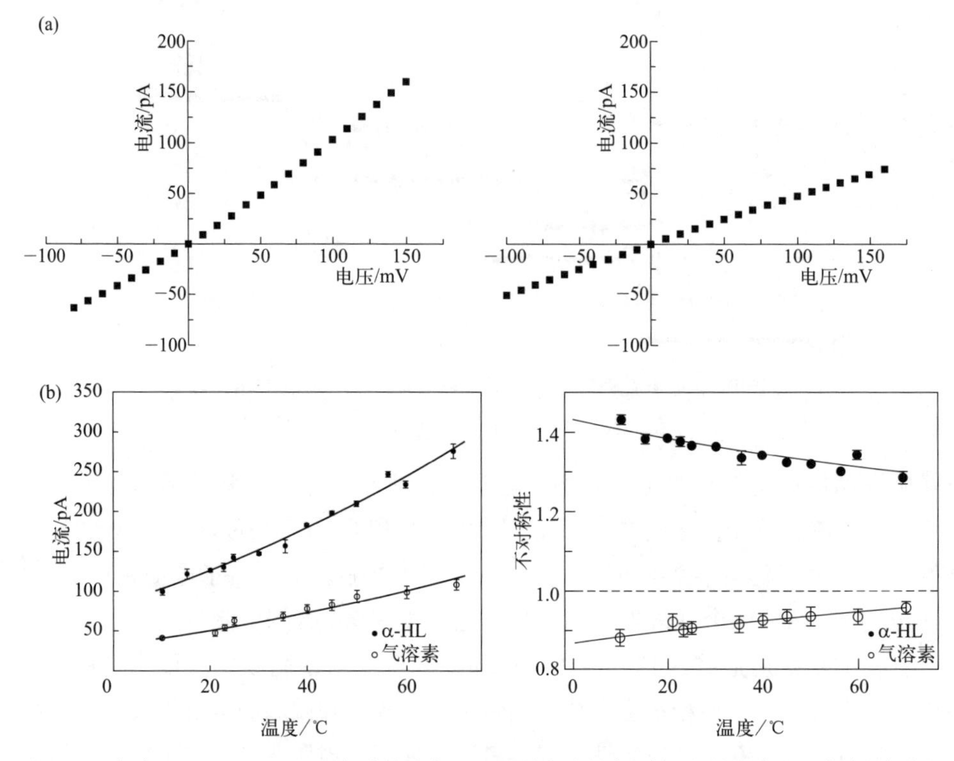

图2-10 （a）15℃，1 mol/L KCl缓冲溶液中 α-HL 纳米孔道（左）和气溶素纳米孔道（右）中的 I-V曲线；（b）120 mV外加电压下，α-HL纳米孔道(实心圆)和气溶素纳米孔道（空心圆）内的离子电流（左）和不对称性（右）随实验温度的变化曲线[16]

大量研究表明，生物纳米孔道在不同的盐浓度、温度、pH等条件下可以保持稳定。其中，α-HL纳米孔道在0.1～4.0 mol/L KCl、pH 4～11、4～93 ℃的范围内保持稳定，气溶素纳米孔道在0.1～4.0 mol/L KCl、pH 2～12、−4～50℃范围内保持稳定。必须指出的是，pH、离子强度、温度对纳米孔道的电导率有较大影响，因此在实验过程中，必须严格控制这些条件，才能得到可靠的数据。

2.3 纳米孔道电化学实验

2.3.1 电极的制备

纳米孔道电化学实验需要通过一对电极向磷脂双分子层两侧施加电压，提供驱动离子或分子通过纳米孔道的动力。由于Ag/AgCl电极具有良好的化学稳定性、可逆的电化学行为、可测量的界面电位和优越的低噪声电性能，在纳米孔道电化学技术中被广泛使用，本书中使用的即为Ag/AgCl电极。一对Ag/AgCl电极分别浸入检测池两侧的电解液中（通常为KCl水溶液）组成两电极体系，在孔道两端施加电压。阳极发生氧化反应$Ag(s) + Cl^- \longrightarrow AgCl(s) + e^-$，阴极则发生还原反应$AgCl(s) + e^- \longrightarrow Ag(s) + Cl^-$。值得注意的是，Ag/AgCl电极仅在含有氯离子的电解质溶液中表现良好。对于检测池两侧电解质溶液浓度不一致的实验（含有不同浓度的氯离子），需要使用琼脂盐桥来消除液接电位。使用盐桥的另一个优点在于，可以防止电极上的银离子进入溶液，对生物纳米孔道产生影响。

Ag/AgCl电极的制备方法主要有两种：第一种是溶液浸泡法，第二种是电镀法。溶液浸泡法是指将银电极浸泡在含Cl^-的氧化性溶液中，例如$FeCl_3$溶液或次氯酸盐溶液等；电镀法是经典的电极制备方法，首先用细砂纸打磨或用刀片打磨Ag丝，去除氧化层，裸露出金属Ag。将银丝连接在交流电源正极，铂电极为负极，浸泡在10%的盐酸溶液中，电镀3～4 h，可以获得表面灰黑色的Ag/AgCl电极。制备好的Ag/AgCl用超纯水反复清洗并用氮气流吹干，存放于阴暗处保存。

使用新制的电极前，需要在实验pH值对称溶液中进行电平衡，平衡过程可以通过膜片放大钳的“pipet offset function”进行校正，一个良好的电极几乎不需要进行电位补偿，而较差或者退化的电极（表面灰色区域发白，或暴露出Ag单质的电极）需要进行较大的电位补偿。由于Ag/AgCl电极为消耗性电极，因此应定期电镀电极。另外，使用盐桥时，需要对玻璃微电极锋利的尾端进行灼烧，可防止在插入Ag/AgCl丝时AgCl被刮掉，从而减少电镀的次数。为了防止Cl^-浓度差异引起的液接电位变化，可以将新制的电极装入200 μL移液枪枪头内，并填充含有3 mol/L KCl的低熔点琼脂溶液（30 mg/mL）。

2.3.2 检测池的装配

由2.1节可知，为了满足平面双层法构建磷脂双分子层的要求，组成纳米孔道实验检测池的材料多为疏水材料，如聚缩醛树脂、聚四氟乙烯等，目前商业化的实验池（例如Warner Instruments）有多种形态（垂直型或水平型），尺寸也可在50 μL～1 mL范围内根据实验需求选择。本节选取两种类型的自主定制实验池进行简要介绍：第一种为聚四氟乙烯定制加工而成的垂直双层装置[图2-11（a）]，其中0.5～1.0 mL的两个隔室(*trans*室和*cis*室)由20 μm厚的聚四氟乙烯膜隔开，两个隔室溶液通过聚四氟乙烯膜中间微孔唯一导通。通过高压电火花发生器（1 Hz）制备的微孔的直径为50～100 μm，形状为较规则的圆形孔洞[64]。第二种是两个聚缩醛树脂双层灌注杯组装形成的反应池［图2-11(b)］，其中*trans*检测池和*cis*检测池中央有一个直径为50 μm的圆形微孔，用于连通*cis*和*trans*检测池[17]。

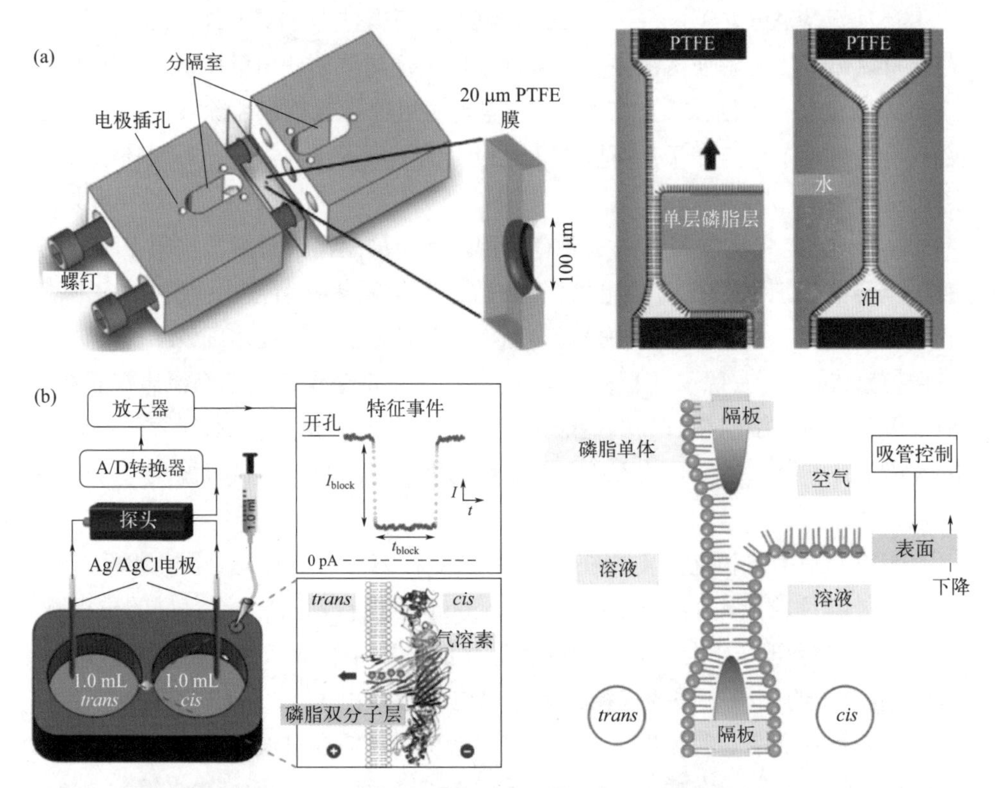

图2-11 纳米孔道实验装置示意图[17]：(a)两个1 mL隔室由20 μm聚四氟乙烯薄膜隔开。使用螺钉将两个隔室固定在一起，夹紧中间的聚四氟乙烯薄膜并以硅胶垫圈密封。聚四氟乙烯薄膜的中心孔直径约为50～100 μm，双层膜在中心孔上形成[16]。(b)两个容积为1 mL的检测池中间仅以一个直径约50 μm的微孔连通。通过提拉法在微孔处形成磷脂双分子层

2.3.3 实验操作步骤

单个生物纳米孔道形成后，在一定的电压范围（如−160～160 mV）内，使用*I-V*曲线表征孔道的状态。将待测物（如核酸或多肽）缓慢地加入检测池中，在电压的驱动下，待测物分子逐一通过生物纳米孔道。由于空间占位效应以及分子与孔道之间的相互作用，单个分子进入纳米孔道时导致孔道限域空间内的离子流量发生变化，产生离子电流阻断现象。实时监测并记录纳米孔道电流数据，实验中产生的阻断离子电流变化为皮安培级电流波动，连续记录得到的电流曲线表现为开孔电流显著降低与恢复。这是因为单个分子从一侧溶液经

由生物纳米孔道转移到另一侧溶液（如*cis*到*trans*）的过程是一个瞬态变化的过程，造成开孔电流的阶跃式突变；当分子离开孔道后，电流马上恢复至开孔状态，直至下一个单分子电流阻断事件的发生。

本节以气溶素（aerolysin）生物纳米孔道检测寡聚腺嘌呤核苷酸（dA_4）为例，详细说明生物纳米孔道单分子实验方法，具体的应用请参考7.1节。

2.3.3.1　化学试剂

气溶素前体（pro-aerolysin蛋白，实验室自主表达纯化）；1,2-二植酰磷脂酰胆碱（DPhPC，200 mg）；正癸烷（无水，≥99%）；氯化钾(KCl，≥99.5%)；胰蛋白酶-琼脂糖（trypsin-agarose）；乙二胺四乙酸（EDTA，99.995%）；三羟甲基氨基甲烷（Tris，≥99.9%）；氢氧化钾（KOH，90%）；磷酸钠（$Na_3PO_4 \cdot 12H_2O$，≥98%）；浓盐酸（HCl，36.0%～38.0%）；$FeCl_3$（AR）；乙醇（95%）；寡聚腺嘌呤核苷酸（dA_4；HPLC纯化）。以上购买试剂均为分析纯并且使用时未经过进一步纯化。所有实验溶液均用超纯水（25℃时电导率为18.2 $M\Omega \cdot cm^{-1}$）配制。

2.3.3.2　实验材料

银丝（1 mm × 10 cm）；尼龙毛勾线笔（00号，2 mm × 7 mm）；透明软管（1 mm × 3 mm）；不锈钢针（0.6 mm × 0.9 mm × 80 mm）；棕色进样瓶（2 mL）；一次性针头式过滤器（0.22 μm × 13 mm）；一次性无菌注射器（1 mL）；移液器（0.5～10 μL，10～100 μL，20～200 μL，100～1 000 μL）。

2.3.3.3　装置和仪器

灌注双层室（黑色，1 mL），杯体材料为缩醛树脂，定义为*cis*检测池；灌注双层杯（白色，1 mL），杯体材料为缩醛树脂，定义为*trans*检测池，该杯为自主定制，*trans*池杯体中央弧形区域最薄处有一个直径为50 μm的圆形微孔，*cis*池和*trans*池通过螺钉固定组装得到纳米孔道检测池；纯水仪；pH计；分析天平；离心机；超声波清洗器；电焊仪；Axopatch 200B；Digitizer 1440；Patch-Clampex 10.4软件；Clampfit 10.4软件。

2.3.3.4　溶液配制

（1）1 mol/L Tris-KCl溶液　称取一定质量的KCl、EDTA和Tris固体，加入超纯水，搅拌溶解后，加入1 mol/L HCl溶液调节溶液pH，定容，将其配制成含1 mol/L KCl、1 mmol/L EDTA和10 mmol/L Tris、pH=8.0的Tris-KCl溶液，置于100 mL棕色试剂瓶中常温保存。

（2）10 mmol/L Tris-HCl溶液　称取一定质量的EDTA和Tris固体，加入超纯水，搅拌溶解后，加入1 mol/L HCl溶液调节溶液酸度，定容，将其配制成含1 mmol/L EDTA和10 mmol/L Tris、pH=8.0的Tris-HCl溶液，置于100 mL棕色试剂瓶中常温保存。

（3）30 mg/mL磷脂溶液　从−20 ℃冰箱中取出磷脂，放至室温后，迅速称取适量磷脂，并立即加入正癸烷将其配制成30 mg/mL的磷脂正癸烷溶液，密封保存在2 mL的棕色进样瓶中，置于4 ℃冰箱中备用。

（4）饱和$FeCl_3$溶液　取适量固体$FeCl_3$，加入超纯水与少量浓盐酸（体积比约为4∶1），将其配制成饱和$FeCl_3$溶液，置于2 mL离心管中常温保存。

（5）15 g/L磷酸钠溶液　称取15 g $Na_3PO_4 \cdot 12H_2O$，加入1000 mL超纯水，将其配制成15 g/L Na_3PO_4溶液，置于1000 mL棕色试剂瓶中常温保存。

（6）0.1% HCl溶液　在1000 mL超纯水中加入1 mL浓盐酸，将其配制成0.1%的HCl溶液，置于1000 mL棕色试剂瓶中常温保存。

（7）100 μmol/L dA_4溶液　从−20 ℃冰箱中取出dA_4样品，放至室温后，在4000 r/min条件下离心60 s，慢慢打开样品管盖，加入10 mmol/L的Tris-HCl溶液将其配制成100 μmol/L的dA_4溶液，密封保存于−20 ℃冰箱中备用。

2.3.3.5　气溶素单体的制备

（1）制备气溶素前体　首先制备携带气溶素前体基因的重组表达载体并将其转化到大肠杆菌（*Escherichia coli*）细胞中，在37 ℃大量地繁殖扩增，16 ℃诱导表达气溶素前体蛋白。细胞破碎后，离心分离细胞破碎液，并通过Ni-NTA柱纯化上清液，洗脱收集气溶素前体蛋白[18-19]，密封在棕色进样瓶中，保存于−80℃冰箱中，可以长期使用。

（2）配制气溶素前体溶液　在每次使用前，从−80 ℃冰箱中取出气溶素前体，放至室温，将2.0 mg 气溶素前体溶于1 mL Tris-HCl溶液，混匀后得到2.0 mg/mL的气溶素前体溶液，密封在棕色进样瓶中，保存于−20 ℃冰箱中，活性一般可以保持1年左右。

（3）气溶素活化　从−20 ℃冰箱取出气溶素前体溶液，放至室温。按照体积比50∶1，将500 μL气溶素前体溶液与10 μL胰蛋白酶-琼脂糖溶液置于1.5 mL离心管中混合，并缓慢旋转混合均匀。在室温下放置4 h，使二聚体气溶素前体转化为气溶素单体。将上述悬浊液使用离心机以5808 r/min（10000*g*）转速离心15 min，沉淀胰蛋白酶-琼脂糖，并将上清液转移至新的离心管中，重复上述离心操作三次。收集最终的上清液，即活化后的气溶素单体溶液，将其密封在棕色进样瓶中，保存于−20 ℃冰箱中，活性一般可以保持3个月左右。

实验前，将活化后的气溶素单体溶液从−20 ℃冰箱中取出，放至室温。取适量活化后的气溶素单体溶液与10 mmol/L的Tris-HCl溶液（体积比1∶800），置于同一个棕色进样瓶中，混合均匀，得到浓度约为1.5 μg/mL的气溶素蛋白溶液，密封保存于−20 ℃冰箱中，活性一般可以保持1个月左右。

2.3.3.6　银/氯化银（Ag/AgCl）电极的制备

（1）截取　截取2段长度相等的银丝（长度约为5 cm）。

（2）清洗银丝　依次用95%乙醇溶液、超纯水分别超声清洗2次（2 min/次），完成后用超纯水清洗。

（3）氧化银丝　将银丝放入饱和$FeCl_3$溶液中浸泡10～20 min，直到表面呈均一黑色，用超纯水冲洗掉电极表面残余的$FeCl_3$。

（4）焊接电极　用焊锡将其焊接到适当长度的铜导线上，得到一组Ag/AgCl电极。

2.3.3.7　磷脂双分子层膜的构建

（1）制备合适浓度的磷脂溶液　磷脂溶液的配制方法详见“2.3.3.4溶液配制”。

（2）使用磷脂溶液预处理检测池　从4 ℃冰箱中取出磷脂溶液，室温放置20～30 min，防止其因冷凝效应吸水。每次实验时，用移液枪取50 μL磷脂溶液置于500 μL的离心管中，使用尼龙毛勾线笔蘸取少量磷脂溶液，分别轻轻地均匀涂刷在*trans*池50 μm微孔的内外两侧。接着，使用温和的氮气流吹2～3 min或者在室温下放置5～10 min，直至*trans*检测池微孔处预涂的磷脂溶液完全挥发。

（3）通过提拉溶液构建磷脂双分子层膜　将纳米孔道检测池放入法拉第屏蔽箱内，分别向*cis*和*trans*池中加入1 mL的Tris-KCl缓冲溶液。然后，将一对Ag/AgCl电极的一端浸入电解质溶液，另一端与放大器探头相连，并指定*cis*端电极接地。确认仪器状态并调好仪器噪声（5 kHz低通滤波时噪声＜10 pA）后，在低电压（≤100 mV）下，使用1 mL注射器缓慢地上下提拉*cis*池中的电解质溶液，*cis*和*trans*两池的溶液液面经过检测池的微孔，在微孔上下5 mm范围内来回移动。由于磷脂的疏水性烷烃链的结合作用，磷脂分子在*trans*池微孔处聚集形成稳定的磷脂双分子层膜。

（4）电化学法表征磷脂双分子层膜的质量　磷脂膜形成后，阻断了检测池两端溶液的唯一通路，即微孔。此时Patch-Clampex 10.4软件监测到离子电流为0 pA。在成膜过程中，可以通过膜电压和膜电容来判定磷脂双分子层膜的厚度和力学强度。当施加电压在300～400 mV范围内时，若电流溢出，则说明磷脂膜破裂，此时磷脂双分子层的厚度和强度满足生物纳米孔道插入的要求。立刻重新提拉溶液构建新的磷脂膜，大多数情况下新形成的磷脂膜的厚度和强度仍然适合于孔道蛋白的插入。由于仪器状态、实验环境和涂膜轻重的差异，磷脂膜的厚度以及双分子层微区的面积可能不同。根据实验经验，在50 μm微孔处构建的磷脂双分子层的膜电容约在20～30 pF。

2.3.3.8 单个纳米孔道的构建与表征

（1）设置实验仪器与软件参数以及调整噪声　依次打开Axopatch 200B电流放大器、Digidata 1440A数模转换器以及Patch-Clampex 10.4软件，实时监测并记录纳米孔道实验数据。本实验中，仪器的主要参数为：采样频率（sampling rate），100 kHz；低通滤波（lowpass bessel filter），5 kHz；增益（output gain），1。参数设置完成后，确认仪器噪声状态，一般应将噪声控制在10 pA以内，降低噪声的方法详见5.2节。

（2）构建单个气溶素纳米孔道　磷脂膜形成之后，向*cis*检测池内靠近检测池微孔处缓慢地注入1～3 μL气溶素蛋白溶液，调节外加电压至+200 mV，等待5～10 min（该时间受蛋白活性的影响），并实时监测离子电流的变化。当气溶素蛋白插入磷脂膜时，气溶素孔道成为连接*cis*和*trans*检测池内电解质溶液的唯一通道，正负离子在外加电压的作用下穿过纳米孔道，形成电流回路。因此，可观察到离子电流呈量子化阶跃。在22 ℃、100 mV和1 mol/L Tris-KCl（pH 8.0）条件下，单个气溶素生物纳米孔道的形成，使离子电流由0 pA阶跃至约45 pA。

（3）电化学法表征气溶素纳米孔道　在−160～160 mV电压范围内，每隔10 mV，记录气溶素纳米孔道电流轨迹5～10 s。

相同条件下，重复孔道构建和电化学表征三次，并绘制*I-V*曲线。成孔蛋白具有稳定的自组装结构，在固定的盐浓度、电解质、温度和电压条件下，生物纳米孔道的开孔电流具有非常高的重复性。因此，*I-V*曲线的重复性可以表征气溶素蛋白孔道是否质量良好且结构稳定。

2.3.3.9 基于气溶素孔道的dA_4单分子检测

（1）记录单个气溶素纳米孔道的基线（开孔电流轨迹）　在80～160 mV电压范围内，每隔10 mV，分别记录基线2 min，用作后续dA_4实验的空白对照。

（2）将dA_4加入纳米孔道检测池　调节电压至100 mV，向*cis*检测池内靠近检测池微孔处缓慢地注入10 μL dA_4样品溶液。使用移液枪的吸头缓慢地搅拌*cis*检测池的溶液，使dA_4与电解质溶液混合均匀。

（3）记录dA_4通过单个气溶素纳米孔道的电流轨迹　在80～160 mV电压范围内，每隔10 mV监测并记录电流轨迹。由于数据量较大，为了方便数据处理与分析，每5～10 min的数据保存为一个abf格式文件。连续记录1～3 h，以获取足够多的单分子特征电流阻断事件。为了得到准确可靠的实验结果，一般特征阻断信号应收集2000个以上以便统计分析。

（4）结束　每次实验结束后，退出操作软件，关闭仪器开关。

2.3.3.10　纳米孔道实验器件的清洗

（1）清洗Ag/AgCl电极　从电流放大器探头上取下Ag/AgCl电极，用超纯水冲洗，以去除电极表面残留的电解质，擦干后将其保存于干净的自封袋中。

（2）清洗实验检测池　倒掉检测池中的溶液，拆解*cis*与*trans*检测池，并将检测池置于150 mL烧杯中。检测池的清洗可分为以下四个步骤：i. 向烧杯中加入15 g/L的磷酸钠溶液，浸没检测池，超声清洗30 min；ii. 随后使用0.1%的HCl溶液浸没检测池，超声清洗30 min；iii. 结束后，使用超纯水继续超声清洗两次，每次30 min；iv. 完成后，取出检测池，放置在烘箱内，45℃烘干。最后保存于干净的自封袋内。

（3）清洗尼龙毛勾线笔　与检测池清洗方法相同，详见步骤（2）。

（4）保存　清洗完成后，将检测池、勾线笔、电极一起保存于纳米孔道实验柜中。

2.3.3.11　纳米孔道实验数据的处理与分析

由于生物纳米孔道实验的采样频率较高，因此所产生的数据量较大，需要采用专业的数据处理软件并结合计算机编程等方法对实验数据进行处理，将实验数据与数学、计算机处理相结合可以从实验数据中获取更丰富的信息，常见的数据处理工具包括基于Matlab、Python等开发的软件与算法，详细的数据处理方案在本书第6章介绍，实验人员可根据自己的实验需要，结合计算机编程语言，设计个性化的数据处理软件。

通过上述软件及特定工具的处理与识别，可以得到包含下列信息的数据文件（图2-12）。①开孔电流（I_0）：表示无待测物分子在孔道内的电流值；②残余电流（I_{res}）：表示单个待测物分子在孔道内时对应的电流值；③阻断电流（I_b）：是开孔电流与残余电流的差值；④阻断电流程度（I_b/I_0）：是阻断电流与开孔

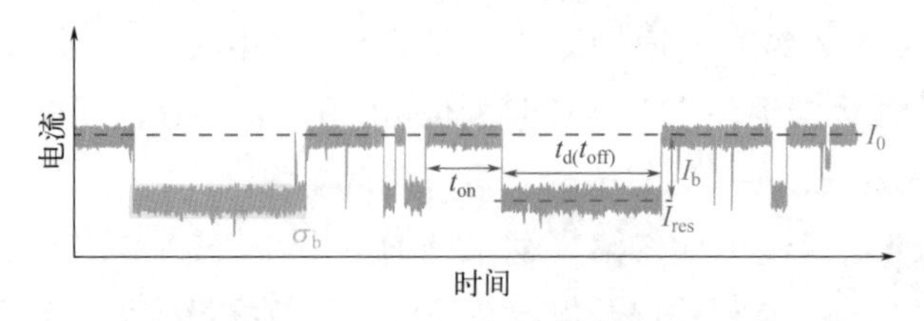

图2-12 纳米孔道信号参数示意图

电流的比值；⑤阻断时间（t_d或t_{off}）：指孔道关闭状态即电流被待测物分子阻断状态的持续时间，也就是单分子阻断事件的持续时间；⑥间隔时间（t_{on}）：表示孔道开放状态也就是两个相邻单分子阻断事件之间孔道呈开孔状态的持续时间，也就是两相邻事件之间的时间间隔；⑦事件频率（f）：间隔时间的倒数，反映单位时间内单分子事件发生的频率；⑧σ_b：阻断电流标准偏差，表示单分子信号阻断电流波动程度的参数。这些实验参数反映了单个分子通过生物纳米孔道的动态过程，可以反映分子构型构象、分子间相互作用以及反应动力学等方面的信息。

将上述数据文件进行收集，利用OriginLab对阻断电流程度（I_b/I_0）和阻断时间（t_d或t_{off}）作图可以获得大量事件的散点统计图，根据散点统计图的分布，对阻断电流程度（I_b/I_0）和阻断时间（t_d或t_{off}）分别进行直方统计，并结合原始数据找出不同阻断电流程度（I_b/I_0）和阻断时间（t_d或t_{off}）所对应的特征电流信号，分析该信号出现的可能原因，建立信号与分子结构、电荷、大小等之间的联系。

2.3.3.12 纳米孔道实验的结果与讨论

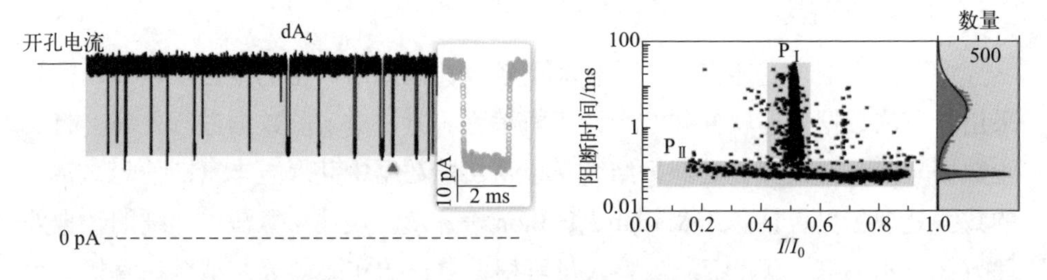

图2-13 dA_4的原始电流轨迹和散点图以及阻断时间的直方图[8]

数据分析结果如图2-13所示，I/I_0-阻断时间散点图呈现了P_I和P_{II}两种明显不同的分布：P_I区域内阻断事件的阻断时间较长，阻断电流程度分布比较集中；P_{II}区域内阻断事件的阻断时间短，阻断电流程度分布范围较广。研究发现P_I、P_{II}区域内的阻断时间与电压的关系也不同：随着电压的增加，P_I区域内阻断事件的阻断时间呈指数型衰减，而P_{II}区域内阻断事件的阻断时间基本不变。根据文献可知，这表明P_{I}区域内的阻断事件为过孔事件，而P_{II}区域内阻断事件为碰撞事件。碰撞事件有以下两种来源：i. dA_4与气溶素生物纳米孔道*cis*孔口处氨基酸残基发生相互作用，但未能成功进入孔道；ii. dA_4从*cis*侧溶液被捕获进气溶素生物孔道内腔，但是由于某些原因，比如dA_4分子与孔道内壁氨基酸残基的相互作用，未能顺利到达*trans*侧溶液，最终返回至*cis*侧溶液。进一步，通过详细分析P_{I}区域内的单分子过孔事件，可得到分子过孔时的动态行为信息，详见第7章。

2.3.4 孔道内的基础电化学机制

两个检测池内的电解液（通常为1 mol/L KCl）仅由一个微孔导通，在微孔表面的磷脂双分子层上构建单个纳米孔道。通过一对Ag/AgCl电极在纳米孔道两侧施加一定的电压ΔU（*cis*检测池接地），电解质离子穿过纳米孔道形成稳定的开孔电流I_0。孔道的电导G_p定义为I_0与ΔU的比值：$I_0/\Delta U$。如图2-14(a)所示，假设气溶素纳米孔道为一个半径为R、长度为l的圆柱形导体：

$$G_p = K_b \pi R^2 / l \tag{2-1}$$

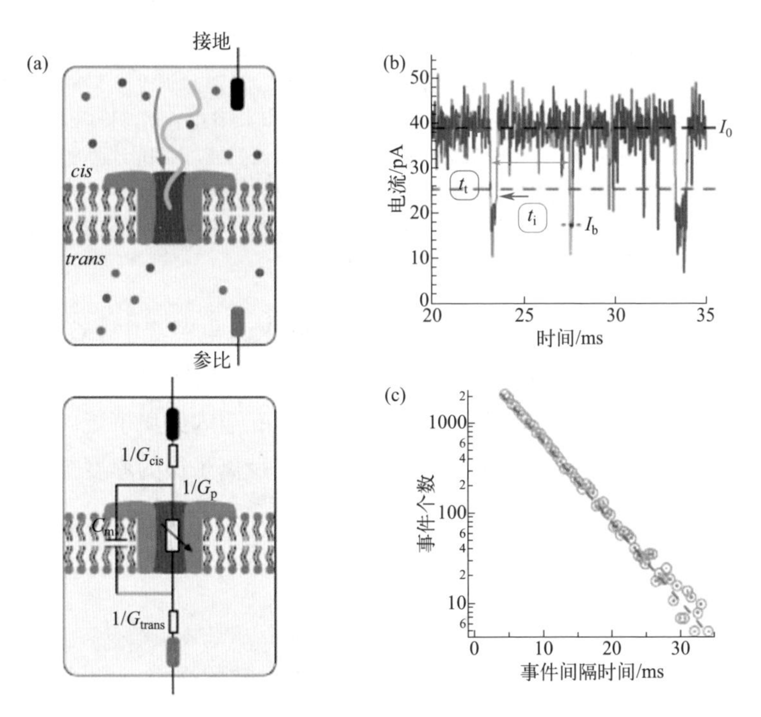

图2-14

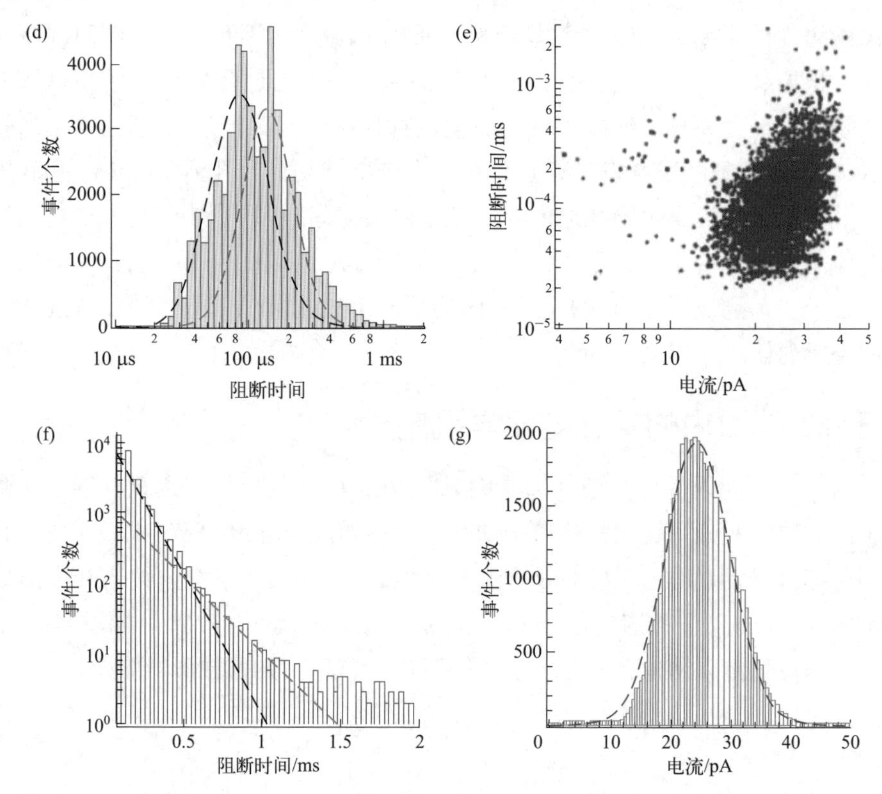

图2-14 纳米孔道技术检测低聚糖的原理及数据分析：（a）气溶素纳米孔道电化学检测的电路模型。G_p和C_m分别为纳米通道的电导和膜电容。G_{cis}和G_{trans}分别为*cis*检测池和*trans*检测池一侧的接入电导。（b）在70 mV外加电压下，1 mol/L KCl、5 mmol/L HEPES、pH 7.5的缓冲溶液中，1 mmol/L的十糖在纳米通道内的阻断电流信号。I_0和I_b分别为开孔电流和阻断电流，t_t为阻断时间，t_i为两个阻断信号之间的间隔时间，红色虚线为信号处理时的电流阈值。（c）间隔时间t_i的分布。（d）阻断时间对数分布图。（e）阻断时间-阻断电流散点分布图。（f）阻断时间的直方分布图。（g）阻断电流直方图[20]

式中，K_b表示电解液的电导率。在1 mol/L KCl电解液中，G_p=1.9 nS。由于忽略了离子在气溶素纳米通道中受到的限域效应，实际的电导值小于1.9 nS。上式成立的前提是在高盐浓度下，电导主要来自孔道内的离子流。在低盐浓度下，孔道内表面的反离子层厚度大于通道半径，反离子层的厚度与德拜长度λ_D有关。

作为一个绝缘膜，磷脂双分子层的电容C_m计算公式为：

$$C_m = \varepsilon_0 \varepsilon_{rm} A_m / l_m \tag{2-2}$$

式中，ε_0为真空介电常数；ε_{rm}=2，代表膜电容的介电常数；A_m和l_m分别为膜的面积和厚度。通常，膜的直径为90 μm，膜电容C_m至少为65 pF ± 5 pF，由公式推出膜厚度为4.85 nm ± 0.4 nm。此膜厚度易于使纳米孔道插入和导通。

电极和孔道两端入口之间的电导分别记为G_{cis}和G_{trans}，计算公式为：

$$G_{cis}=G_{trans}=8RK_b \tag{2-3}$$

此外，定义整体入口电导为$G_{acc}=\dfrac{G_{cis}G_{trans}}{G_{cis}+G_{trans}}$：

$$G_{acc}=4RK_b \tag{2-4}$$

在1 mol/L KCl电解液中，G_{acc}=36 nS。式（2-3）和式（2-4）适用于整体电荷呈中性的孔道。计算表明，式（2-3）低估了带电孔道的入口电导。由图2-14的电路模型得到下式：

$$G(S)=\frac{(G_m+G_p)G_{acc}}{(G_m+G_p)+G_{acc}} \tag{2-5}$$

这里G_m是拉普拉斯空间中膜电容引起的复合电导。

如图2-14（b）所示，在电解质溶液中加入透明质酸后，观察到阻断电流信号。两个阻断之间的间隔时间记为t_i，其统计分布遵循由泊松定律定义的指数衰减$\exp(-ft_i)$。这里f为阻断频率，与待测物进入孔道需要克服的能垒有关。如果待测物为带电分子，则可以通过外加电压带来的电势能进入孔道。待测物分子进入孔道后产生的阻断信号通过阻断时间t_t和阻断幅值ΔI_b两个特征参数绘制散点图［图2-14（e）］。根据对数［图2-14（d）］或直线［图2-14（f）］分布绘制阻断时间直方图，通过对数拟合和指数拟合得到阻断时间拟合值，分别为t_t和t_c（t_t=86 μs ± 11 μs，t_c=107 μs ± 6 μs）。大多数阻断的阻断时间都较短，推测是与孔道内单个位点相互作用的结果。同时也存在少量阻断时间接近前面两倍的阻断信号（t_t=142 μs ± 13 μs，t_c=200 μs ± 10 μs），这可能是由于待测物与孔道内的第二个位点发生了相互作用，延长了阻断时间。

孔道内的离子流变化是纳米孔道传感的基础与核心，并在实质上决定了纳米孔道的传感灵敏度及其应用范围。待测分子诱导产生的离子流阻断通常被认为主要来源于其在纳米孔道内排开的溶液体积，然而，实验中频繁出现的离子流阻断与排阻体积间的不一致时常困扰着研究人员。现有的对孔道内离子流阻断的理解也限制了该技术在单分子蛋白质测序、复杂体系中生物标志物识别等领域的应用和发展。因此，从电化学源头对纳米孔道内离子流传感信号重新认识至关重要。

根据之前的研究，纳米孔道内离子流传感的来源被重新审视和研究：待测物在孔道内的排阻体积与其和孔道之间的相互作用共同决定了离子流信号的特征。纳米孔道与目标分子之间的非共价相互作用包括静电相互作用、范德华相互作用、氢键等，通过影响孔道内离子的迁移率，改变孔道内未被目标分子占位部分的溶液电导，从而在体积排阻的基础上诱导离子流传感信号的增强。其中，目标分子与孔道产生的静电相互作用会减小离子沿孔道方向的迁移速率，并减少孔道内自由离子的数量，从而影响离子流。目标分子与孔道内氨基酸残基之间的范德华相互作用会诱导产生瞬间偶极，并导致目标分子和氨基酸残基偶极和偶极矩的充分排布，从而导致静电势的改变，进而影响离子的迁移速率，造成更大的电流阻断。纳米孔道中充满着水分子，水分子之间、水分子与极性氨基酸残基之间会形成复杂的氢键网络，目标分子的进入会破坏孔道内的氢键网络，从而影响离子迁移率。此外，目标分子与氨基酸残基之间氢键的形成减小了介电常数，导致离子运动速率进一步降低。

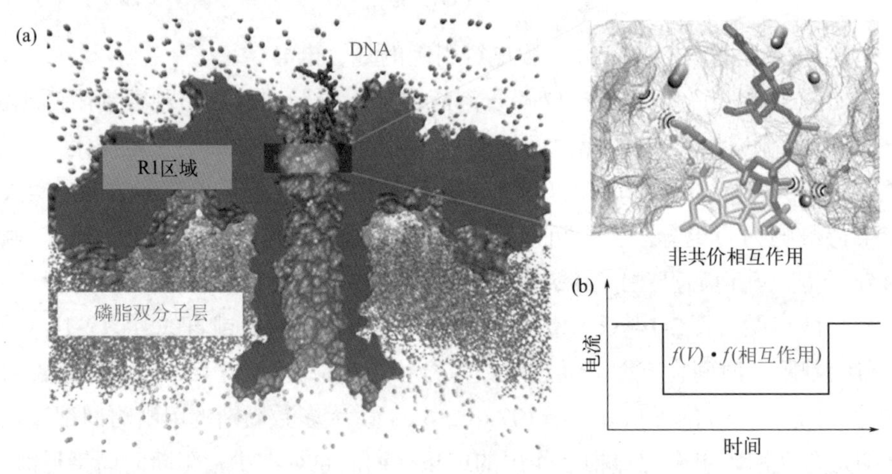

图2-15 气溶素纳米孔道和mC-A_3分子（红色）：（a）气溶素纳米孔道和mC-A_3分子相互作用示意图；（b）mC-A_3分子与孔道相互作用时产生的离子流信号来源示意图[21]

如图2-15所示，通过分子动力学模拟揭示了R1区域是气溶素识别甲基化DNA/无修饰DNA的主要区域。通过巧妙设计气溶素孔道内氨基酸突变以定向调控孔道与DNA之间非共价相互作用的类型及大小，证实了非共价相互作用协同体积排阻对离子流信号的“倍增”效应。

2.3.5 生物纳米孔道单分子实验注意事项

2.3.5.1 实验注意事项

① 磷脂双分子层的厚度与磷脂溶液的浓度呈正相关，常用的磷脂溶液的浓度为30 mg/mL，根据具体的实验需求，可适当地增加或者降低磷脂浓度。

② 磷脂双分子层膜的制备是构建生物纳米孔道的关键步骤，需细致且耐心地操作。如果顺利，一般10 min内即可成功。但是，由于磷脂溶液易吸水，磷脂分子结构或性质会发生变化，可能在实验过程中会出现膜飘、膜噪以及膜烂等情况，需要花费1 h甚至更长时间来成膜。若遇到上述几种情况，可以更换新磷脂溶液。如果先前磷脂的残余量很少，使用干净的尼龙毛勾线笔将检测池表面残余的磷脂刷掉；如果先前磷脂的残余量很多，则需要更换电解质溶液，然后使用另一支干净的尼龙毛勾线笔重新涂刷新的磷脂溶液，如此反复几次，直至得到厚度和强度合适的平面磷脂双分子层膜。

③ 蛋白的活性和浓度会影响生物纳米孔道嵌入磷脂膜的难易程度和个数。如果得到了两个或多个生物纳米孔道，需要通过施加高电压（如500 mV）击穿磷脂膜，然后提拉溶液，重新构建磷脂双分子层，再等待上孔。如果持续出现同时多个孔道插入磷脂双分子层，表明检测池中气溶素蛋白活性较好或者浓度太高。可以更换电解质溶液，并将气溶素蛋白溶液稀释至合适浓度，然后使用稀释后的蛋白溶液重新上孔。与此相反，如果等待时间很长，一直无法上孔，则可能是蛋白活性较差，需要更换蛋白溶液。

④ 生物纳米孔道组装时，由于高电压有利于生物纳米孔道插入磷脂双分子层，当获得单个稳定的气溶素生物纳米孔道后，要迅速地将较高的外加电压（≥200 mV）调节至较低（≤100 mV）。与单个孔道相比，磷脂膜上同时插入多个孔道时，多个单分子同时穿过不同孔道造成的阻断电流信号会叠加，并以多台阶特征阻断事件的形式呈现出来，这会增加数据处理的难度并且干扰单分子检测结果。

⑤ 气溶素纳米孔道具有较多背景信号，即没有加入待测物就存在阻断电流信号。根据实验经验，出现背景信号的原因可能是：i. 蛋白孔道组装不好，导致其结构不稳定，从而自身产生了门控效应；ii. 检测池或者电极、尼龙毛勾线笔未清洗干净，残留有上次实验的待测物；iii. Ag/AgCl电极焊接不好，导致整个检测装置接触不良，从而产生了干扰电信号；iv. 电解质溶液被污染或者配制时间过长，溶液内有杂质，从而造成背景干扰。根据具体实验状态，需灵活调整优化策略，以便快速获取稳定且背景干扰少的单个气溶素生物纳米孔道。

⑥ 由于阻断事件出现的频率与待测物的浓度相关，为了使待测物在电解质溶液中快速扩散均匀，加入待测物后，通常会使用移液枪的吸头搅拌溶液至待测物与电解质溶液混合均匀。搅拌溶液时，尽量远离磷脂双分子层，以防破坏磷脂膜。

2.3.5.2 部分实验异常的原因分析

本节内容总结了笔者课题组在生物纳米孔道单分子实验中曾遇到的问题以及相应的解决方案，详见表2-1。

表2-1 实验中易遇到的问题及解决方案

序号	问题现象	可能原因	解决方案
1	基线不稳定，基线电流增大或减小	检测池漏液	检查*trans*检测池与*cis*检测池连接是否紧密
		磷脂膜破裂或磷脂溶液异常	用干净的尼龙毛勾线笔反复刮蹭小孔附近，再重新涂磷脂溶液。如果反复出现多次，则需更换磷脂溶液
2	基线不稳定，基线电流缓慢变大	电极表面AgCl较薄或不均匀	更换电极
3	高电压无法击穿磷脂膜，基线电流值始终为0	磷脂膜过厚	用干净的尼龙毛勾线笔反复刮蹭或超声清洗
		电极与探头开路	重新焊接电极
		探头内部断路	需联系专业人员维修
4	反复提拉难以形成磷脂膜	预涂磷脂较薄	继续使用磷脂溶液涂抹或清洗后重新预涂上膜
		实验池已反复提拉多次或实验时间过长	重新清洗，烘干后进行实验
5	长时间无法上孔	孔道蛋白活性较低或浓度较低	提高孔道蛋白浓度或更换另外批次孔道蛋白
6	上孔后电流值偏小/偏大	孔道蛋白组装异常	应重复多次进行蛋白质组装成孔实验，直到获得重复性良好的生物纳米孔道
7	上孔后基线呈现规律性变化	孔道蛋白组装异常	在低电压下稳定2～3 min。如继续出现上述状况，应重新上孔
8	实验过程中基线值变化	实验过程中插入多个孔道蛋白（基线值改变较大）	击穿磷脂膜，重新提拉上孔
		膜两侧溶液浓度不相等或*cis*室溶液体积较少	重新实验，或补充溶液没过凹槽
		实验外界条件突变（如温度）	—
		分析物长时间保留	—
		发生堵孔	施加反向电压

2.4　生物纳米孔道的可控构建

2.4.1　孔道内天然氨基酸的定点突变

近年来，纳米孔道电化学技术在测序和单分子检测方面发展迅速，被广泛地应用于小分子随机传感、活性物质检测、药物定向递送和靶细胞治疗等领域。为进一步满足上述研究领域对纳米孔道灵敏性和选择性的需求，研究人员开始致力于开发和构建新的纳米孔道。例如在现有的生物纳米孔道基础上，结合蛋白质工程和非天然氨基酸引入技术对蛋白质纳米孔道特定位点的特定基团进行设计和修饰，其设计精度为亚纳米级，远远高于固态纳米孔道和化学合成的纳米孔道的设计精度。

对于生物纳米孔道，最常规的修饰方法为定点突变技术，可以选择性地添加、删除和替换特定位点的氨基酸残基，从而改变孔道的结构、内径和电荷分布。以气溶素纳米孔道为例，其前体蛋白称为气溶素前体，在切去C端25个氨基酸后被激活为具有成孔活性的气溶素单体，可以插入脂膜上自组装成七聚体结构，形成纳米孔道[22]。通过密码子优化技术将气溶素前体的氨基酸序列转化为适宜在大肠杆菌细胞内表达的碱基序列，将目的序列构建到pET-22b空载体上，形成pET-22b-气溶素前体重组质粒，利用PCR重叠延伸技术替换特定位点的密码子。将突变后的质粒转化到大肠杆菌感受态细胞进行诱导表达，经过亲和色谱纯化后得到高纯度的气溶素前体目的蛋白。

2018年，笔者课题组基于定点突变技术对气溶素纳米孔道的选择性和灵敏性进行了探究[23]。结合动力学模拟，选取了靠近孔口的R220位点和β-桶内的K238位点进行单点突变，并通过电化学实验以寡聚核苷酸为模板分子对突变型孔道进行表征[24]。R220E改变了孔道的选择性，由于电正性的精氨酸被替换为了谷氨酸，孔口区域富余了未配对的负电荷，静电作用阻碍了带负电荷的寡聚核苷酸进入孔道。此外，K238G和K238E孔道内能垒升高，因此寡聚核苷酸在K238G和K238E孔道内的穿孔速度大幅降低，而在K238F内的穿孔速度却有所加快。为了探索气溶素纳米孔道的设计和构建，在气溶素纳米孔道的不同区域选择了多个位点进行单点突变，分别为靠近孔口区域的Q212R、R282G和β-桶区域的N226Q（图2-16）[19]。电化学实验筛选其成孔活性，发现Q212R位点的突变使得气溶素单体不能在磷脂双分子层上组装为纳米孔道。以寡聚核苷酸为模型分子对R282G突变型孔道的表征结果显示寡聚核苷酸不能进入R282G纳米孔道，282位点电正性氨基酸的替换改变了气溶素的选择性。此外，寡聚核苷酸在N226Q孔道内的阻断幅度提高了25%，阻断时间延长了一倍，证明通过定点突变技术可以提高气溶素纳米孔道的灵敏度。

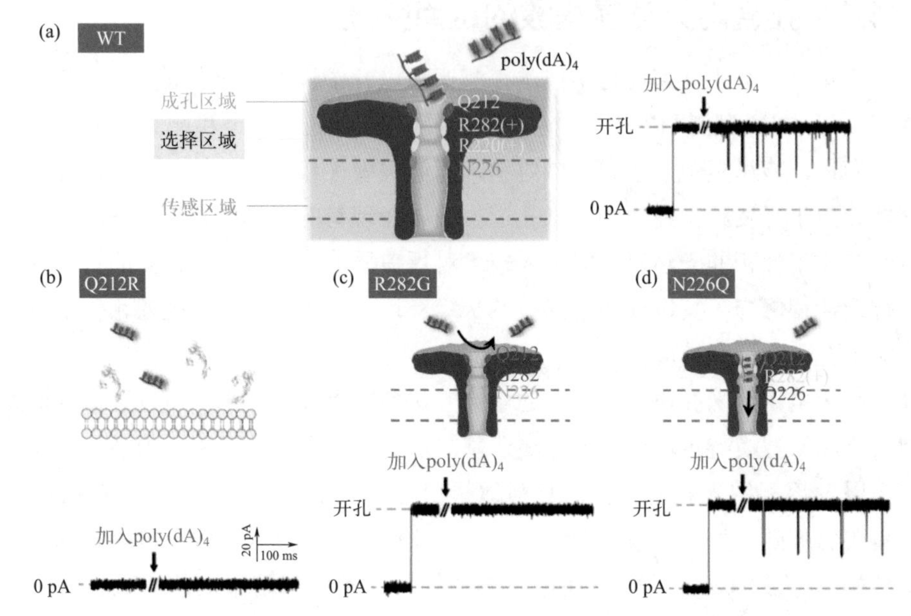

图2-16 野生型和突变型气溶素纳米孔道模型以及Poly(dA)$_4$在纳米孔道内的电流轨迹[19]

气溶素的三个区域分别与纳米孔道的成孔活性、选择性和灵敏性相关。Q212R突变型不具有成孔活性

基于此，证明了气溶素纳米孔道上存在分别与孔道的形成、孔道的选择性和灵敏性相关的三个区域，可以根据需求有目的地选择特定的位点进行突变。如图2-16（a）所示，橙色区域的位点与孔道的成孔过程密切相关，该区域的突变可能会影响孔道的成孔活性，因此要谨慎选择需要突变的位点。需要改变孔道的选择性时，可以选择黄色区域的氨基酸位点，特别是可以通过调节孔口的电荷分布来改变对带电待测物的选择性。通过替换β-桶内的氨基酸来增强靶分子与孔道之间的相互作用，从而提高孔道的灵敏性。需要注意的是，β-桶内的突变也会影响孔道的捕获率。此外，后续进一步在气溶素纳米孔道不同区域分别选择了一系列位点进行定点突变，包括D209R、T210A、T232K、K238Q、S264Q等，电化学表征结果同样支持上述结论[19, 25]。

定向进化是一种人为加速的自然进化过程，按照特定的需要和目的给予选择压力，筛选出具有期望特征的蛋白质，实现分子水平的模拟进化，该技术获得了2018年诺贝尔化学奖。受此启发，研究人员将定向进化技术应用于生物纳米孔道的改良。由于蛋白质有效突变位点的预测十分困难，因而随机进化是十分有效的蛋白质定向进化手段。其中，易错PCR技术是一种简单快速的随机进化方法，可以快速建立基因文库，筛选出有益突变。

近期，有研究报道通过定向进化技术筛选出有益的PlyAB纳米孔道随机突变，可促进对人血浆蛋白的捕获。PlyAB由Pleurotolysin A（PlyA，16 kDa）和Pleurotolysin B（Ply B，54 kDa）两种单体组成。研究人员通过两步PCR法构建了PlyB突变基因文库。第一步PCR以T7启动子和终止子为引物，使用保真度相对较低的REDTaq聚合酶，1 kb的DNA模板在经过30个周期的扩增后，大约有68.4%的DNA序列会产生一个突变。由于野生型的PlyB序列含有1461个碱基对，因此预期经过第一次PCR扩增后，每个基因序列会产生1～2个突变。PCR产物经过QIAquick PCR Purification试剂盒纯化后作为第二步PCR的引物，以野生型的PlyB为模板，使用高保真的聚合酶Phire hot start Ⅱ进行第二次PCR扩增。通过Dpn Ⅰ酶消化两步PCR产物中的模板分子后，将随机突变后的DNA分子转化到大肠杆菌感受态细胞中。细胞在琼脂板上过夜培养，挑取所有的单克隆菌落提取质粒。将质粒混合物转化到大肠杆菌表达细胞中，挑选了190个单克隆菌落在96孔板中进行PlyB蛋白的诱导表达。将大肠杆菌细胞充分破碎和离心后，使用Multiskan GO Microplate Spectrophotometer检测650 nm波长下上清液与绵羊血细胞混合物的吸光度，以检测和筛选上清液中突变型PlyB蛋白的溶血活性。高溶血活性的单克隆被分离出来进行大规模培养，用于测序和表达鉴定，或者作为下一轮定向进化的模板。经过三轮定向进化后得到了溶血活性较高的PlyB-E1，但是孔道会自动地开启和闭合（门控），另外的两轮定向进化也没有消除门控现象。最后结合定向突变和定点修正突变得到了电化学性质稳定的PlyB-E1，并实现了对于人血浆蛋白的捕获。此外，Soskine等[26]研究人员还利用定向进化的方法显著提高了ClyA纳米孔道的电化学特性，筛选得到了溶解性较高、噪声低且能够在较宽电压范围内保持稳定开孔状态的突变型孔道。

2.4.2 孔道内非天然氨基酸的引入

近年来，生物纳米孔道被广泛地应用于生物大分子分析。传统生物纳米孔道的修饰方法主要是借助天然氨基酸的侧链与小分子之间的反应。例如，Hagan Bayley课题组将七聚体α-HL孔道一个单体的117位氨基酸替换为了半胱氨酸，研究了4-磺基苯基亚砷酸与硫醇的取代反应[27]，但该方法受天然氨基酸种类的限制。

然而天然氨基酸仅有20种，而非天然氨基酸的种类丰富，可以扩展蛋白质组成的多样性。引入非天然氨基酸可以丰富孔道内氨基酸组成的种类和性质，从而提高纳米孔道的功能多样性和特异性。比如，可以引入具有特殊化学性质的非天然氨基酸，用于实现特定的化学反应或修饰；也可以引入具有特定电荷或大小的非天然氨基酸，用于调控纳米孔道的电学特性和物质传输等。已有研究人员利用半合成的方法在α-HL孔道内引入了炔基，在单分子水平上成功观测到了点击反应，突破了孔道内天然氨基酸的限制[28]。如图2-17（a）所示，α-HL单体的N端（1～113位点）和C端大片段（127～293位点）多肽通过在细菌中表达纯化得到，而侧链为炔基的非天然氨基酸被引入到中间通过化学合成的多肽链（114～126）中，替换了117位点的氨基酸。三段多肽通过NCL（native chemical ligation）技术相互连接起来得到完整的单体蛋白。NCL技术的优势在于，只要氨基酸侧链在固相多肽合成（solid-phase peptide synthesis，SPPS）和NCL的条件下稳定，或者可以添加保护基团和去保护，几乎任意氨基酸或氨基酸集合都可以被引入肽链中。将合成单体与兔红细胞共同孵育，证明合成单体具有溶血活性。此外，在凝胶电泳图上观察到了七聚体的条带，进一步证明了半合成法得到的α-HL单体具有成孔活性。合成单体与野生型单体（WT）按照不同比例混合后，得到一系列WT_nSM_{7-n}（n=0，1，2，3，4，5，6，7）七聚体，由于SM的C端D8H6标签可以提高电泳迁移率，因此可以通过凝胶电泳将WT_6SM_1分离并提取出来。电化学表征结果表明WT_6SM_1与WT_7具有相似的电化学性质。纳米反应器的成功构建为观测单分子反应提供了工具和方法，研究人员利用含有炔基的纳米反应器观测了铜催化的叠氮环加成点击反应（CuAAC）。在缓冲液中加入一价铜离子，使其终浓度为20 mmol/L，在*trans*端加入总浓度为2 mmol/L的0.4 kDa或0.7 kDa的Azide-PEG-biotin（APB400或APB700）。如图2-17（b）～（d）所示，阻断电流呈现两个台阶，第一个台阶（S_i）代表一种中间态，S_b代表最终产物，中间体存在时长平均4.5 s，并计算得到点击反应在纳米孔道内的速率常数为（0.24±0.01）$L\cdot mol^{-1}\cdot s^{-1}$，远远低于在溶液中的速率常数。这一将非天然氨基酸引入纳米孔道的尝试推动了单分子反应的研究进程，尤其是对于可逆反应，通过电流轨迹可以详细记录其反应过程。

笔者课题组基于密码子扩展技术，将非天然氨基酸（UAA）有选择地引入气溶素纳米孔道（图2-18）。这种方法利用了高效的丙氨酸-转肽酶-tRNA来提高孔道蛋白的表达量。结合分子动力学模拟与纳米孔道单分子实验，证明了UAA残基的构象为目标分子与孔道间的疏水相互作用提供了有利的几何取向。这种相互作用可以直接应用于含有疏水氨基酸的多肽混合物的区分。非天然氨

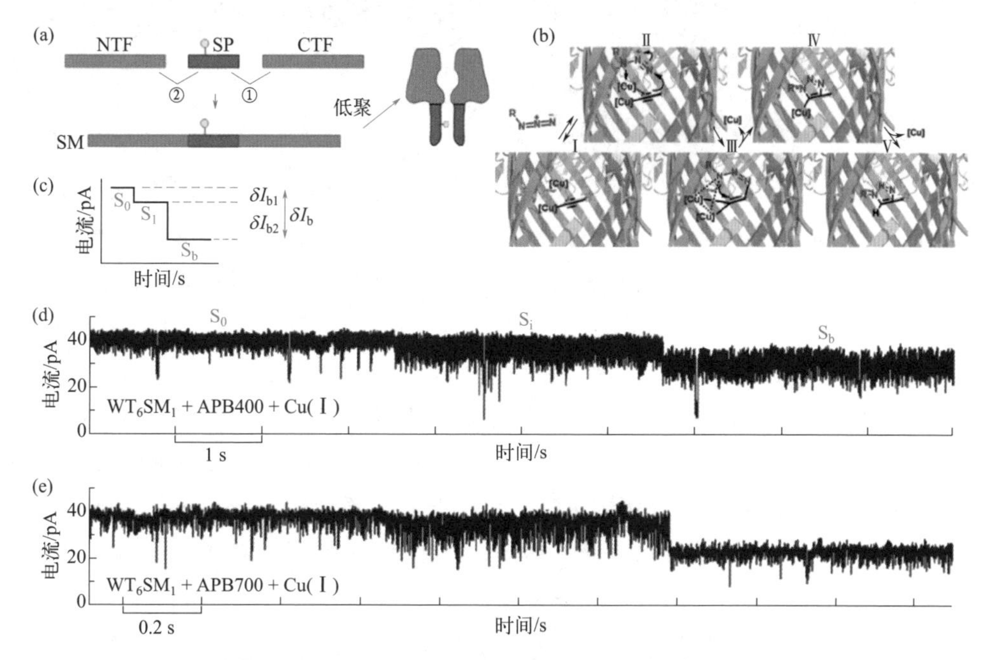

图2-17　(a)通过半合成的方法制备含非天然氨基酸的 α-HL 纳米孔道。(b)α-HL 纳米孔道中 CuAAC的反应机理：Ⅰ. 铜炔化合物的形成；Ⅱ. 与叠氮化合物的可逆结合；Ⅲ. 双核铜中间体；Ⅳ. 铜三唑化物中间体的形成；Ⅴ. 对应于S_b的三唑产物。铜三唑化物中间体可能对应于电流轨迹的S_i，这一归属根据电流信号推测得出。(c)CuAAC反应的电流示意图，从未反应状态S_0转化到中间态S_i，最后到S_b。(d)、(e)叠氮化合物APB400/APB700发生CuAAC反应的电流示意图[28]

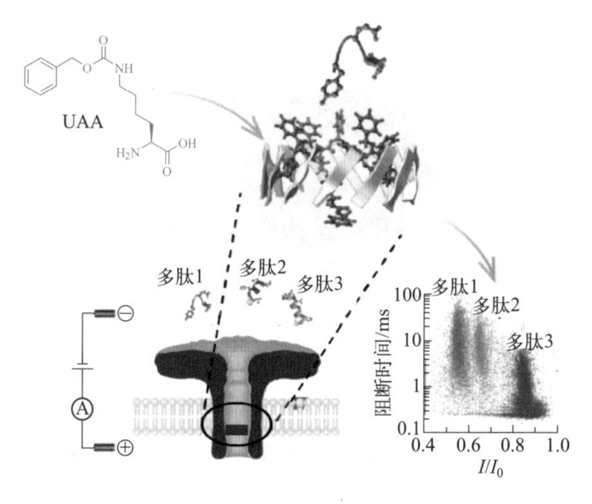

图2-18　引入非天然氨基酸的气溶素纳米孔道应用于含有疏水氨基酸的多肽混合物的检测[29]

基酸的引入进一步为纳米孔道赋予传统蛋白质工程方法难以实现的独特传感特性[29]。

2.4.3 孔道内的化学修饰

蛋白质纳米孔道内定点突变和定向进化已成为纳米孔道修饰的常规方法，增加纳米孔道内其他新功能如捕捉化学反应中间体、监测单分子反应历程及作为合成反应器已成为纳米孔道领域的新尝试。通过氨基酸侧链残基如半胱氨酸的巯基与有机小分子的活性基团如炔基、巯基反应，进一步调控电压等条件，观测小分子在孔道内的电化学行为。

在核酸测序方面，通过α-HL孔道中加入β-环糊精作为分子适配器，由于环糊精与孔道共价相互作用及尺寸匹配，环糊精可以较为稳定地卡在孔道内（图2-19）[30]。ssDNA被外切酶Ⅰ酶切产生的四种核苷酸通过电压驱动进孔并产生可明显区分的四种残余电流信号，利用这种复合了适配客体分子的修饰纳米孔道可以很好地辨别四种标准核苷酸。

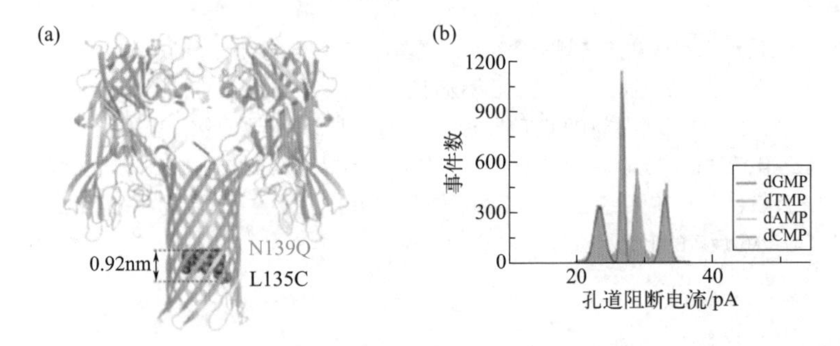

图2-19　α-HL孔道与β-环糊精复合孔道对四种核苷酸的检测：（a）WT-（M113R/N139Q）6（M113R/N139Q/L135C）1突变体的结构显示了135位环糊精共价连接（空间填充模型），139位残基上的谷氨酰胺，以及环糊精的二级羟基与二硫键之间的垂直距离；（b）对应的核苷酸结合事件的阻断电流直方图[30]

Scott L. Cockroft课题组利用可逆的亚氨基硼酸盐反应和产生的离子电流变化来探测单个α-HL纳米孔通道内赖氨酸残基的反应活性[31]。通过离子电流的逐步变化可以识别出在*cis*和*trans*开口处的赖氨酸残基环以及收缩位点处发生的可逆反应。通过监测离子电流的实时变化判断赖氨酸修饰进程并在修饰结束后加入猝灭剂以防止进一步修饰，此方法可以获得单个硼酸盐修饰的纳米孔道。

在α-HL孔道内引入半胱氨酸，观察到了2-氰苯并噻唑（CBT）衍生物与N端半胱氨酸残基之间的不可逆缩合反应中的两种瞬态中间体：硫酰亚胺和噻唑啉产物的环前体（图2-20）[32]。化学修饰的纳米孔中反应中间体的跟踪，使

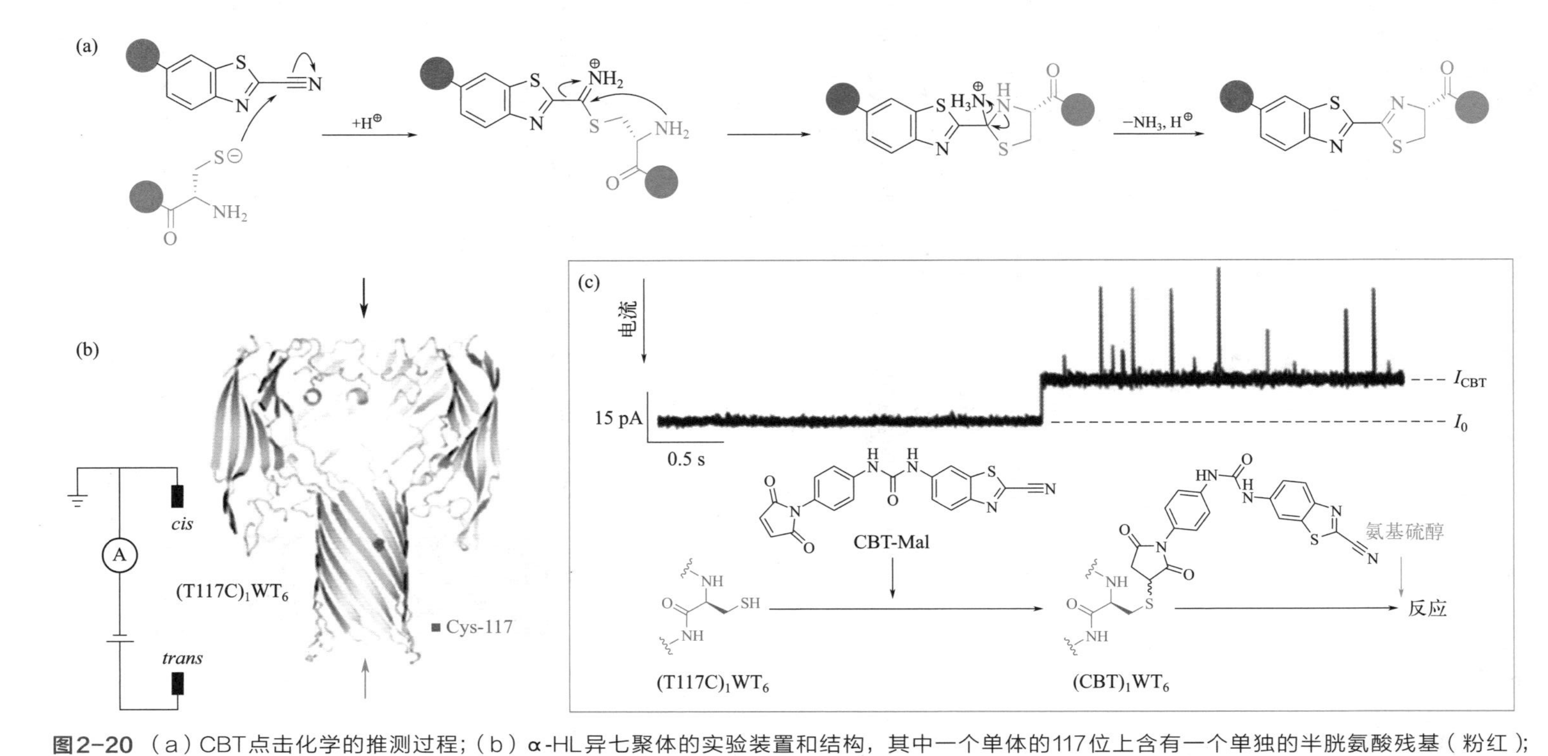

图2-20 （a）CBT点击化学的推测过程；（b）α-HL异七聚体的实验装置和结构，其中一个单体的117位上含有一个单独的半胱氨酸残基（粉红）；（c）CBT纳米反应器的原位生成，将单个α-HL七聚体插入脂质双分子层以提供稳定的开孔电流（I_0）后，从顺式侧加入CBT-Mal（10 μmol）[32]

存在中间态的反应历程监测和动力学逐步解析成为可能。

2.4.4 其他孔道

以DNA为原料的生物纳米孔道结构与蛋白质纳米孔道类似，但其孔道内径范围可以根据检测需求进行调整，最高可达几十纳米[33]。DNA纳米孔道的结构可以使用专门的软件进行从头设计和调控。通过DNA折纸技术等方法可以快速构建复杂的2D和3D结构，但其精确度达不到蛋白质纳米孔道的亚纳米级别[34-38]。现有的核酸化学修饰技术已经相当成熟，这对于DNA跨膜通道的开发至关重要，例如Stefan Howorka团队构建的纳米孔道，其DNA的带电磷酸二酯键被烷基化或碱基连接卟啉，可增强疏水性[39]。如图2-21所示，胆固醇修饰的6条单链DNA所构建的部分封闭的纳米孔道，内径为2 nm，可以被特定的寡聚核苷酸钥匙打开并释放出DNA锁。DNA孔道打开后，能够选择性地转运弱电性染料分子，而强负电性染料则不能被捕获。尽管DNA跨膜纳米孔道的设计灵活多变，具有很大的应用潜力，但仍存在一些问题。由于相对疏松的孔壁排列，DNA生物纳米孔道的结构可能会大幅度地波动，甚至会出现离子和水分子泄漏[40-41]。此外，由于RNA可以在细胞中进行基因编码和表达，而且RNA双链比DNA双链更稳定，因此RNA纳米孔道或由DNA和RNA组合而成的纳米孔道有望成为DNA纳米孔道的潜在替代物，但目前尚未有研究报道。

天然多肽纳米孔道的长度通常小于50个氨基酸，直径较小，结构简单，更容易插入脂质膜，通过半合成法和基因工程技术可以引入多种非天然氨基酸和化学活性基团。Michael Mayer课题组通过半合成法在β-螺旋结构的Gramicidin A肽孔道的C端连接了多种功能基团，通过光或配体相互作用实现了调控孔道的开关、监测单分子反应、调节酶活性等应用。例如利用碳酸酐酶与Gramicidin A肽孔道孔口处的苯磺酰胺的结合关闭孔道，在与碳酸酐酶更容易结合的4-羧基苯磺酰胺加入后孔道又重新打开[42]。

相对于结构复杂的蛋白质，多肽的从头设计更为容易。目前，已经实现以多肽为材料从头设计构建Zn^{2+}通道[43]。首先是设计离子通道的预定义结构和多肽序列，基于金属离子和质子的反向转运机制，作者选择了能够运输质子和绑定金属离子的四螺旋束结构，如图2-22所示，反向平行的每条多肽链倾斜10°～20°，构建上下两个2His-4Glu的Zn^{2+}对绑定位点。进一步通过动力学模拟验证此结构的稳定性和离子转运的动力学过程，并利用分离型超速离心（analytical ultracentrifugation，AUC）、核磁共振（nuclear magnetic resonance,

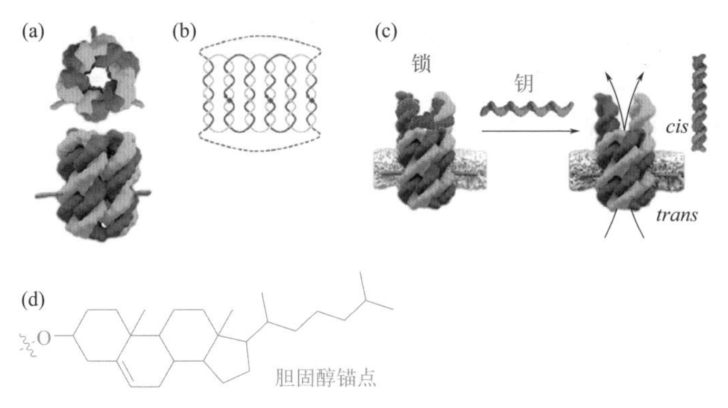

图2-21（a）纳米孔道的模型图，纳米孔道由六条DNA链组成（深蓝和浅蓝色），并以胆固醇作为锚（橙色）；（b）六条DNA链组合二维图，箭头表示DNA链3′端；（c）半封闭DNA纳米孔道锁（红色）被DNA钥匙（绿色）打开；（d）附着在DNA 3'端胆固醇锚的化学结构[39]

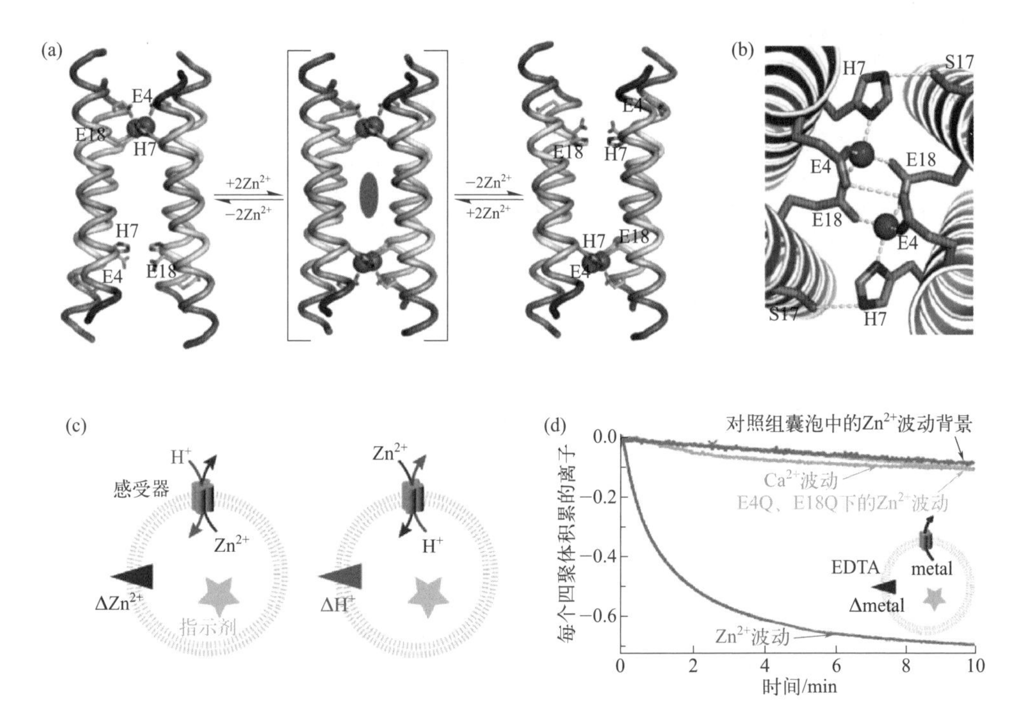

图2-22（a）离子通道转运Zn^{2+}的模型图，离子通道在转运过程中两种构象相互转化，具有一个中间态；（b）Zn^{2+}绑定位点，由2个His和4个Glu构成；（c）利用荧光指示剂在囊泡上表征离子通道共转Zn^{2+}和质子的能力；（d）通过Zn^{2+}外排表征离子通道的离子选择性，离子通道选择性地转运Zn^{2+}（蓝色），而不转运Ca^{2+}（绿色），Zn^{2+}被动泄漏曲线以灰色表示，Zn^{2+}绑定位点E4和E18被突变后，无法转运Zn^{2+}（黄色）[43]

NMR）、X射线晶体学（X-ray crystallography）和固态NMR等一系列技术，表征了多肽在胶束和脂质膜中的四聚体结构和Zn^{2+}绑定情况。最后，作者在囊泡上插入离子通道测试了其Zn^{2+}转运能力和离子选择性，Zn^{2+}转运速率遵循Michaelis-Menten动力学过程，测试得到离子通道的K_M=（280±90）mmol/L，v_{max}=（1.1±0.1）min^{-1}。此外，Zn^{2+}浓度梯度能够驱动质子共同输运，质子浓度梯度也能够引起Zn^{2+}在囊泡内的积累。

生物孔道实验教学及应用实例视频可扫描下方二维码观看。

参考文献

[1] Bamberg E, Alpes H, Apell H J, Bradley R, Urry D W. Formation of ionic channels in black lipid membranes by succinic derivatives of gramicidin A[J]. *The Journal of Membrane Biology*, 1979, 50(3): 257-270.

[2] van Gelder P, Dumas F, Winterhalter M. Understanding the function of bacterial outer membrane channels by reconstitution into black lipid membranes[J]. *Biophysical Chemistry*, 2000, 85(2-3): 153-167.

[3] Nagao T, Mishima D, Javkhlantugs N, Wang J, Ishioka D, Yokota K, Norisada K, Kawamura I, Ueda K, Naito A. Structure and orientation of antibiotic peptide alamethicin in phospholipid bilayers as revealed by chemical shift oscillation analysis of solid state nuclear magnetic resonance and molecular dynamics simulation[J]. *Biochimica et Biophysica Acta (BBA)-Biomembranes*, 2015, 1848(11): 2789-2798.

[4] Yu Y, Vroman J A, Bae S C, Granick S. Vesicle budding induced by a pore-forming peptide[J]. *Journal of the American Chemical Society*, 2010, 132(1): 195-201.

[5] Sandison M E, Zagnoni M, Morgan H. Air-exposure technique for the formation of artificial lipid bilayers in microsystems[J]. *Langmuir*, 2007, 23(15): 8277-8284.

[6] Thomas G, Thomas H, Ulrich K, Kozhinjampara R M, Mathias W. Protein reconstitution into freestanding planar lipid membranes for electrophysiological characterization[J]. *Nature Protocols*, 2015, 10(1): 188-198.

[7] Zagnoni M, Sandison M E, Marius P, Lee A G, Morgan H. Controlled delivery of proteins into bilayer lipid membranes on chip[J]. *Lab on a Chip*, 2007, 7(9): 1176-1183.

[8] Zagnoni M, Sandison M E, Morgan H. Microfluidic array platform for simultaneous lipid bilayer membrane formation[J]. *Biosensors and Bioelectronics*, 2009, 24(5): 1235-1240.

[9] Kasianowicz J J, Brandin E, Branton D. Characterization of individual polynucleotide molecules

using a membranechannel[J]. *Proceedings of the National Academy of Sciences of the United States of America*, 1996, 93(24): 13770-13773.

[10] Zhou B, Wang Y Q, Cao C, Li D W, Long Y T. Monitoring disulfide bonds making and breaking in biological nanopore at single molecule level[J]. *Science China Chemistry*, 2018, 61(11): 1385-1388.

[11] Peraro M D, van der Goot F G. Pore-forming toxins: ancient, but never really out of fashion[J]. *Nature Reviews Microbiology*, 2016, 14(2): 77-92.

[12] Degiacomi M T, Iacovache I, Pernot L, Chami M, Kudryashev M, Stahlberg H, van der Goot F G, Peraro M D. Molecular assembly of the aerolysin pore reveals a swirling membrane-insertion mechanism[J]. *Nature Chemical Biology*, 2013, 9(10): 623-629.

[13] Song L, Hobaugh M R, Shustak C, Cheley S, Bayley H, Gouaux J E. Structure of staphylococcal α-hemolysin, a heptameric transmembrane pore[J]. *Science*, 1996, 274(5294): 1859-1865.

[14] Sugawara T, Yamashita D, Kato K, Zhao P, Min Y. Structural basis for pore-forming mechanism of staphylococcal α-hemolysin[J]. *Toxicon*, 2015, 108: 226-231.

[15] Olson R, Nariya H, Yokota K, Kamio Y, Gouaux E. Crystal structure of staphylococcal LukF delineates conformational changes accompanying formation of a transmembrane channel[J]. *Nature Structural Biology*, 1999, 6(2): 134-140.

[16] Maglia G, Heron A J, Stoddart D, Japrung D, Bayley H. Analysis of single nucleic acid molecules with protein nanopores[J]. *Methods in Enzymology*, 2011, 475: 591-623.

[17] Cao C, Liao D F, Yu J, Tian H, Long Y T. Construction of an aerolysin nanopore in a lipid bilayer for single-oligonucleotide analysis[J]. *Nature Protocols*, 2017, 12(9): 1901-1911.

[18] Wu X Y, Ying Y L, Long Y T. Construction and high selectivity of aerolysin single molecular interface for single molecule analysis[J]. *Chemical Journal of Chinese Universities*, 2019, 40 (9): 1825-1831.

[19] Wu X Y, Wang M B, Wang Y Q, Li M Y, Ying Y L, Huang J, Long Y T. Precise construction and tuning of an aerolysin single-biomolecule interface for single-molecule sensing[J]. *CCS Chemistry*, 2019, 1(3): 304-312.

[20] Cressiot B, Ouldali H, Pastoriza-Gallego M, Bacri L, van der Goot F G, Pelta J. Aerolysin, a powerful protein sensor for fundamental studies and development of upcoming applications[J]. *ACS Sensors*, 2019, 4(3): 530-548.

[21] Li M Y, Ying Y L, Yu J, Liu S C, Wang Y Q, Li S, Long Y T. Revisiting the origin of nanopore current blockage for volume difference sensing at the atomic level[J]. *JACS Au*, 2021, 1(7): 967-976.

[22] Parker M W, Buckley J T, Postma J P, Tucker A D, Leonard K, Pattus F, Tsernoglou D. Structure of the aeromonas toxin proaerolysin in its water-soluble and membrane-channel states[J]. *Nature*, 1994, 367(6460): 292-295.

[23] Wang Y Q, Cao C, Ying Y L, Li S, Wang M B, Huang J, Long Y T. Rationally designed sensing selectivity and sensitivity of an aerolysin nanopore via site-directed mutagenesis[J]. *ACS Sensors*, 2018, 3(4): 779-783.

[24] Wang Y Q, Li M Y, Qiu H, Cao C, Wang M B, Wu X Y, Huang J, Ying Y L, Long Y T. Identification of essential sensitive regions of the aerolysin nanopore for single oligonucleotide analysis[J]. *Analytical Chemistry*, 2018, 90(13): 7790-7794.

[25] Wang J J, Li M Y, Yang J, Wang Y Q, Wu X Y, Huang J, Ying Y L, Long Y T. Direct quantification of damaged nucleotides in oligonucleotides using an aerolysin single molecule interface[J]. *ACS Central Science*, 2020, 6(1): 76-82.

[26] Soskine M, Biesemans A, Maeyer M D, Maglia G. Tuning the size and properties of ClyA nanopores assisted by directed evolution[J]. *Journal of the American Chemical Society*, 2013, 135(36): 13456-13463.

[27] Steffensen M B, Rotem D, Bayley H. Single-molecule analysis of chirality in a multicomponent reaction network[J]. *Nature Chemistry*, 2014, 6(7): 603-607.

[28] Lee J, Bayley H. Semisynthetic protein nanoreactor for single-molecule chemistry[J]. *Proceedings of the National Academy of Sciences of the United States of America*, 2015, 112(45): 13768-13773.

[29] Wu X Y, Li M Y, Yang S J, Jiang J, Ying Y L, Chen P R, Long Y T. Controlled genetic encoding of unnatural amino acid in a protein nanopore[J]. *Angewandted Chemie International Edition*, 2023, 62: e202300582.

[30] Clarke J, Wu H C, Jayasinghe L, Patel A, Reid S, Bayley H. Continuous base identification for single-molecule nanopore DNA sequencing[J]. *Nature Nanotechnology*, 2009, 4(4): 265-270.

[31] Borsley S, Cockroft S L. In situ synthetic functionalization of a transmembrane protein nanopore[J]. *ACS Nano*, 2018, 12(1): 786-794.

[32] Qing Y, Liu M D, Hartmann D, Zhou L, Ramsay W J, Bayley H. Single - molecule observation of intermediates in bioorthogonal 2-cyanobenzothiazole chemistry[J]. *Angewandted Chemie International Edition*, 2020, 59: 15711.

[33] Langecker M, Arnaut V, Martin T G, List J, Renner S, Mayer M, Dietz H, Simmel F C. Synthetic lipid membrane channels formed by designed DNA nanostructures[J]. *Science*, 2012, 338(6109): 932-936.

[34] Seeman N C. Nanomaterials based on DNA[J]. *Annual Review of Biochemistry*, 2010, 79: 65-87.

[35] Rothemund P W. Folding DNA to create nanoscale shapes and patterns[J]. *Nature*, 2006, 440(7082): 297-302.

[36] Chen Y J, Groves B, Muscat R A, Seelig G. DNA nanotechnology from the test tube to the cell[J]. *Nature Nanotechnology*, 2015, 10(9): 748-760.

[37] Pinheiro A V, Han D, Shih W M, Yan H. Challenges and opportunities for structural DNA nanotechnology[J]. *Nature Nanotechnology*, 2011, 6(12): 763-772.

[38] Jones M R, Seeman N C, Mirkin C A. Programmable materials and the nature of the DNA bond[J]. *Science*, 2015, 347(6224): 1260901.

[39] Burns J R, Seifert A, Fertig N, Howorka S. A biomimetic DNA-based channel for the ligand-controlled transport of charged molecular cargo across a biological membrane[J]. *Nature Nanotechnology*, 2016, 11(2): 152-156.

[40] Maingi V, Lelimousin M, Howorka S, Sansom M S. Gating-like motions and wall porosity in a DNA nanopore scaffold revealed by molecular simulations[J]. *ACS Nano*, 2015, 9(11): 11209-11217.

[41] Yoo J, Aksimentiev A. Molecular dynamics of membrane-spanning DNA channels: conductance mechanism, electro-osmotic transport, and mechanical gating[J]. *Journal Physical Chemistry Letters*, 2015, 6(23): 4680-4687.

[42] Blake S, Capone R, Mayer M, Yang J. Chemically reactive derivatives of Gramicidin A for developing ion channel-based nanoprobes[J]. *Bioconjugate Chemistry*, 2008, 19 (8): 1614-1624.

[43] Joh N H, Wang T, Bhate M P, Acharya R, Wu Y B, Grabe M, Hong M, Grigoryan G, DeGrado W F. De novo design of a transmembrane Zn^{2+}-transporting four-helix bundle[J]. *Science*, 2014, 346(6216): 1520-1524.

第 3 章

固体纳米孔道检测系统

固体纳米孔道（solid-state nanopore）是通过在固体材料上刻蚀加工而形成的纳米尺度的单分子通道，其具有机械稳定性高、孔径可控、表面性能可调控等优点[1-3]。因此可适应于各种尺寸和类型的单分子检测。本章根据笔者近年的研究经验，以氮化硅（SiN_x）薄膜材料制备的固体纳米孔道为例，简要介绍固体纳米孔道的构建、表征与其在单分子检测方面的应用。

3.1 固体纳米孔道

固体纳米孔道作为一种基于人工固体材料加工刻蚀的孔道，具有较高的机械稳定性，且固体材质相较于由组成生物纳米孔道的蛋白质，更易通过物理气相沉积或化学气相沉积对其进行表面修饰，从而在孔道内引入特定基团或分子受体增强分子间相互作用，或者构建具有等离子体激元效应的纳米孔道。固体纳米孔道一般具有更灵活的孔道尺寸，因此可以用于蛋白质、酶和DNA等生物大分子的直接检测，无需破坏分子原有的结构便可进行对生物实际样品检测方面的研究。此外得益于先进的半导体加工和集成电路技术，固体纳米孔道可以在半导体芯片中实现大规模集成。

固体纳米孔道的另一大优势是可以与其他方法联用，特别是与光谱分析方法（如荧光光谱、拉曼光谱等）相结合，实现纳米孔道光电同步检测。这使得人们能够同步获取单分子的电化学信息与光谱信息，从而拓展纳米孔道信息检测的维度，提高纳米孔道的分辨能力。

制备固体纳米孔道的材料一般必须具备不导电和表面平整且厚度薄的特点，比较常用的固体薄膜材料有氮化硅（SiN_x）、氧化硅（SiO_2）、碳化硅（SiC）、氧化铝（Al_2O_3）、石墨烯、二硫化钼（MoS_2）等[4-5]。其中，氮化硅由于其力学强度高、绝缘性能好、化学性质稳定等优点，成为目前应用最为广泛的固体纳米孔道制备材料。以氮化硅薄膜为基材的固体纳米孔道单分子分析系统的构建包括两个核心要点：其一是在氮化硅薄膜材料上加工孔径、孔数目高度可控的纳米孔道；其二是保证加工出的纳米孔道易于被溶液润湿。

3.2 固体纳米孔道体系的构建

低成本、可重复地获得一个纳米尺寸的小孔是固体纳米孔道构建的核心问题。目前常用的加工技术可大概分为两类，基于聚焦离子束（FIB）或电子束刻蚀的加工技术和电介质击穿加工技术[6]。前者是使用高压电场加速离子或电子轰击半导体薄膜材料，将原子从材料表面剥离直接形成纳米孔道[7-9]。然而，这种加工方法得到的纳米孔道的孔径受到薄膜厚度的限制。除此之外，这一类加工方法通常都需要精密昂贵的仪器设备，并且需要在高真空下经过一系列复杂的操作才能完成。更重要的是用这种方法在溶液中无法对纳米孔道进行原位加工，固体纳米孔道在加工完成后需要从真空中转移到溶液相并封装进纳米孔道检测池中。然而由于氮化硅材料表面亲水性较差，且制备出的固体纳米孔孔径非常小，因此溶液很难浸润固体纳米孔道内部，通常需要加压、修饰等方法使得孔道内部充分浸润。固体纳米孔道在此过程中极易被损坏，特别是对于直径10 nm以下的纳米孔道，浸润过程成功率低。这些问题都极大地限制了固体纳米孔道在单分子检测方面的推广应用。

电介质击穿（dielectric breakdown）是一种在溶液中原位加工纳米孔道的方法，该方法结合了电化学刻蚀的原理，通过在氮化硅薄膜两侧施加高电压对氮化硅进行刻蚀[10-12]。电介质击穿法制备原理如下：在电解质溶液中，通过在氮化硅薄膜材料两侧施加合适的高电压，可以在氮化硅两侧形成很强的电场并使得溶液中的正负离子大量富集到薄膜两侧[13-17]。在电场形成的高压应力下，氮化硅中会产生一种“陷阱辅助隧穿”的现象，电子等微观粒子通过这些“陷阱”可以穿过本来绝缘的氮化硅薄膜，形成导电路径，宏观表现为流过氮化硅薄膜的漏电流。在这种持续高压电场下，被击穿的路径会不断地增多，最终氮化硅薄膜被击穿并形成单个孔道（图3-1）。随后，初步形成的孔道在电化学刻蚀作用下不断增大，通过精确控制施加电压的大小和时间，最终形成孔径最小可至2 nm的固体纳米孔道。相比于聚焦离子束方法，电介质击穿法所需仪器设备简单，操作便捷，可以实现实验条件下氮化硅的原位加工，降低了纳米孔道损坏率，同时提高了浸润成功率。电介质击穿法可以在普通的化学实验室条件下获得高度可控的单个固体纳米孔道。用该方法获得特定尺寸纳米孔道时有两个关键点需注意：一是氮化硅薄膜击穿时形成的纳米孔道大小；二是电化学刻蚀阶段的电流阈值。氮化硅薄膜的性质如厚度、窗口大小、应力、阻抗甚至批次等都会影响击穿时产生的纳米孔道大小。当电介质击穿产生的纳米孔道的离子流大于预设的阈值，这说明纳米孔道已无法实现后续的孔径控制。如果电介质击穿时形成的纳米孔道的离子流低于阈值，则纳米孔道需要经过电化学刻蚀才可达到理想孔径，这种情况就可以实现可控的纳米孔道加工。因此，选择合适的氮化硅薄膜芯片实现薄膜两侧电压的准确施加和漏电流的实时准确监测是实现电化学可控刻蚀纳米孔道的关键。

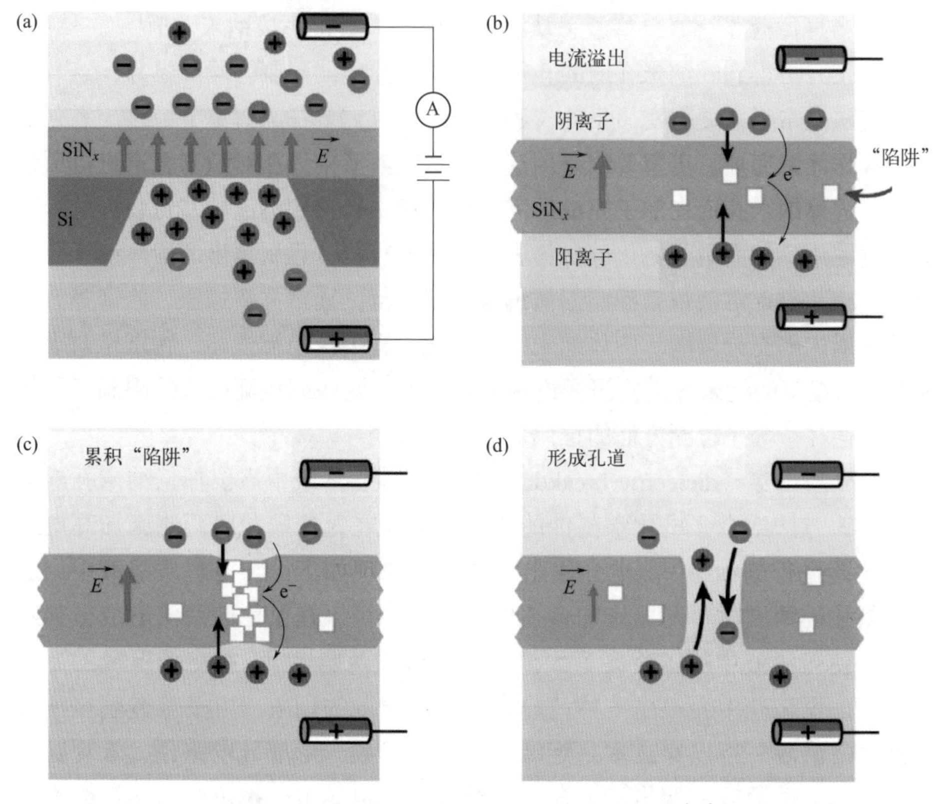

图3-1 可控电介质击穿法制备纳米孔道示意图[18]

电化学刻蚀是固体纳米孔道孔径逐渐增大最终达到目标孔径的过程。在电化学刻蚀过程中，纳米孔的电流曲线、电流的增长速度、噪声及波动情况甚至产品批次均会影响孔道构建效果，因此通过电流阈值来定量表征所制备的固体纳米孔道孔径十分困难。对此，必须经过大量的实验验证才能确定合适的电流阈值，通过反复地测量和重新打孔以达到特定的尺寸。电介质击穿所获得的氮化硅纳米孔道的孔径可使用电导公式计算[19-20]:

$$G=\sigma\left[\frac{4l}{\pi d^2}+\frac{1}{d}\right]^{-1} \tag{3-1}$$

式中，G为纳米通道的电导；σ为电解质溶液电导率；l为孔道的有效长度；d为纳米孔道的直径。通常，该公式适用于低电压（＜10 V）下高盐浓度的溶液体系。

基于电化学可控刻蚀的固体纳米孔道制备技术，笔者课题组设计并搭建了可控固体纳米孔道制备平台，完成了电化学仪器硬件和控制软件的设计开发，在氮化硅薄膜窗口上实现了直径为2～30 nm的纳米孔道的加工。

3.2.1 电化学可控刻蚀的固体纳米孔道制备平台的搭建

固体纳米孔道制备平台电化学仪器的硬件分为电压施加和电流检测两部分。电压施加有两种方式，低电压（＜20 V）通过NI PCI-6251数据采集卡控制电路板施加，高电压通过控制外置的电压源施加。电流信号由自制电路板采集或商业化皮安表采集。因此，本平台主要有两种硬件模式，一种是使用自制的电路板实现电压的采集和电流的测量；另一种是NI数据采集卡只负责控制，电压施加和电流采集全部由外部设备完成。

硬件部分需要实现的功能主要包含电压的施加、电流的采集和控制。仪器平台的搭建基于National Instruments（NI）公司的PCI-6251数据采集卡，可用于控制施加电压和采集电流。电路板如图3-2所示，NI数据采集卡自身可以输出±10 V的电压，但纳米孔道加工使用的电压最高可达到30 V。因此，数据采集卡本身输出的电压不能满足实验的需求，需要将电压放大后使用。笔者课题组设计了运算放大电路用于放大输出的电压。如图 3-2 中电压施加部分所示，该部分核心是运算放大器AD820组成的同相放大器，其中V_{in}为信号电压输入端口电压，V_{out}是放大后的电压输出端口电压，用于连接工作电极。其电压放大关系可以表示为:

$$V_{out}=\frac{R_1+R_2}{R_2}V_{in} \tag{3-2}$$

运算放大器采用−10 V和+20 V的不对称双电源供电，因此最高放大电压可以达到20 V。在本设计中R_1和R_2的值选择5 MΩ，将信号电压放大两倍输出，同时在信号输入端和信号输出端设计了低通滤波器，用以降低施加电压的噪声。在电流采集部分，采用AD549运算放大器。将流经氮化硅芯片的纳安级弱电流信号转换为电压信号并输入数据采集卡。同时设计了一路反向放大器用于实时测量电极两端的电压。如图3-2所示，V_{in}接数据采集卡的电压输入信号，V_{out}接工作电极，CNT接对电极，I_{out}为电流转电压输出端口，接入数据采集卡的电流采集通道，V_m端口接数据采集卡电压测量通道。

另外，对于部分氮化硅薄膜芯片，当需要超过20 V的高电压时，通过RS232协议来控制外接的可编程直流电源设备施加高电压，电流采集使用同样的设备。

实验中所使用的检测流通池和设计的法拉第电磁屏蔽箱如图 3-3 所示。使用密封圈或AB胶密封氮化硅芯片安装在检测流通池中，最后将所有电路和检测池置于电磁屏蔽箱中。

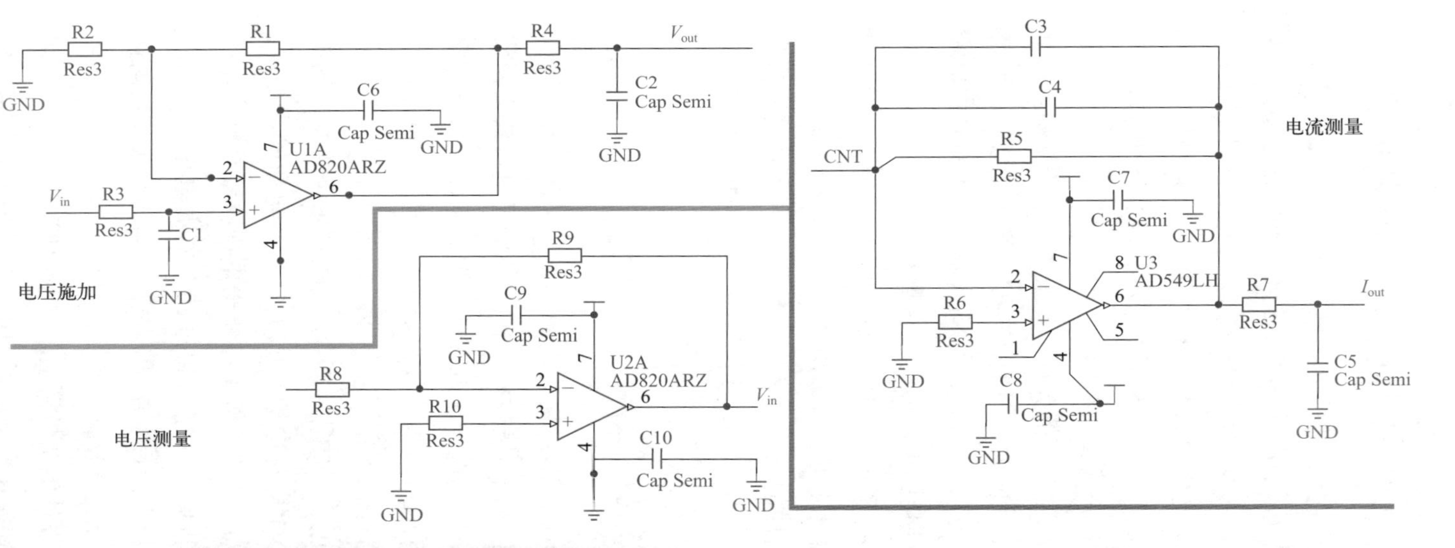

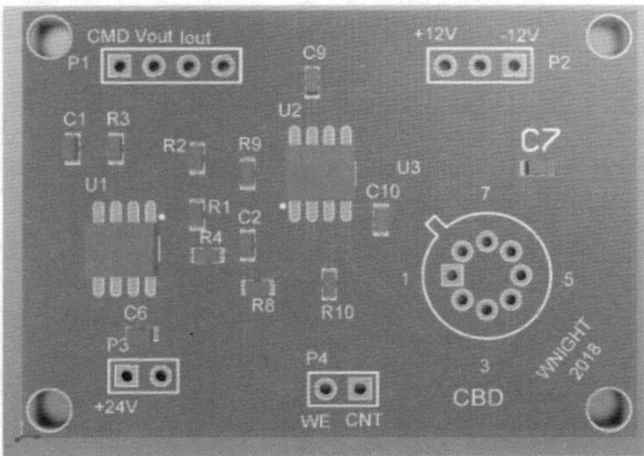

图3-2　纳米孔道加工制备平台的电路原理图和电路板

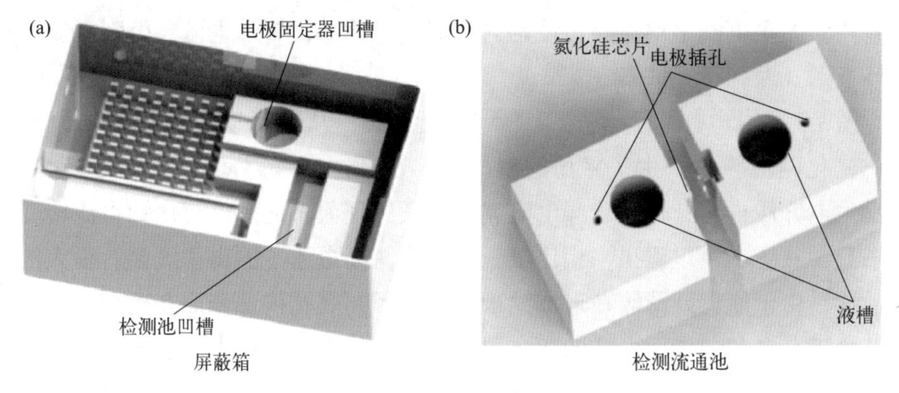

图3-3　纳米孔道检测屏蔽箱（a）及检测流通池（b）

3.2.2　固体纳米孔道制备平台软件控制系统的开发

控制系统的主要功能是实现电流反馈的电压控制，通过漏电流实时监控达到预设的电流值时停止高电压的施加，从而获得目标尺寸的固体纳米孔道。软件部分基于LabVIEW平台开发完成，由DAQmx驱动控制数据采集卡采集数据和RS232协议直接控制外置仪器。该部分主要实现了两种功能：恒电压打孔和脉冲电压打孔。在恒电压模式下，通过直接计算的漏电流大小来控制电压的施加。在脉冲电压模式下，先在高电压下打孔，然后在低电压下采集纳米孔道离子流，继而控制电压的中断。整个打孔阶段的数据存储为*.tdms文件。

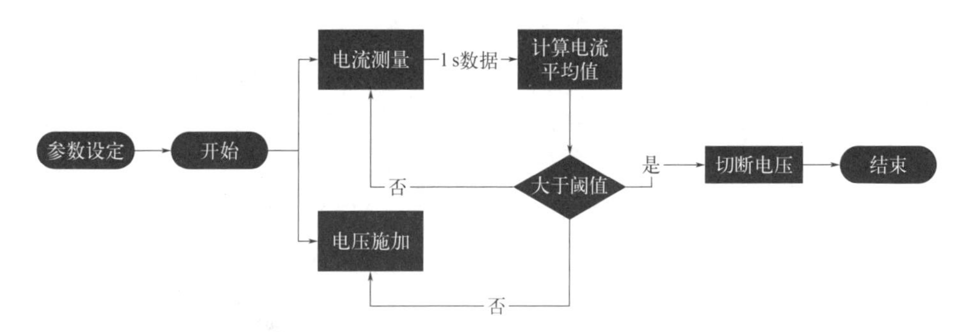

图3-4　纳米孔道加工控制系统恒电压模式的流程图

图3-4为恒电压模式流程图，使用数据采集卡的电压输出通道输出信号电压，经放大电路放大后施加到电极上，然后数据采集卡的电压采集通道同步地采集流经氮化硅薄膜的漏电流和施加到电极上的真实电压。电压的施加和电流的采集通过LabVIEW实现同步运行。在电流采集循环路径中，采用采样率为1 kHz的连续采样模式，在每个采样周期记录采集到的每1 s的所有数据并计算当前电流的平均值，然后和预设的漏电流阈值比较，从而判断是否达到终

止条件。如果电流平均值超过设定的阈值则迅速停止施加电压，否则重复上述循环直到孔道制备完成。

图3-5是恒电压打孔模式下的漏电流曲线，从中可以看到在施加恒电压后，氮化硅薄膜中产生了平稳的漏电流，在经过一段时间后（30 min～2 h），会发生电介质击穿并伴随着漏电流突然跳跃的现象，之后电流由漏电流转变为离子流。从图中可以看出，相比较于漏电流，高电压下的离子流会有很大的噪声，这是由于氮化硅薄膜在形成纳米孔道之后，其孔内部表面在电介质溶液浸润下会带有电荷，继而形成的双电层具有较大的电容。在电介质击穿之后，形成的尺寸较小的纳米孔道会在高电压下逐渐增大，该过程是电化学刻蚀过程。在达到预设的电流阈值后电压会迅速停止，从而获得特定尺寸的纳米孔道。

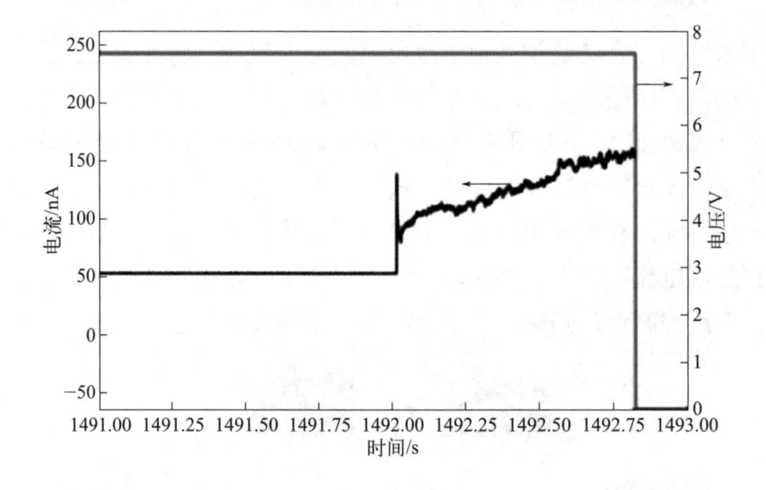

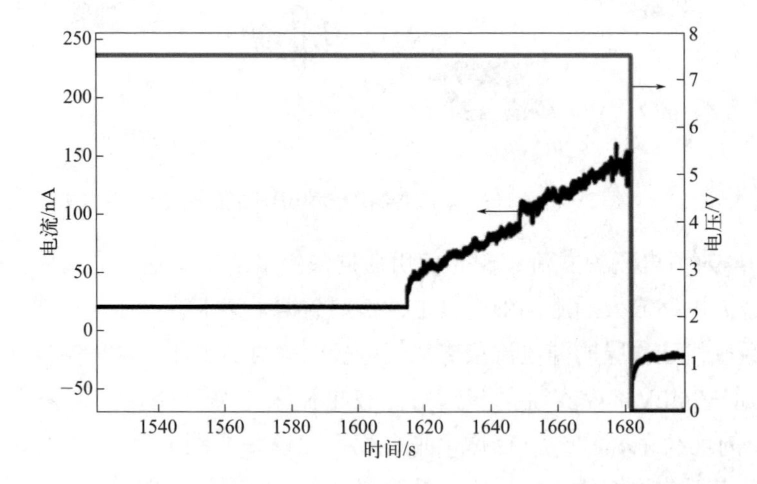

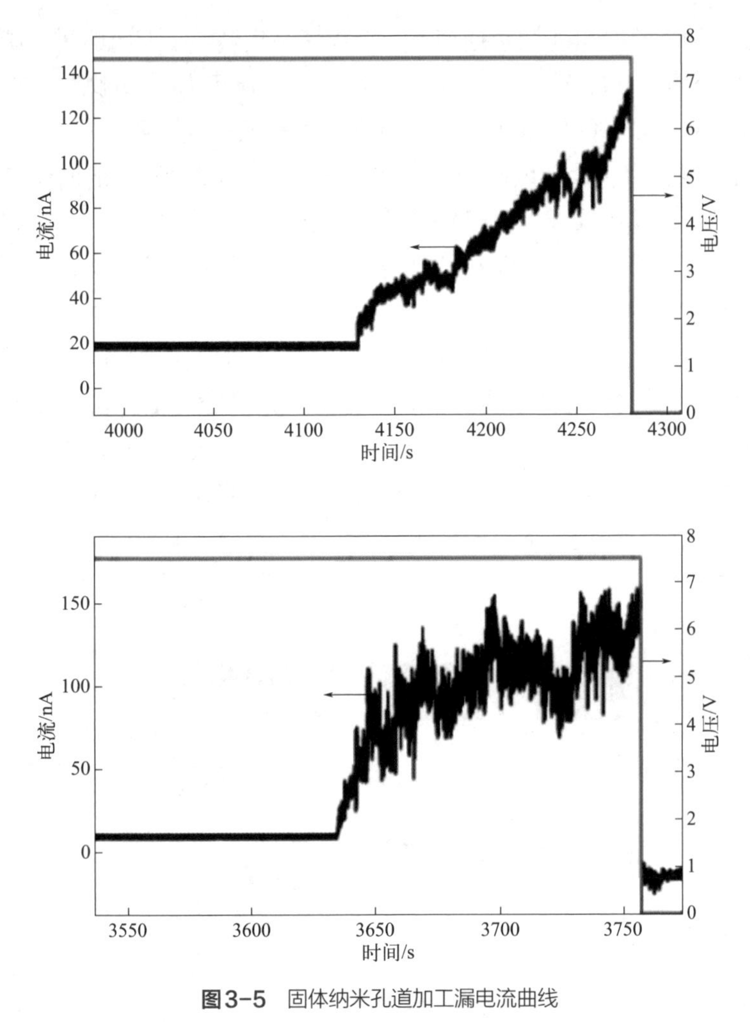

图3-5　固体纳米孔道加工漏电流曲线

打孔电流包含两个阶段，即一个平稳的漏电流阶段和一个逐渐增加的离子流阶段

在恒电压模式下，施加电压停止的条件是判断高电压模式下的漏电流是否达到预设的阈值。然而该方法获得的孔径与预设的阈值所预期的孔径存在偏差，因为当氮化硅薄膜上形成纳米孔道后，流过氮化硅薄膜的电流将由漏电流转换成离子流。通常，纳米孔道实验所使用的电压是1 V以内的低电压，在高电压下纳米孔道的离子流将变得非常不稳定，从而无法获得准确的孔径。因此，在低电压下推导出来的由电导计算孔径的公式并不适合高电压的情况。

为了解决上述问题，相关研究人员提出了脉冲电压模式的打孔方法。图3-6是脉冲电压模式流程图，与恒电压模式类似，脉冲电压模式同样包含一个电压施加通道、一个电压测量通道和一个电压采集通道。不同的是，脉冲模式以3 s为一个周期，在第1 s时与恒电压模式一样使用高电压打孔，然后第2 s开始切换到低于1 V的低电压模式。由于电极和氮化硅薄膜具有较大的电容，在电压切换时会有持续一段时间的充放电过程，因此需要1 s的时间使电流趋于平稳。然后在第3 s的时间，与恒电压模式一样，在低电压模式下采集1 s的电流，并通过计算平均值判断孔径是否达到需求，重复这个脉冲过程直到电流平均值达到预设的阈值。

如图3-7所示，脉冲打孔3 s为一个周期，其中第1 s施加12 V高电压，然后切换到0～1 V的低电压。电介质击穿形成纳米孔道之后，由于双电层具有很大的电容，纳米孔道电流在切换电压时需要经历充放电过程才能稳定。因此在电流稳定1 s后采集1 s的电流数据进而判断当前的孔径。从电流曲线可以看出，在脉冲电压打孔模式下，低电压时刻记录的部分电流平稳、噪声低，可以实时推测当前的孔径。

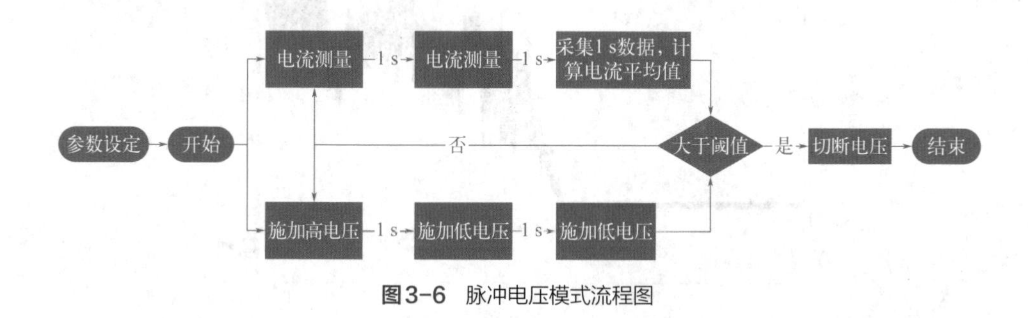

图3-6　脉冲电压模式流程图

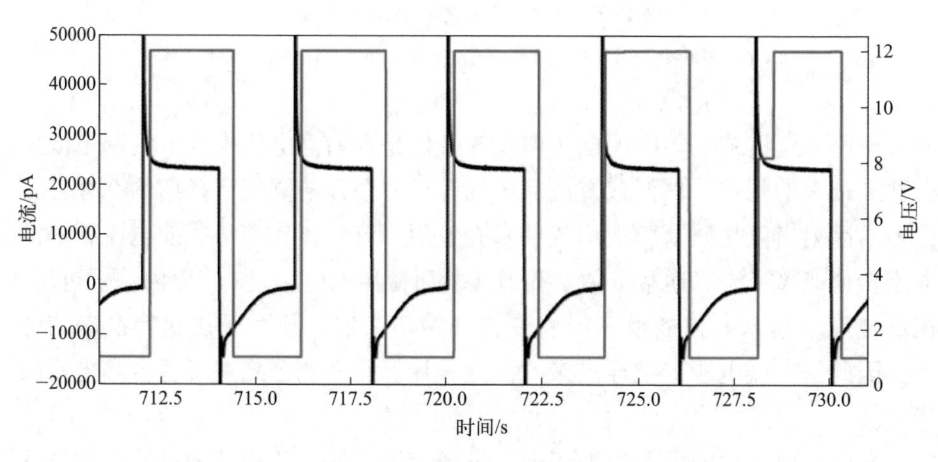

图3-7　脉冲电压模式图

红色为电压曲线，黑色为电流曲线

图3-8是纳米孔道加工的控制和显示界面，其中左边是控制部分，可以选择打孔所要使用的模式、电压、电流阈值和文件存储等控制参数。右边是电流和电压的实时显示界面，数据以LabVIEW支持的*.tdms文件进行存储。当纳米孔道形成后，在高电压下纳米孔道孔径会迅速地刻蚀增大，因此需要及时停止电压的施加。经过测试，本控制系统可以在电流超过阈值的1 ms时间内迅速切断电压，避免由于电压切断的时间延迟导致纳米孔道孔径继续增大。

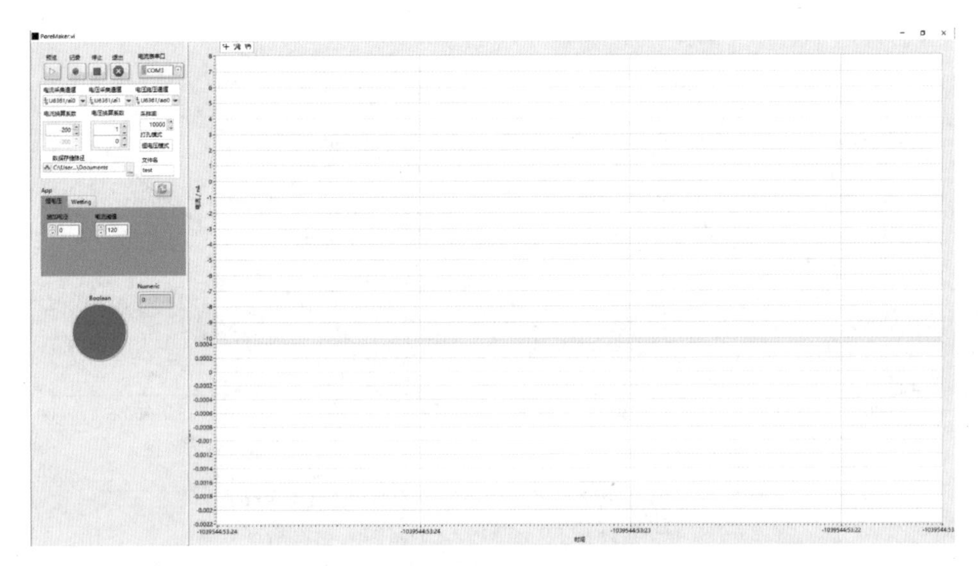

图3-8　基于LabVIEW开发的电化学刻蚀纳米孔道加工控制和显示界面

3.3　固体纳米孔道体系的表征

3.3.1　*I*–*V*曲线对纳米孔道孔径的表征

以1.0 mol/L KCl（10 mmol/L, Tris-HCl，pH 8.0）为电解质，采集不同电压下的基线电流，用*I*-*V*曲线对电化学可控刻蚀法制备的四个氮化硅固体纳米孔道孔径进行表征（图3-9）。对*I*-*V*曲线进行线性拟合，求得纳米孔道电导，再利用电导模型公式［式(3-1)］，计算出孔道直径分别为4.6 nm、5.9 nm、8.6 nm和12.3 nm。

3.3.2　TEM对纳米孔道孔径的表征

利用透射电子显微镜对固体纳米孔道进行表征。图 3-10 展示了三个

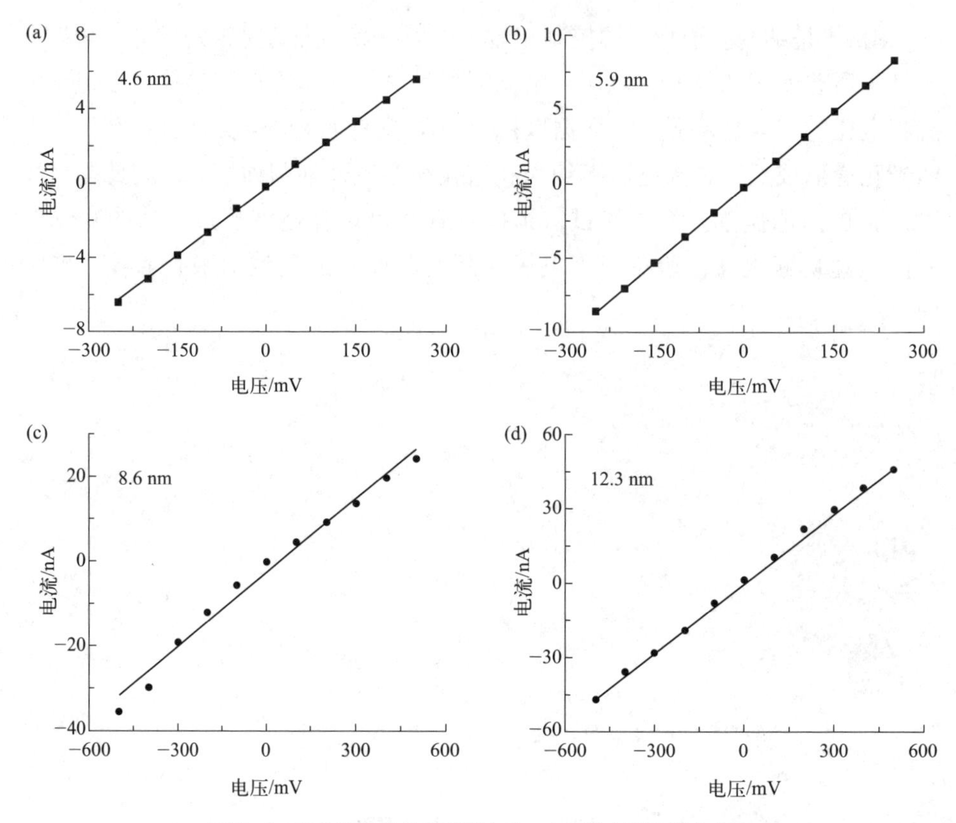

图3-9 氮化硅固体纳米孔道电流-电压散点图及拟合直线

直径分别为4.6 nm（a）、5.9 nm（b）、8.6 nm（c）和12.3 nm（d）。

测量条件：1.0 mol/L KCl，10 mmol/L Tris-HCl，pH 8.0

尺寸的固体纳米孔道，它们的大小分别为12 nm［图3-10(a)和(b)］、3 nm［图3-10(c)］和5 nm[图3-10(d)]。与电导公式计算所得的纳米孔道孔径相比，电镜图像表征得到的孔径往往比实际孔径偏大，这可能是由于氮化硅纳米孔道在温水中浸泡除盐时孔道被破坏，从而导致孔道尺寸增大。

3.4 固体纳米孔道体系的修饰

随着微纳尺度加工技术的发展，固体纳米孔道的修饰方法发展出了化学气相沉积、逐层自组装等方法。化学气相沉积（CVD）在固体纳米孔道上形成薄且均匀的涂层[20-22]。将具有疏水性和亲水性残基的表面活性剂修饰在纳米孔道上形成涂层的方法也得到了广泛应用，具体过程为疏水残基与纳米孔道表面结合，亲水残基暴露在外，从而对固体纳米孔道进行一定程度的改性[23-24]。逐层

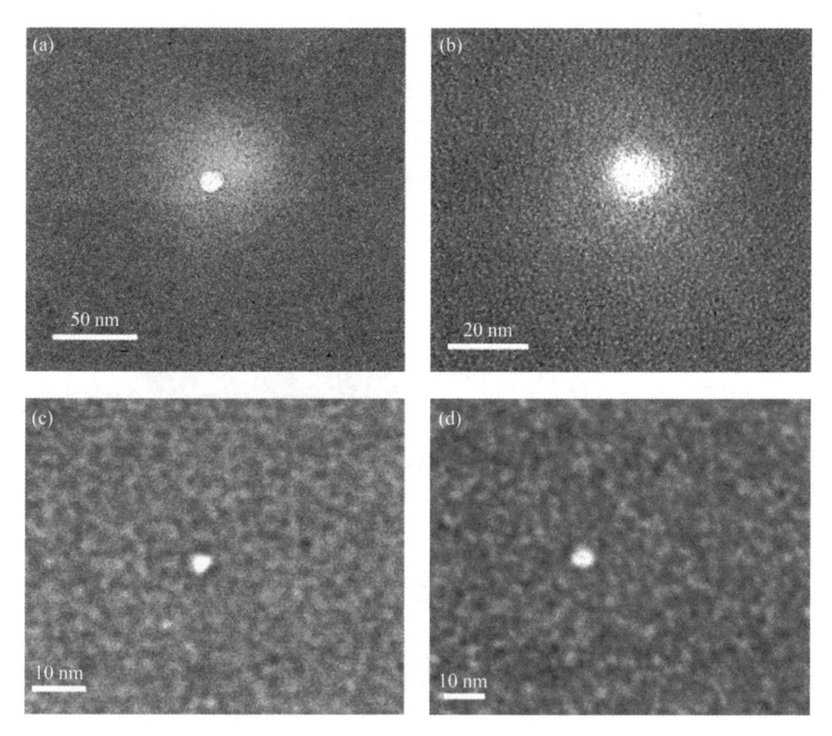

图3-10　固体纳米孔道透射电镜图

自组装（LBL）方法是最直接的涂层方法之一。这种方法的原理是带正电的物质吸附到带负电的物质上。LBL 方法可利用多种具有相反电荷的沉积聚合物来制造薄膜，例如玻璃、硅和金属。除上述涂层方法外，还有一些其他修饰方法，如硅烷化处理、自组装硫醇单分子层、液态脂质涂层、静电吸附、金属电镀后的聚合物改性等[24-25]。

3.5　固体纳米孔道实验

3.5.1　检测池的装配

由于光电同步检测的需要，笔者课题组设计了检测流通池以适应透镜与物镜间狭小的工作距离。流通池设计采用了具有在可见光区呈透明色、化学惰性、不易燃、可塑性好、无毒等优点的PDMS（聚二甲基硅氧烷）聚合物材料。如图3-11（a）所示，流通池分为五层。由下至上第一层为盖玻片，第二层是下层PDMS流道，使用铝模具或硅模具制备，其上放置纳米通道芯片，第三层是上层PDMS流道，最后是打孔的盖玻片层。纳米通道芯片的开窗悬空部分与上下两层PDMS的开孔重合。以上各层使用氧等离子体处理后键合。键合后的小孔中连入聚四氟乙烯管用于液体的流入和流出以及连接电极。整个流通池组装后为一标准矩形盖玻片大小（具体取决于使用的盖玻片尺寸），因此方便固定在显微镜载物台上。另一种如图3-11（b）所示，是使用聚四氟乙烯为材质的两块垂直双层装置，将纳米通道芯片放在中间用螺钉和螺母连接固定。

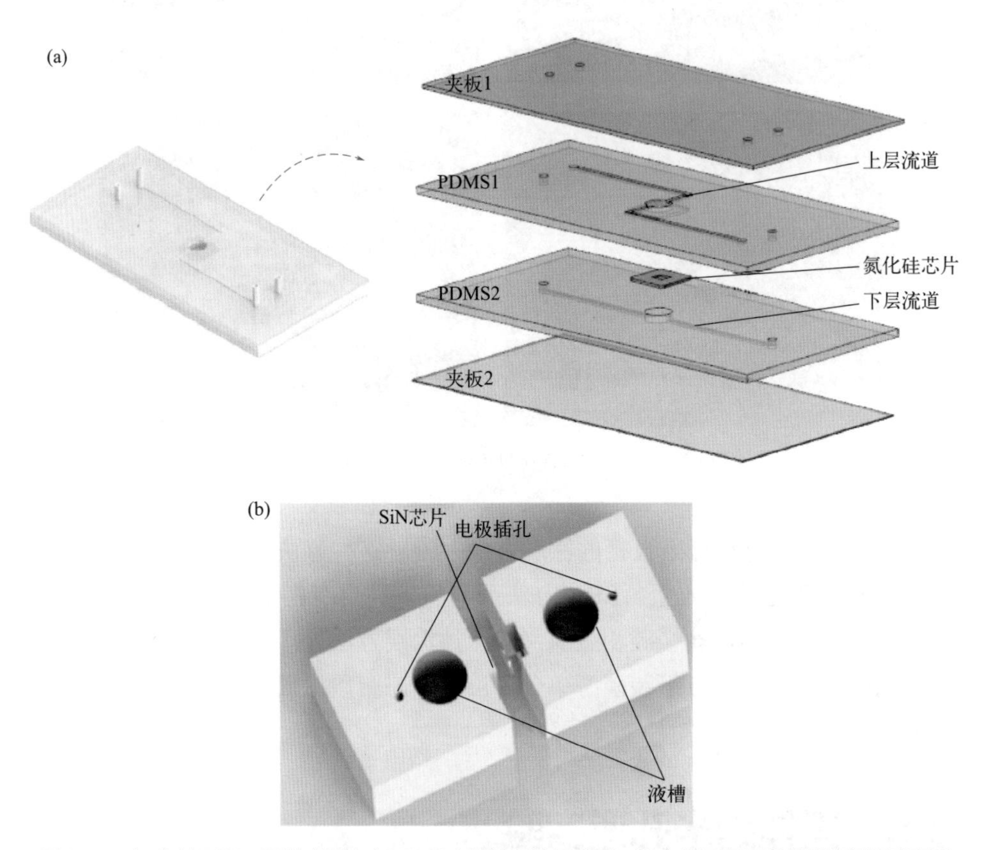

图3-11 （a）基于聚二甲基硅氧烷（PDMS）的流通池示意图；（b）聚四氟乙烯检测流通池示意图

3.5.2 固体纳米孔道检测实例

3.5.2.1 单个DNA、蛋白质的检测[26]

（1）实验材料准备　氯化钾（KCl，≥99.5%），氯化钠（NaCl，≥99.9%），氯化镁（$MgCl_2$，≥99.9%），乙二胺四乙酸（EDTA，≥99.9%），三羟甲基氨基甲烷（Tris，≥99.9%），均购自Sigma-Aldrich公司（美国）。所用化学试剂均为分析纯，实验用水为由 Milli-Q 纯水仪（Millipore公司，美国）制备的超纯水（电导率为18.2 MΩ·cm^{-1}，25 ℃）。实验所用溶液均由孔径为0.22 μm的滤膜（乐风生物科技有限公司，上海）过滤除杂。实验所使用的DNA探针（序列：5′-A20TTAAAGCTCGCCATCAAATAGCTTTCCA20-3′）由生工生物工程有限公司（上海）合成。前列腺特异性抗原（PSA）、免疫球蛋白（IgG）、牛血清白蛋白（BSA）均购自Sigma-Aldrich公司（美国）。甲胎蛋白（AFP）购自Fitzgerald公司（美国）。聚碳酸酯亲水性纳孔滤膜（15 nm，cat.#110601）购自Whatman公司（美国）。实验中用于固体纳米孔道制备和表征的10 nm厚的氮化硅薄膜芯片（cat.#NT005Z；cat.#NT001Z）购自Norcada公司（加拿大）。银丝（直径0.5 mm）和铂丝（直径0.25 mm）均购自Alfa Aesar化学有限公司（中国）。

DNA探针与蛋白质复合物的配制。首先将DNA探针溶解在TBS缓冲溶液（10 mmol/L Tris-HCl，150 mmol/L NaCl，5 mmol/L $MgCl_2$，5 mmol/L KCl，pH 7.4）中，在95℃条件下加热5 min，然后慢慢冷却至室温，以形成稳定的二级结构。将DNA探针与PSA蛋白以浓度比1∶1混合，在室温下静置30 min。

（2）固体纳米孔道的制备　固体纳米孔道由电化学刻蚀方法制备而成。首先将氮化硅薄膜芯片置于氧等离子体清洗机中处理30 s，使其表面亲水，随后将其装配到聚四氟乙烯检测池中。向检测池两液槽内分别加入1 mol/L KCl电解质溶液（pH 10，1 mol/L KCl，10 mmol/L Tris-HCl，1 mmol/L EDTA）后，将检测池置于真空干燥器中，抽真空1 min，利用负压将检测池液槽内的气泡除去。将两铂电极一端浸入电解质溶液内，另一端接入反馈电流放大器，电流放大器接入数据采集卡。当氮化硅芯片被电压击穿形成孔道时，芯片两端溶液通过孔道导通，漏电流发生阶跃，立刻将施加的电压调整为零。

（3）固体孔道检测单个DNA和蛋白质　利用纳米孔道分别检测了PSA蛋白分子和DNA探针分子。PSA蛋白的等电点在6.8～7.5之间，所以其在pH 8.0的电解质溶液中带较弱的负电。PSA蛋白的直径大约为5 nm，由于其尺寸大于纳米孔道尺寸，所以无法正常穿过纳米孔道。往*cis*端溶液中加入PSA蛋白待测物，施加100～400 mV的驱动电压，从图3-12中可以看出，PSA蛋白分子基本上没有产生阻断电流在1 nA以上的尖刺状电流信号。原因可能是PSA蛋白分子进入纳米孔道中所需要克服的能垒太大，导致施加的电压无法驱动带负电的PSA蛋白进入带负电的纳米孔道内；或者可能是PSA蛋白分子克服能垒进入了纳米孔道，但是其与孔道的相互作用时间太短，致使仪器分辨率不够而无法识别。具体导致PSA蛋白信号的缺失的原因还需在后续研究中进一步分析。将DNA探针加入*cis*端溶液后，可以观测到阻断时间较短、阻断程度低（0.5～1 nA）的离子电流信号。为了使PSA蛋白与DNA探针充分结合，将PSA蛋白与DNA探针以摩尔比1∶5的比例混合。当将混合待测物加入检测池后，可以观察到明显的阻断程度大（1 nA以上）的离子电流信号。实验结果表明，利用DNA探针与PSA蛋白形成的特征电流信号可以用于检测实际样品中PSA癌症标志物。

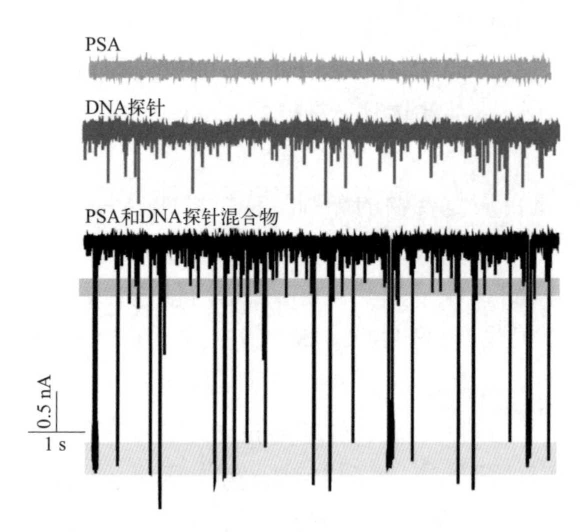

图3-12 待测物质分别为PSA蛋白（橙色）、DNA探针（蓝色）、PSA蛋白与DNA探针以摩尔比1∶5的混合物（黑色）在200 mV电压下的离子电流曲线[26]

3.5.2.2 多肽折叠-解折叠的实时检测[27]

（1）实验材料准备　多肽（上海吉尔生化定制合成），由16个氨基酸组成，来源于G蛋白B1区域具有β-反折叠的发卡结构部分（PDB code: 1GB1），在多肽C端修饰有Biotin用于和mSA蛋白连接；单价链霉亲和素mSA（Prof. Mark Howarth课题组提供，牛津大学）；氯化钾（KCl，≥99.99%，Sigma-Aldrich）。低应力氮化硅薄膜窗口厚度10 nm，窗口尺寸50 μm×50 μm（NT005Z, Norcada）。所用化学试剂均为分析纯，实验用水为由Milli-Q纯水仪（Millipore公司）制备的超纯水。

（2）固体纳米孔道加工　实验中使用基于电介质击穿的电化学可控刻蚀法，采用恒电压模式。首先将氮化硅薄膜在氧等离子体仪器中清洗处理2 min，使得表面干净并亲水，然后封装到纳米孔道流通池中，两侧池体中加入1 mol/L Tris-KCl、pH 8.0的缓冲液，并放入电磁屏蔽箱中。连接在打孔装置上的Pt电极分别浸入两侧电解质溶液中，打孔电压为7.5 V。

（3）固体纳米孔道中多肽折叠-解折叠的实时监测　mSA和多肽溶液分别在37℃下孵育30 min，再以20 nmol/L浓度1∶1混合，继续孵育5 min，然后加到纳米孔道微流池*trans*端池体中，最终浓度为10 nmol/L。实验使用银-氯化银电极，整个实验装置置于法拉第电磁屏蔽箱中，在25℃室温条件下进行。通常在加入待测物几分钟后阻断电流信号即可产生。

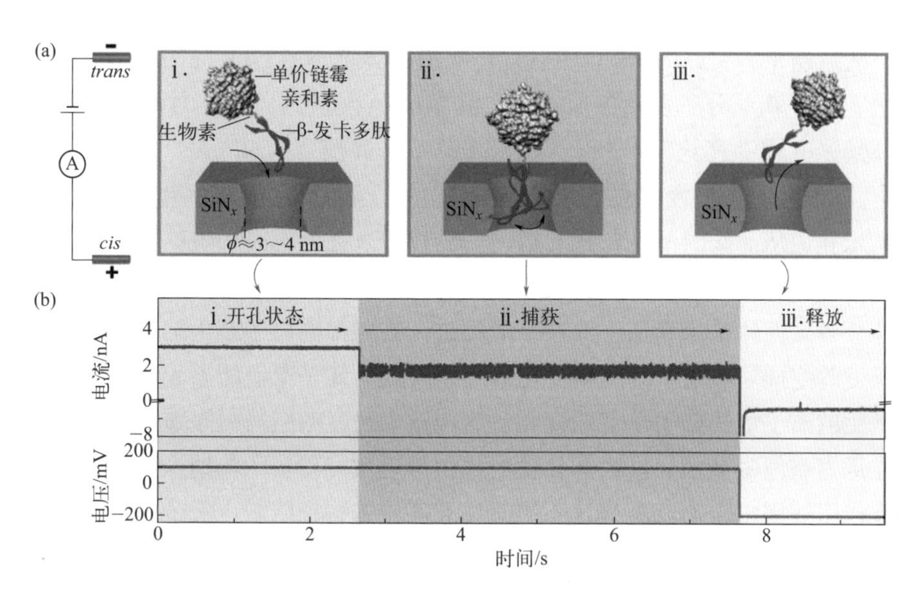

图3-13　（a）固体纳米孔道俘获mSA-多肽复合物实验原理图；（b）一个周期内的特征离子电流信号和施加电压曲线（施加电压为+150 mV）[27]

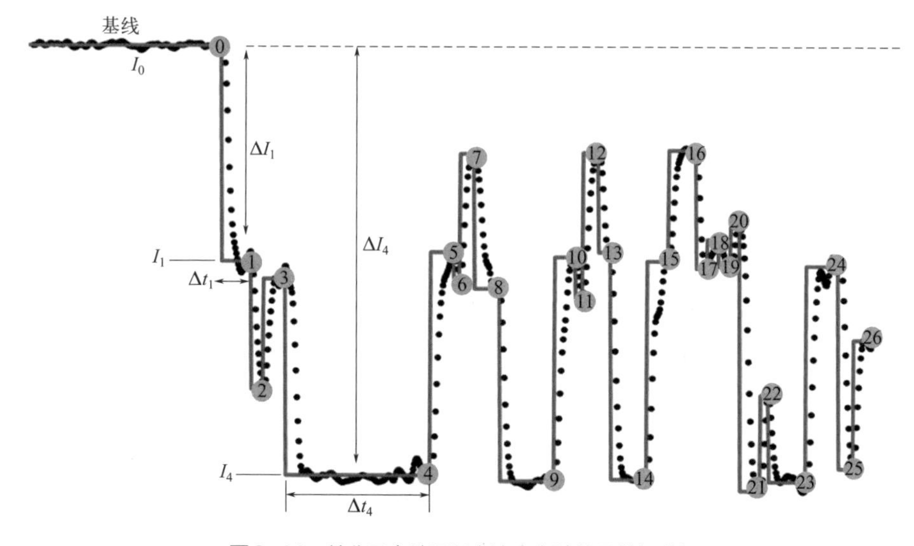

图3-14　单分子多肽阻断电流多台阶信号数据分析

黑色的散点图是原始数据，红色实线是拟合的多台阶方波，蓝色带圈字符标示了每个台阶的起始位置

使用孔径4～5 nm的纳米孔道分别检测了多肽分子和mSA蛋白。对多肽分子进行检测时只检测到少量的尖刺状信号，推测是由于实验中设计的多肽分子非常小（仅16位氨基酸），其在电场力驱动下穿孔速度非常快，以致难以被纳米孔道检测到。对mSA蛋白的检测中，已知mSA蛋白的尺寸（6 nm）大于纳米孔道的尺寸（4 nm），mSA在纳米孔道中理论上应没有任何信号产生，实验结果也表明了这一点。

随后使用孵育好的mSA-多肽复合物进行实验，图3-13（a）所示的是固体纳米孔道俘获单分子多肽的原理图，其中mSA蛋白的尺寸约为6 nm，使用的固体纳米孔道孔径约为4 nm，在150 mV下基线噪声为50 pA。在电场力的驱动下，mSA-多肽复合物被纳米孔道俘获，由于mSA尺寸的影响，多肽无法穿过纳米孔道从而长时间驻留在孔道内。固体纳米孔道具有和生物大分子接近的空间尺寸（5 ～ 10 nm），并且其表面具有不同的电荷和不同的亲疏水性，这些特性会导致固体纳米孔道形成一个能和进入其内部的分子产生弱相互作用的纳米尺度的空间。在这个空间内，电场作用形成的离子电流能够响应这些相互作用产生的离子电导或者电容的变化。这个纳米尺度的空间为限域空间，这种相互作用为空间限域效应。由于多肽的体积排阻效应和多肽与纳米孔道内表面的相互作用等因素，可以观察到不同于穿孔实验的特征阻断电流信号（图3-14）。这种阻断电流主要由mSA-多肽复合物共同作用而产生。然而由于mSA蛋白质非常稳定，在实验条件下不会发生构象变化，而多肽在电场的驱动下在纳米孔道限域空间中会自发地折叠和解折叠，因此这种特征的阻断电流信号的变化可以用于解析多肽的动态构象转换。在俘获持续一段时间后，由于振动等干扰mSA-多肽复合物会有一定概率自动从纳米孔道中逃逸。实验中通过施加反向电压将获得的多肽分子释放出去，然后施加正电压重新俘获新的分子进行研究，从而实现高通量的单分子多肽检测。

通过反复地俘获和释放实验，可以实现单分子多肽高通量的检测。虽然实验中所用的多肽分子具有相同的氨基酸序列，但每个俘获的单分子多肽却具有不同的阻断电流特征，这说明多肽分子具有不同的构象变化行为。

3.5.2.3 固体纳米孔道光电同步检测单个DNA分子[28]

（1）仪器装置搭建　光学传感装置主要分为三个部分：入射光路、收集探测光路和离子电流检测装置。

入射光路：使用785 nm激光为激发光源，如图 3-15，激光器后依次设置快门、光隔离器、半波片、偏振分光棱镜、半波片、带通滤光片、中性密度片、扩束透镜组、分束镜，以及控制光束转向的反射镜。其中，快门控制激光

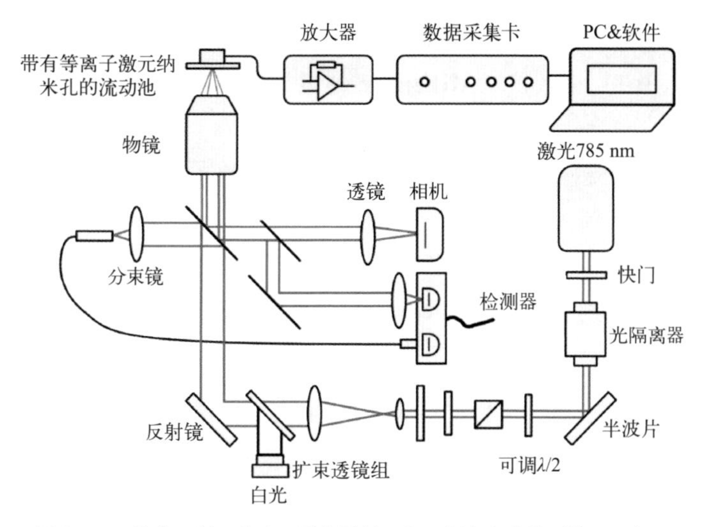

图3-15　等离子激元纳米通道背散射－离子电流高速监测装置示意图

通过；光隔离器用于防止反射的激光进入激光器导致激光器的不稳定甚至损坏；第一个半波片与偏振分光棱镜用于控制激光器强度，并输出线偏振激光；第二个半波片用于旋转偏振方向；扩束透镜组用于将激光光束扩大以覆盖物镜入射光瞳，以使物镜可以接近衍射极限地将激光汇聚在样品上。入射激光进入物镜前经过一个50/50半反半透分束镜，约50%激光被反射，通过透镜耦合进一条多模光纤，送入平衡光电探测器的一个通道。白光LED用于样品成像时的照明，使用翻转镜架上的反射镜将白光反射进物镜。样品台上固定有压电平台（PI）用于精确移动及扫描样品。

收集探测光路：背散射光被同一个物镜收集，经过半反半透分束镜（50/50）后，再经过一个10/90分束镜，一部分（约10%）光进入相机便于观测，一部分（约90%）光进入平衡光电探测器通道。平衡光电探测器的输入电压通过BNC连线送入数据采集卡（USB-6251，National Instruments），使用计算机上编写的LabVIEW程序读出并记录数据。

离子电流检测装置：使用膜片钳电流放大器和模数转换器（Axopatch 200B, Molecular Devices）施加电压及采集电流。电流采集探头连接Ag/AgCl电极，浸入纳米通道芯片两侧的检测池中。检测池、电极、探头均安放在铜法拉第箱中以屏蔽电磁噪声。膜片钳电流放大器输出的电压信号连接至数据采集卡（USB-6251, National Instruments），使用计算机上编写的LabVIEW程序读出并记录数据。

（2）试剂与材料　10 kbp双链DNA片段（Thermo Fisher Scientific）；氯化

钾（KCl，≥99.99%，Sigma-Aldrich）。所用化学试剂均为分析纯，实验用水为由Milli-Q 纯水仪（Millipore公司）制备得到的超纯水（电导率为18.2 MΩ·cm^{-1}）。

（3）硅负载的悬空氮化硅薄膜的制备　双面抛光的硅晶圆两面沉积氮化硅（20 nm）、二氧化硅（100 nm）、氮化硅（500 nm）薄膜（定制），经过光刻、利用反应离子刻蚀（reactive ion etching，RIE），用KOH湿法蚀刻、反应离子刻蚀、缓冲氧化物刻蚀液（buffered oxide etch）蚀刻氧化，暴露出悬空的氮化硅窗口（约30～60 μm）。最后将硅晶圆按照曝光时定义的边界裂为9个芯片为一组（3×3）的较小硅片用于下一步加工。

（4）两步电子束曝光及聚焦电子束打孔　旋涂100 nm PMMA光刻胶（分子质量为950 kDa，以3%质量分数分散于苯甲醚中）于上述基底片上。第一步中，椭圆结构阵列以及每个阵列四周的20 μm见方的标记结构由电子束曝光（Raith EBPG 5200 EBL System）定义（加速电压100 kV，曝光腔压力＜5×10^{7}mbar，剂量2000～2500 μC·cm^{-2}）。第二步曝光的椭圆结构在第一步旁，通过标记搜寻程序实现对准，曝光参数与第一步完全相同。曝光后均使用甲基异丁基酮（MIBK）及异丙醇（IPA）的混合溶液（体积比1：3）进行显影。两步分别蒸镀1 nm钛作为黏附层，30 nm金层作为导电层。蒸镀后样品进行湿法剥离（PRS-3000为剥离剂）。最后，样品使用透射电镜（TEM，FEI Tecnai 200S）成像，并选择其中具有5～10 nm间隙的结构，在间隙中通过聚焦电子束加工纳米孔道。

（5）背散射光检测DNA穿孔实验准备　电子束打孔后的等离子激元纳米通道芯片储存于乙醇/水（体积比50/50）溶液中。首先将芯片从储存液中取出，使用丙酮、异丙醇、乙醇、水清洗表面，接着使用氧等离子体处理等离子激元纳米通道芯片，以清洁表面及提高表面亲水性。将芯片组装于流通池中，流通池两侧注入2 mol/L LiCl溶液（pH 8.0，2 mol/L LiCl，20 mmol/L Tris-HCl，2 mmol/L EDTA缓冲液），并插入电极。首先记录穿过纳米通道的开孔电流，确定该器件具有稳定合理的开孔电流。将流通池整体固定于光学检测装置中，使用LED照明成像，调节物镜高度，以获得清晰的芯片及悬空薄膜图像。

（6）激光扫描等离激元结构阵列　氮化硅悬空膜上制备了具有不同间隙的纳米结构阵列。纳米孔道加工在其中一个具有5～10 nm间隙的结构中。将样品固定在压电平台上后，将激光（100 μW）聚焦在悬空薄膜左下角硅框架上，细调物镜对焦，控制偏振方向（平行或垂直于两颗粒中点连线）。同时膜片钳放大器施加偏压（一般为100 mV）。记录每一个点的背散射强度及离子电流，以获得两个孔道的扫描图。

（7）单个DNA穿孔事件的检测　根据扫描结果，将激光聚焦在具有纳米孔道的金纳米结构位置，施加偏压，通过离子电流及背散射光强优化激光位置（最大化激光对金加热产生的热效应引起的电流增加，以及最大化背散射强度）。将双链DNA（20 kbp，5 ng/μL）加入硅开窗一侧（氮化硅薄膜无金结构一面）的流通池中，并使用膜片钳放大器和模数转换器（Axopatch 200B, Digidata 1550A, Molecular Devices）施加电压（100 mV，加入DNA一侧接地）。DNA在电压驱动下穿过纳米孔道，产生电流阻断信号并被记录。同时DNA穿孔产生的背散射强度变化也被平衡光电探测器探测，并被计算机及程序记录。

（8）双通道同步信号曲线　通过多通道数据采集卡上的内部时钟同步，离子电流与散射光信号（平衡光电探测器的差分信号）被同步采集并记录。可以看到：首先，DNA穿过氮化硅纳米孔道，阻断部分离子电流（主要由Li^+和Cl^-在电场下迁移产生），在电流通道产生明显的“阻断信号”。同时，在背散射光通道，同样可以观察到散射光瞬间的降低与恢复。这是由于DNA在该波长（785 nm）下介电常数大于水，当DNA进入两个颗粒所构成的增强热点后，将很小一部分水分子替换为DNA分子，使得金纳米结构的间隙模式共振波长红移，远离激发波长785 nm，因此该结构对785 nm激光的散射能力减弱，产生瞬间信号。当DNA在电场驱动下离开两颗粒间隙的增强热点，被DNA所占据的位置重新被水分子填补，金结构的间隙模式回到之前的共振频率，对785 nm激光的散射光强恢复到基线水平。

图3-16显示了这一过程的示意图，以及若干典型的信号示例。由于实验中使用约5～10 nm的纳米孔道，大约是双链DNA直径的两倍，从电流信号中可以看到，DNA以折叠/非折叠状态被固体纳米孔道捕获并穿孔，如图3-17右侧小图所示。当DNA以折叠状态被捕获时，离子电流首先呈现双倍的阻断。如果折叠位置两侧的DNA链长度差别较大，则并列的两部分DNA链优先穿孔，随后剩余的DNA链继续穿孔，产生单倍的电流阻断，形成“2-1”型阻断，如第一个信号示例所示。如果折叠位置两侧的DNA链长度相当，DNA链几乎“对折”，则整个穿孔仅显示出双倍的阻断，形成“2”型阻断，如第二个示例所示。如果DNA不折叠，双链的一端被纳米孔道捕获，完全以单个双链形式穿孔，则全程仅显示一倍的电流阻断，形成“1”型阻断事件。这些电流阻断现象与之前报道的DNA穿过较大固体纳米孔道时的行为基本一致。

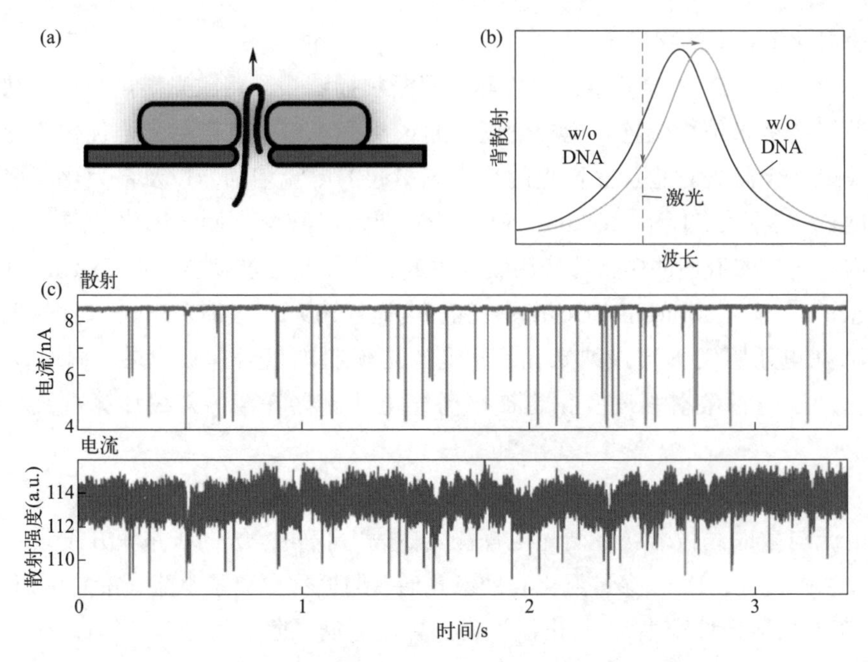

图3-16 （a）、（b）利用纳米偶极结构背散射光检测单个DNA分子穿孔的原理示意图；（c）典型的离子电流、背散射强度双通道同步检测记录的信号曲线[27]

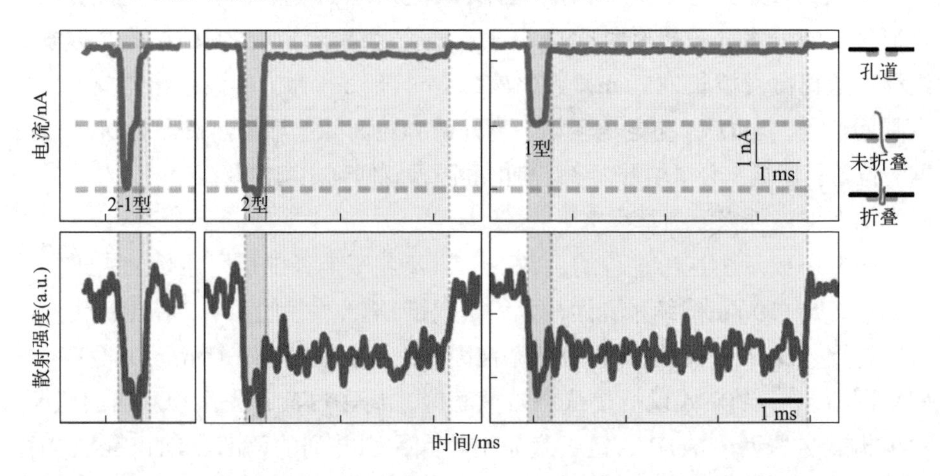

图3-17 单个DNA分子产生的三种典型的离子电流信号示例图（上）以及与之对应的单个DNA分子产生的典型的背散射光信号（下）[27]

固体孔道实验教学及应用实例视频可扫描下方二维码观看。

参考文献

[1] Shim J, Humphreys G I, Venkatesan B M, Munz J M, Zou X, Sathe C, Schulten K, Kosari F, Nardulli A M, Vasmatzis G, Bashir R. Detection and quantification of methylation in DNA using solid-state nanopores[J]. *Scientific Reports*, 2013, 3: 1389.

[2] Carlsen A T, Zahid O K, Ruzicka J A, Taylor E W, Hall A R. Selective detection and quantification of modified DNA with solid-state nanopores[J]. *Nano Letters*, 2014, 14 (10): 5488-5492.

[3] Zahid O K, Wang F, Ruzicka J A, Taylor E W, Hall A R. Sequence-specific recognition of microRNAs and other short nucleic acids with solid-state nanopores[J]. *Nano Letters*, 2016, 16 (3): 2033-2039.

[4] Miles B N, Ivanov A P, Wilson K A, Doğan F, Japrung D, Edel J B. Single molecule sensing with solid-state nanopores: novel materials, methods, and applications[J]. *Chemical Society Reviews*, 2013, 42 (1): 15-28.

[5] Li J, Stein D, McMullan C, Branton D, Aziz M J, Golovchenko J A. Ion-beam sculpting at nanometre length scales[J]. *Nature*, 2001, 412 (6843): 166-169.

[6] Storm A J, Chen J H, Ling X S, Zandbergen H W, Dekker C. Fabrication of solid-state nanopores with single-nanometre precision[J]. *Nature Materials*, 2003, 2 (8): 537-540.

[7] Garaj S, Hubbard W, Reina A, Kong J, Branton D, Golovchenko J. Graphene as a subnanometre trans-electrode membrane[J]. *Nature*, 2010, 467 (7312): 190-193.

[8] Merchant C A, Healy K, Wanunu M, Ray V, Peterman N, Bartel J, Fischbein M D, Venta K, Luo Z, Johnson A T, Drndić M. DNA translocation through graphene nanopores[J]. *Nano Letters*, 2010, 10 (8): 2915-2921.

[9] Schneider G F, Kowalczyk S W, Calado V E, Pandraud G, Zandbergen H W, Vandersypen L M, Dekker C. DNA translocation through graphene nanopores[J]. *Nano Letters*, 2010, 10 (8): 3163-3167.

[10] Wells D B, Belkin M, Comer J, Aksimentiev A. Assessing graphene nanopores for sequencing DNA[J]. *Nano Letters*, 2012, 12 (8): 4117-4123.

[11] Cai Q, Ledden B, Krueger E, Golovchenko J A, Li J. Nanopore sculpting with noble gas ions[J]. *Journal of Applied Physics*, 2006, 100 (2): 024914.

[12] Farimani A B, Min K, Aluru N R. DNA base detection using a single-layer MoS_2[J]. *ACS Nano*, 2014, 8 (8): 7914-7922.

[13] Belkin M, Chao S H, Jonsson M P, Dekker C, Aksimentiev A. Plasmonic nanopores for trapping, controlling displacement, and sequencing of DNA[J]. *ACS Nano*, 2015, 9 (11): 10598-10611.

[14] Rutkowska A, Freedman K, Skalkowska J, Kim M J, Edel J B, Albrecht T. Electrodeposition and bipolar effects in metallized nanopores and their use in the detection of insulin[J]. *Analytical Chemistry,* 2015, 87 (4): 2337-2344.

[15] Wang D, Mirkin M V. Electron-transfer gated ion transport in carbon nanopipettes[J]. *Journal of the American Chemical Society*, 2017, 139(34): 11654-11657.

[16] Briggs K, Kwok H, Tabard-Cossa V. Automated fabrication of 2-nm solid-state nanopores for nucleic acid analysis[J]. *Small*, 2014, 10 (10): 2077-2086.

[17] Kwok H, Waugh M, Bustamante J, Briggs K, Tabard - Cossa V. Long passage times of short ssDNA molecules through metallized nanopores fabricated by controlled breakdown[J]. *Advanced*

Functional Materials, 2014, 24 (48): 7745-7753.

[18] Kwok H, Briggs K, Tabard-Cossa V. Nanopore fabrication by controlled dielectric breakdown[J]. *PloS One*, 2014, 9(3): e92880.

[19] Kowalczyk S W, Grosberg A Y, Rabin Y, Dekker C. Modeling the conductance and DNA blockade of solid-state nanopores[J]. *Nanotechnology*, 2011, 22 (31): 315101.

[20] Hou X, Dong H, Zhu D, Jiang L. Fabrication of stable single nanochannels with controllable ionic rectification[J]. *Small*, 2010, 6(3): 361-365.

[21] Asatekin A, Gleason K K. Polymeric nanopore membranes for hydrophobicity-based separations by conformal initiated chemical vapor deposition[J]. *Nano Letters*, 2011, 11(2): 677-686.

[22] Lee S, Zhang Y, White H S,Harrel C C, Martin C R. Electrophoretic capture and detection of nanoparticles at the opening of a membrane pore using scanning electrochemical microscopy[J]. *Analytical Chemistry*, 2004, 76(20): 6108-6115.

[23] Chen P, Mitsui T, Farmer D B,Golovchenko J, Gordon R, Branton D. Atomic layer deposition to fine-tune the surface properties and diameters of fabricated nanopores[J]. *Nano Letters*, 2004, 4(7): 1333-1337.

[24] Han A, Creus M, Schürmann G, Linder V, Ward T R, de Rooij N F, Staufer U. Label-free detection of single protein molecules and protein-protein interactions using synthetic nanopores[J]. *Analytical Chemistry*, 2008, 80(12): 4651-4658.

[25] Vericat C, Vela M E, Benitez G, Salvarezza R C. Self-assembled monolayers of thiols and dithiols on gold: new challenges for a well-known system[J]. *Chemical Society Reviews*, 2010, 39(5): 1805-1834.

[26] Lin Y, Ying Y L, Shi X, Liu S C, Long Y T. Direct sensing of cancer biomarkers in clinical samples with a designed nanopore[J]. *Chemical Communications*, 2017, 53(84): 11564-11567.

[27] Liu S C, Ying Y L, Li W H, Wan Y J, Long Y T. Snapshotting the transient conformations and tracing the multiple pathways of single peptide folding using a solid-state nanopore[J]. *Chemical Science*, 2021, 12(9): 3282-3289.

[28] Shi X,Verschueren D, Dekker C. Active delivery of single DNA molecules into a plasmonic nanopore for label-free optical sensing[J]. *Nano Letters*, 2018, 18(12): 8003-8010.

第 4 章

玻璃纳米孔道单个体测量

玻璃纳米孔道是基于石英、硼硅酸盐等玻璃材料制备的一种尺寸可控、界面性质稳定的固体纳米孔道。其制备方法包括化学刻蚀、离子束刻蚀、物理拉制等。其中，物理拉制法是制备玻璃纳米孔道最常用的方法之一，通过激光加热玻璃毛细管的中心位置，并在两端施加适当的拉力，可制备成尖端具有非对称结构的锥形玻璃纳米孔道。玻璃纳米孔道制备方法简单、成本低、重复性高、稳定性强，可在普通化学实验室高重现性地批量获得，近年来受到广泛关注，已被应用于纳米传感、单分子检测、生物医学、能源转换等领域。

固体纳米孔道单个体测量的核心是制备与待测单个体尺寸匹配的限域测量空间，以及设计构建具有高灵敏和特异性识别能力的测量界面。相较于生物纳米孔道和氮化硅纳米孔道，玻璃纳米孔道直径较大且尺寸精准可控，可通过调整拉制参数制备不同内径尺寸的纳米孔道，其尺寸通常在几十纳米到几微米之间，可为生物大分子、纳米颗粒、囊泡、细胞等具有较大物理尺寸的分析物提供与之匹配的传感测量空间。玻璃纳米孔道的测量界面易于物理或化学修饰，通过在孔道内壁修饰具有不同电性、不同化学基团等的特性分子，可改变孔道内壁表面电荷分布、提高孔道对离子或特定分子测量的选择性。利用物理或化学气相沉积的方法，可在孔道内壁修饰导电镀层材料，构建无线纳米孔道电极，实现对孔道测量界面上电活性物质氧化还原行为的研究，提高玻璃纳米孔道单个体测量的灵敏度和特异性。此外，由于玻璃纳米孔道具有类似针尖且尺寸为纳米级别的尖端，对细胞的损伤小，可在检测过程中维持细胞活性，实现活细胞的实时原位测量，成为单细胞检测的理想工具。本章详细介绍了玻璃纳米孔道和无线纳米孔道电极的制备及表征方法，玻璃纳米孔道在单体测量实验方法，及其在蛋白动态聚集过程、活细胞的氧化还原代谢和纳米颗粒尺寸区分等方面的内容。

4.1 玻璃纳米孔道

在复杂环境中实现目标分析物的快速检测和精准测量对理解微观生命动态过程尤为重要[1]。实现这一目标的关键是超灵敏传感器的设计与构建。玻璃纳米孔道尺寸精准可控，可满足几纳米至几微米的单个体传感要求。近几十年来，玻璃纳米孔道传感器主要集中于单个体分析，包括单个分子、单个纳米颗粒、单个细胞、单个病毒等。

玻璃纳米孔道的纳米级锥形尖端提供了一个限域传感空间，可有效地将单个体的微小差异转化为可测量的特征信号，如离子电流、法拉第电流等。通过与光谱技术如拉曼、荧光进行集成，发展成可同时获取多维度信息的单个体分析方法[2]。此外，直径为10～100 nm的纳米级锥形尖端可在细胞膜局部位置实现精准插入，向细胞内导入或吸取细胞内物质，在保持亚细胞结构功能的基础上实现了单细胞的无损检测。玻璃纳米孔道作为一种新兴的高灵敏传感器，实现了对目标分析物的精准分析测量，促进了生命分析领域的发展。

4.2　玻璃纳米孔道的构建方法

通常，玻璃纳米孔道由玻璃（石英或硼硅酸盐）毛细管制备而成，其尖端孔径尺寸一般在微米级以下。玻璃纳米孔道的制备方法主要有两种：化学刻蚀法和物理拉制法[3-5]。

化学刻蚀法分为模板法和非模板法（图4-1）[6-7]。模板法是在拉制好的玻璃微米孔道中填入金属丝（如金丝、铂丝等），通过加热微米级锥形尖端将金属丝熔封在玻璃中，再使用砂纸打磨玻璃尖端至金属丝暴露，最后用化学试剂刻蚀除去熔封在玻璃中的金属丝，形成玻璃纳米孔道。Henry S. White课题组使用铂丝模板通过化学刻蚀法制备了直径为39～74 nm的玻璃纳米孔道[6]。首先，将直径为25 μm的铂丝（长度约为2 cm）缠绕并固定在钨丝上，铂丝依次用食人鱼（piranha）溶液（98%浓硫酸和30%双氧水，$V_{(浓硫酸)}$：$V_{(双氧水)}$ = 3：1）和去离子水清洗，将裸露的铂丝尖端浸入15%的氯化钙溶液中，施加5 V/64 Hz交流电进行电化学腐蚀至铂丝与溶液界面无气泡时停止，得到锥形铂尖端。将腐蚀得到的锥形铂尖端依次用食人鱼溶液、去离子水、无水乙醇清洗并烘干，用酒精喷灯加热将铂尖端熔封在玻璃中。随后，用报鸣器监控打磨玻璃毛细管尖端过程，当铂丝暴露时电路连通，报鸣器发出蜂鸣声时停止打磨，得到纳米铂盘电极。最后将钨丝抽出，用王水腐蚀熔封在玻璃中的铂丝，得到锥形玻璃纳米孔道。

非模板法是将玻璃毛细管热熔拉制成末端封闭的微米尖端，外壁通过抗腐蚀涂层保护，去除尖端底部的抗腐蚀剂，在氢氟酸和氟化铵溶液中刻蚀玻璃尖端，通过测量溶液的电导实现纳米孔道尺寸的测量[7]。具体操作方法如下：首先，将玻璃毛细管拉制成微量移液管的形状，将窄的尖端用拉针仪熔化热封，直至末端完全闭合，形成曲率半径约为（100±10）μm的球形末端，该末端含一个非对称逐渐变窄的空腔。随后，将电解质溶液（1 mol/L NaCl，10 mmol/L Tris，pH 7.2）从尾端注入管腔中，通过光学显微镜检查确保内部无气泡，用抗腐蚀材料如正畸保护蜡或光刻胶等对末端外壁进行保护，小心除去末端底部的涂层，之后将玻璃管末端浸入40%氟化铵和49%氢氟酸溶液中进行外部刻蚀。防腐蚀涂层保护玻璃管外壁确保刻蚀只发生在管腔末端，从而可使局部二氧化硅表面被化学溶液自下而上地刻蚀。刻蚀完成后，分别用NaOH溶液（50 mmol/L）以及二次去离子水反复清洗孔道尖端，再将其置于电解质溶液（1 mol/L NaCl，10 mmol/L Tris，pH 7.2）中测定孔的电导，进行孔道尺寸的表征。根据纳米孔道的目标尺寸重复刻蚀过程，直至达到所需的电导。

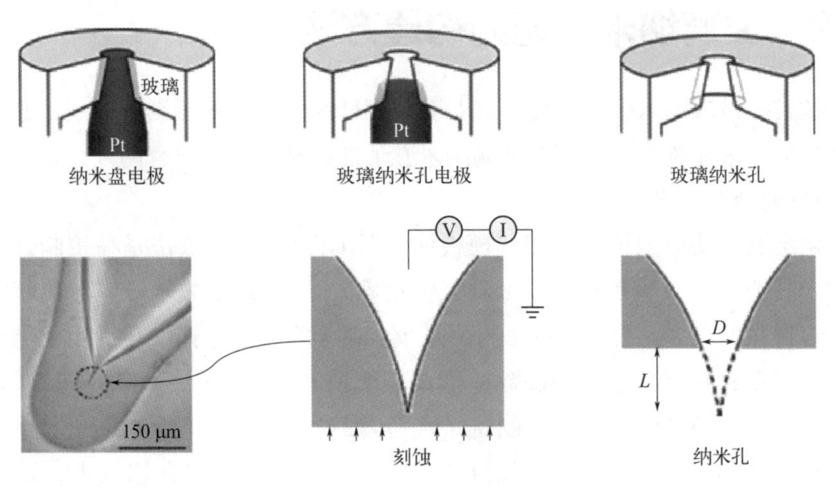

图4-1 化学刻蚀法制备玻璃纳米孔道[6-7]

物理拉制法是通过激光加热玻璃毛细管中部并施加一个适当的拉力将其直接拉制成锥形玻璃纳米孔道（图4-2）[8-9]。具体来说，首先选用合适规格的玻璃毛细管（如内径0.5 mm，外径1.0 mm，Sutter Instrument公司），依次使用丙酮、乙醇及去离子水反复超声清洗，每次清洗持续10 min，最后取出用氮气吹干。CO_2激光拉制仪（P-2000，Sutter Instrument公司）在使用前需预热15 min，将玻璃毛细管水平固定在激光拉制仪的卡槽内使激光光斑对准毛细管的中心部位，以确保拉制得到的纳米孔道长度一致，且尖端锥形部分更加对称。通过设置仪器参数包括激光输出功率（HEAT）、激光聚焦范围（FILAMENT，FIL）、拉制速度（VELOCITY，VEL）、延迟时间（DELAY，DEL）和拉力（PULL，PUL）来调控纳米孔道的尺寸及锥度。拉制参数对纳米孔道尺寸及尖端锥度起决定性作用。首先根据所制备的玻璃毛细管的材质选择合适的拉制参数，例如，拉制硼硅酸盐毛细管时可选用较低的激光输出功率如350，而石英毛细管则需要较高的激光输出功率如700。参数设置完成后，关闭激光防护罩，按“PULL”键开始拉制，后用镊子将玻璃纳米孔道轻轻取下，置于干净的存储盒中备用，注意不要让玻璃纳米孔道的锥形管尖接触到存储盒内壁。制备结束

后，按“RESET”键将仪器重置到初始界面。制备过程中具体的拉制参数主要有:

① 激光输出功率（HEAT），范围为0～999，用于熔制特定的玻璃管。总的来说，HEAT值越大，得到的玻璃尖端越长，越细。

② 激光聚焦范围（FILAMENT，FIL），范围为0～15，用于设定激光束的扫描模式，如扫描长度和速度。FIL值越大，激光扫描区域越大，拉制的玻璃尖端越长。

③ 拉制速度（VELOCITY，VEL），范围为0～255，用于控制拉制杆的移动速度。VEL越小，拉制的玻璃尖端越短。

④ 延迟时间（DELAY，DEL），范围为0～255，用于调控玻璃管锥形尖端的几何形状，DEL增加可使尖端长度减小且孔径增加。

⑤ 拉力（PULL，PUL），范围为0～255，用于控制施加的拉力强度，PUL值越大尖端孔径越小。

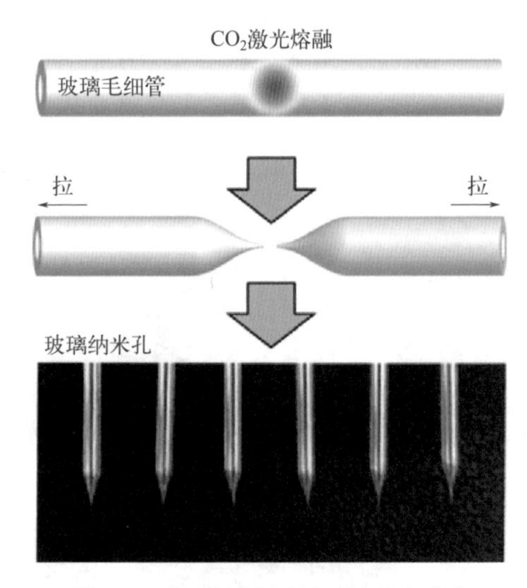

图4-2　物理拉制法制备玻璃纳米孔道

为了制备尺寸可控且均一的玻璃纳米孔道，需对拉制参数，即激光输出功率、激光聚焦范围、拉制速度、延迟时间及拉力进行适当的调节，表4-1为设置的不同拉制参数以及制备得到的玻璃纳米孔道的尺寸，图4-3为不同参数制备的玻璃纳米孔道的扫描电子显微镜（SEM）成像结果。对比五组拉制参数的结果可知，设置更高的激光输出功率可以制备尺寸更小的玻璃纳米孔道（对比表4-1中1、3两组参数可以印证该结论）；而对于激光聚焦范围，数值越小表示该模式所对应的激光光斑越小，即单位面积内的激光能量更强，因此，设置更低数值的激光聚焦范围可以制备尺寸更小的玻璃纳米孔道（对比表4-1中1、2两组参数可以印证该结论）；通过控制变量的方法可以发现，设置更高的拉制速度（表4-1中1、4两组）以及更大的拉力（表4-1中1、5两组）都可以使制备的纳米孔道的尺寸减小。总的来说，升高激光输出功率、拉制速度、拉力和降低激光聚焦范围更易于制备孔径较小的玻璃纳米孔道。基于这一规律对拉制参数进行调节，即可实现尺寸的精准调控，获得不同孔径的玻璃纳米孔道。需要注意的是，由于激光拉制仪（P-2000）的运行状态与玻璃纳米管的放置位置、环境湿度、温度以及激光衰减程度等因素息息相关，若现有拉制参数无法得到对应尺寸的玻璃纳米孔道，则需根据具体实验情况对拉制参数进行灵活调节，以便得到合适尺寸的玻璃纳米孔道。

表4-1 玻璃纳米孔道拉制参数及所得孔径

序号	激光输出功率 HEAT	激光聚焦范围 FILAMENT	拉制速度 VEL	延迟时间 DEL	拉力 PULL	尺寸 /nm
1	700	004	045	170	205	50
2	700	003	045	170	205	27
3	750	004	045	170	205	34
4	700	004	025	170	205	70
5	700	004	045	170	250	39

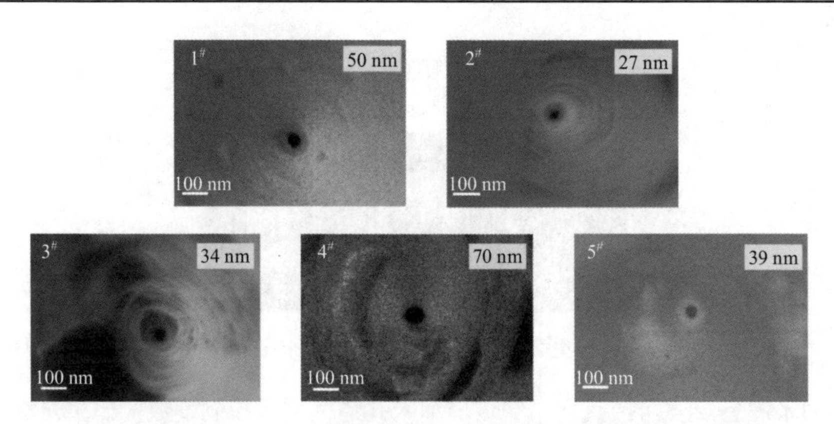

图4-3 根据表4-1中1～5组拉制参数得到的玻璃纳米孔道的SEM成像

化学刻蚀法涉及预拉制、化学腐蚀反应等过程，工艺复杂且难以精确控制玻璃纳米孔的尺寸，需要操作人员具备娴熟的实验技能。相较来说，物理拉制法操作简单且孔径较为可控，通过不断优化拉制参数可以制备更小孔径的玻璃纳米孔道，目前最小尺寸可达10 nm左右。因此，物理拉制法逐渐成为制备玻璃纳米孔道的一种重要方法。

4.3　玻璃纳米孔道的表征

对玻璃纳米孔道尺寸和形貌的精准表征是进行分析检测实验的前提。主要的表征方法为电子显微镜法和电化学法[10]。电子显微镜表征包括扫描电子显微镜（scanning electron microscope，SEM）以及透射电子显微镜（transmission electron microscope，TEM）。例如，用SEM方法表征孔径为90 nm左右的玻璃纳米孔道（图4-4），首先用导电胶带将玻璃纳米孔道固定在SEM断面样品台上，尖端竖直向上且尽量靠近断面样品台的上边界，放入镀膜机镀金30 s，随后进行SEM表征。SEM法通常需要截断玻璃纳米孔道进行镀金处理，这将导致表征后的纳米孔道难以进行后续单分子检测实验。TEM法则需要选用特殊的样品杆才能实现锥形纳米孔道的表征，步骤比SEM法更复杂，在此不再详述。

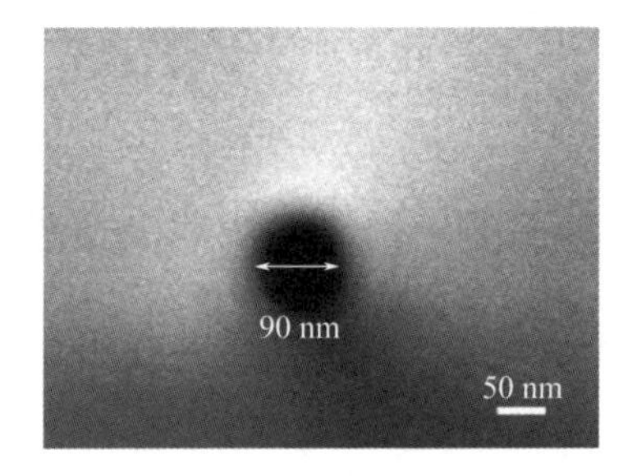

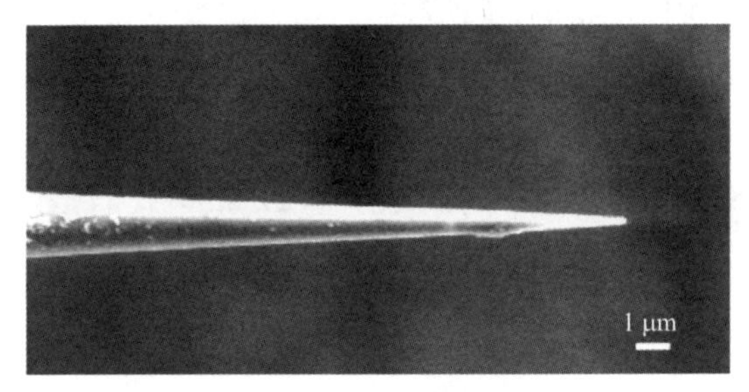

图4-4　90 nm玻璃纳米孔道的俯视（左）及侧视（右）SEM成像[10]

电化学法是通过测量孔道的离子电流来快速估算孔道的尺寸，操作简单且对玻璃纳米孔道基本无损[11]。将玻璃纳米孔道内填充合适的电解液，再将纳米孔道尖端置于相同电解液中，通过记录纳米孔道在不同电压下的电流，可以获得纳米孔道的电流-电压（*I*-*V*）曲线。切换电压时可能存在短暂的充放电行为，会使电流在一定范围内波动，每个电压下的*I*-*V*曲线记录时间为30 s，并取30 s内的平均电流作为该电压下的电流值。玻璃纳米孔道的*I*-*V*曲线与孔道锥形非对称结构和表面电荷分布相关：在高浓度电解质溶液中，离子强度高，单位时间内通过纳米孔道的离子数量多，孔道的*I*-*V*曲线通常为线性依赖关系；在低浓度电解质溶液中，离子强度低，孔道电荷分布情况对离子流响应影响较大，孔道的*I*-*V*曲线为非对称的整流曲线。图4-5显示了纳米孔道在不同浓度的KCl电解质溶液中的*I*-*V*曲线，通过计算可得，纳米孔道在浓度为50 mmol/L、100 mmol/L、500 mmol/L和1 mol/L的KCl溶液中的整流比（+500 mV电压下的电流值与−500 mV电压下的电流值之比）分别为0.35、0.45、0.85和0.82。整流值越接近于1，说明所得到的*I*-*V*曲线越接近线性分布，整流现象越不明显。由于玻璃纳米孔道的内壁带有负电荷，在较稀的电解质浓度下，管壁负电荷造成的双电层效应较为明显，因此表现出较为强烈的整流现象。在浓度为500 mmol/L和1 mol/L的KCl溶液中，所测得的纳米孔道*I-V*曲线更加接近于线性分布，这一情况下，可以忽略管内壁双电层的影响，认为所得纳米孔道的电流值仅与纳米孔道的几何形状有关，则纳米孔道的尺寸可根据下式计算：

$$d_{\mathrm{i}} = \frac{4Gl}{\pi g d_{\mathrm{b}}} \tag{4-1}$$

式中，d_{i}为玻璃纳米孔道的内径，m；G为通过*I-V*曲线计算得到的孔道电导，nS；l为玻璃纳米孔道锥形尖端区域部分的长度，m；g为溶液的电导率（500 mmol/L KCl溶液电导率为6.3 S/m；1 mol/L KCl溶液电导率为10.5 S/m）；d_{b}为拉制前玻璃毛细管的内径，m。纳米孔道在浓度为1 mol/L的KCl电解质溶液中所测得的*I-V*曲线拟合可得斜率为8.76，即这一条件下纳米孔道电导为8.76 nS；拉制所使用的石英毛细管内径为0.5 mm；拉制后石英纳米孔道锥形部分长度约为1 cm。根据式（4-1）计算可得纳米孔道直径约为21 nm，与利用SEM成像得到的纳米孔径（27 nm）比较接近。基于这一特性，表明在电解质溶液的浓度大于500 mmol/L时，可利用电化学法评估玻璃纳米孔道尺寸。

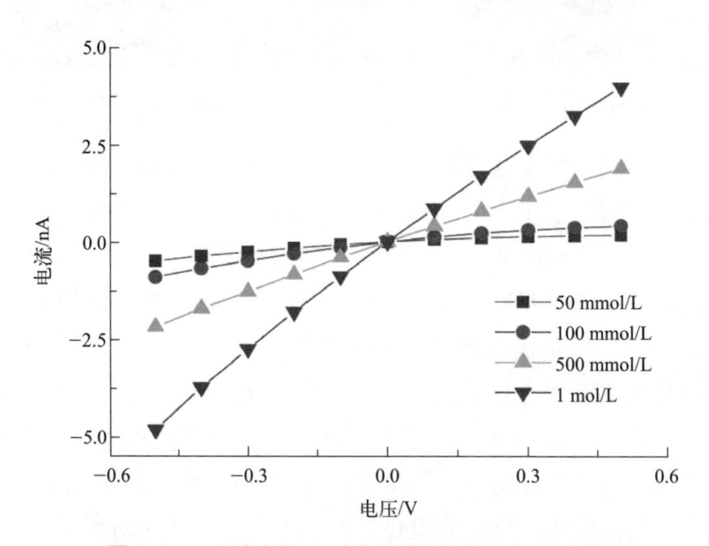

图4-5 不同浓度的KCl电解质溶液条件下的*I-V*曲线

以物理拉制法制备的直径为30 nm的石英纳米孔道为例，用SEM成像和电化学方法两种手段对纳米孔道进行孔径表征的结果如图4-6所示，两种测试手段得到的结果比较接近（SEM法：26 nm；电化学法：24 nm）。对比实验结果，结合分析实验需求，合理选择表征手段，对玻璃纳米孔道进行尺寸表征。

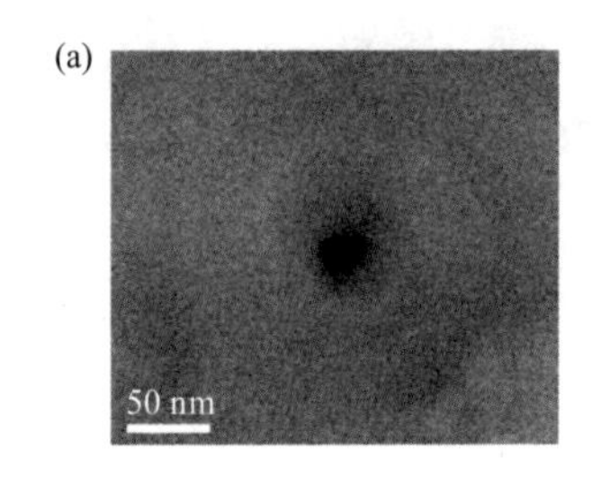

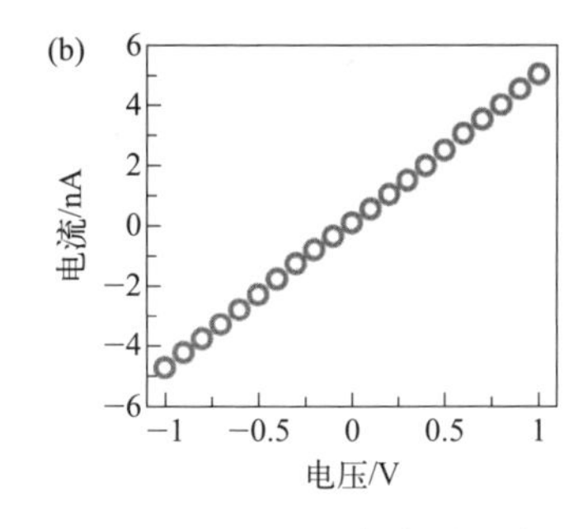

图4-6　玻璃纳米孔道的尺寸表征：（a）玻璃纳米孔道的SEM成像；（b）玻璃纳米孔道在浓度为1 mol/L的KCl溶液中测得的*I-V*曲线[16]

4.4　功能化玻璃纳米孔道及无线纳米孔电极的构建

4.4.1　玻璃纳米孔道的功能化

玻璃纳米孔道主要用于单分子的分析检测，或结合不同类型的扫描探针显微镜技术用于样品的表面分析。玻璃纳米孔道表面功能化可提高其选择性，拓展其在化学、生物等方面的应用[12]。由于硅基材料的化学惰性，一般首先对玻璃纳米孔道进行硅烷化处理，再用特定官能团对其表面进行化学改性，功能化玻璃纳米孔道可以通过整流变化以及瞬态电流信号（离子电流或法拉第电流）来测量体系温度、pH值、离子浓度、氧化还原过程以及生物分子之间的相互作用等[13-20]。例如，可通过硅烷化处理在玻璃纳米孔道内壁修饰溶菌酶适配体（图4-7），首先依次使用食人鱼溶液、去离子水以及乙醇溶液清洗玻璃纳米孔道，将其置于3-氨基丙基-三乙氧基硅烷（APTES）的乙醇溶液中进行表面硅烷化处理。待玻璃纳米孔道表面充分硅烷化，加入戊二醛水溶液与季铵基团反应，表面修饰分子末端引入的醛基与适配体上的氨基反应，实现玻璃纳米孔道表面溶酶菌适配体功能化修饰[21]。此外，玻璃纳米孔道可以通过静电相互作用来进行特异性修饰。如前所述，石英玻璃纳米孔道表面带负电，因此可以吸附带正电的分子实现玻璃纳米孔道功能化。聚-L-赖氨酸（PLL）是一种常用的吸附试剂，具有强亲水性并可提供氨基，通过对比玻璃纳米孔道修饰前后*I-V*曲线的变化来证明PLL的修饰情况。具体来讲，首先将玻璃纳米孔道内外填充PLL水溶液并浸润几分钟使PLL分子吸附在玻璃纳米孔道表面，纳米孔道表面形成PLL膜后将其从溶液中取出置于温度设置为120℃的烘箱中烘干。随后功能化分子（DNA或蛋白质）可通过胺诱导的共价键或静电吸附作用与玻璃纳米孔道表面相结合；生物素化的牛血清蛋白分子可通过浸泡的方法直接自组装修饰到纳米孔道表面[14]；可通过聚丙烯酸、1-乙基-(3-二甲基氨基丙基）碳酰二亚胺/*N*-羟基琥珀酰亚胺（EDC/NHS）层层组装的方式将适配体通过共价键固定在玻璃纳米孔道内壁[22]。

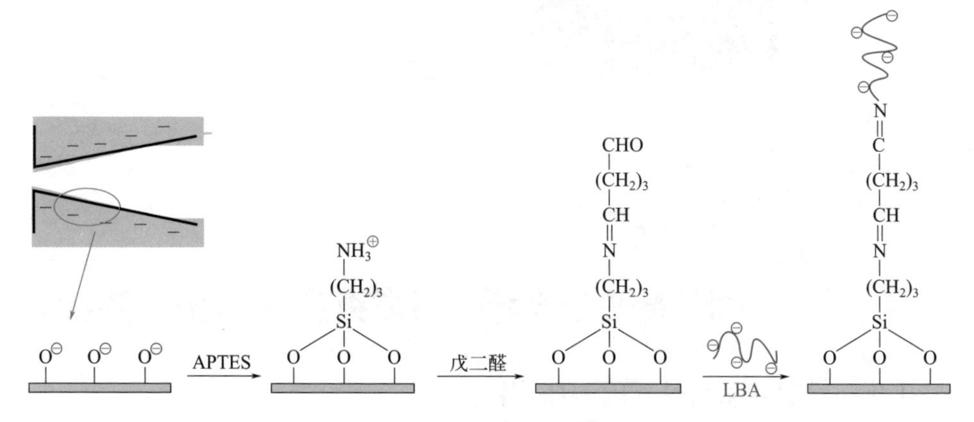

图4-7 玻璃纳米孔道表面溶菌酶适配体功能化修饰[21]

尽管玻璃纳米孔道的直接化学修饰为相互作用的检测提供了一个有效的分析传感界面，但官能团分子在界面上的不连续分布限制了玻璃纳米孔道检测电化学过程的能力，因此在玻璃纳米孔道内壁修饰导电材料（主要是碳材料和金属）可以构建电活性限域界面，实现对电子转移和化学反应过程监测等的研究。

玻璃纳米孔道可以通过化学气相沉积（CVD）的方法在内壁沉积碳膜（图4-8），通过调节沉积条件可以精准控制碳膜的长度和厚度[23]。例如，利用CVD法沉积2 h的碳膜厚度约为30 nm，沉积4 h的碳膜厚度约为80 nm，通过氧等离子体处理可以去除玻璃纳米孔道外壁的碳膜，可保证沉积的碳膜只存在于玻璃纳米孔道内壁。进一步可采用氢氟酸刻蚀的方法将尖端的玻璃去除，使内部的碳裸露出来，获得内壁为碳材料的玻璃纳米孔道。通过此方法制备的碳修饰玻璃纳米孔道不仅可用于构建电阻脉冲类传感器、整流类传感器，实时监测催化反应、能量储存过程以及门控电子转移过程，还可用作细胞探针、细胞注射器等监测细胞过程[24-27]。

相较于碳沉积的玻璃纳米孔道，金属沉积的纳米孔道可以通过多种方法制备，例如，可以通过酶催化反应等特定的化学反应在纳米孔道内壁形成超薄金膜[28]；利用金属的光化学性质，也可实现在玻璃纳米孔内表面沉积金属层[29]；通过磁控溅射和离子/电子束蒸发的方法蒸镀金属至纳米孔道表面，调节蒸发的速率和持续时间可调控金属基电活性界面的均匀性和致密性。在玻璃纳米孔道尖端构建导电界面为电化学过程的检测提供了许多新检测机制。例如，使用

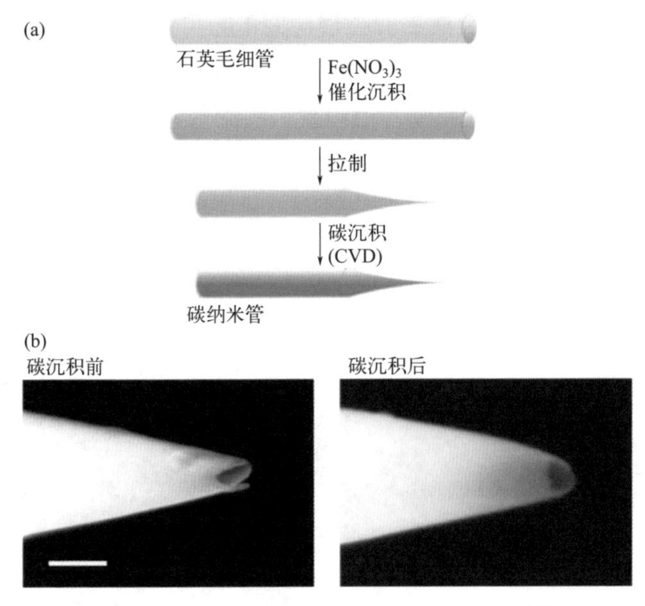

图4-8　CVD法在玻璃纳米孔道内壁沉积碳膜[23]

镀银的玻璃纳米孔道作为电极来监测小分子和离子的产生，镀银的玻璃纳米孔道通过纳米孔道的模板效应促进化学物质在溶液中的扩散，实现了纳米颗粒的自组装[30]。具体纳米孔电极的制备及应用见下文。

4.4.2　新型无线纳米孔电极的制备及表征

纳米电极是目前常用的获取氧化还原反应过程、分子间电荷传递信息的传感器，其克服了传统大电极界面噪声大和电化学响应差的缺陷，实现了纳米尺度电子传递信息的高灵敏测量[5]。但目前纳米电极的制备一般需要通过激光拉制仪制备电极尖端，再将尖端封装、打磨得到纳米电极。这一过程不仅耗时，而且难以控制，重复性差。针对纳米电化学的技术挑战，利用玻璃纳米孔道发展出了一种制备简单、尺寸可控的新型无线纳米孔电极（WNE）。结合双极电化学的工作原理，在玻璃纳米孔道内壁喷镀金属层，或在纳米孔道尖端沉积贵金属作为双极电极，利用金属在电场中的极化形成无线纳米孔电极界面[32]。相比纳米电极的传统制备方法，这一制备方法以玻璃纳米孔道为基底，制备方法简单且孔径可控，测量界面形貌尺寸均一，具有电流分辨率高、时间分辨率高的特点。

WNE主要分为开孔式和闭合式两种。开孔式WNE主要是在玻璃纳米孔道内壁喷镀金属层，在电场中极化形成双极电极界面[32-34]。目前常用的是利用电子束蒸发法在玻璃纳米孔内部蒸镀金层（图4-9）[35]。具体地，将拉制好的玻璃纳米孔道倒置固定在硅片上，随后将硅片放入电子束蒸发镀膜机，金原子蒸气喷射进入纳米孔道并沉积在孔道内壁，控制蒸镀速率为0.1 nm/s。用SEM表征无线纳米孔电极的形貌，将WNE尖端1～2 cm部分截下，用导电胶固定在SEM样品断面台上，尖端竖直向上。随后，利用SEM表征纳米孔电极尺寸[34]。通过对比三组WNE蒸镀金层前后管尖的SEM图像，并测量管尖内径，计算出所镀金层厚度约为10 nm。制备好的WNE置于氮气环境下保存，以保持镀层清洁，防止镀层氧化。

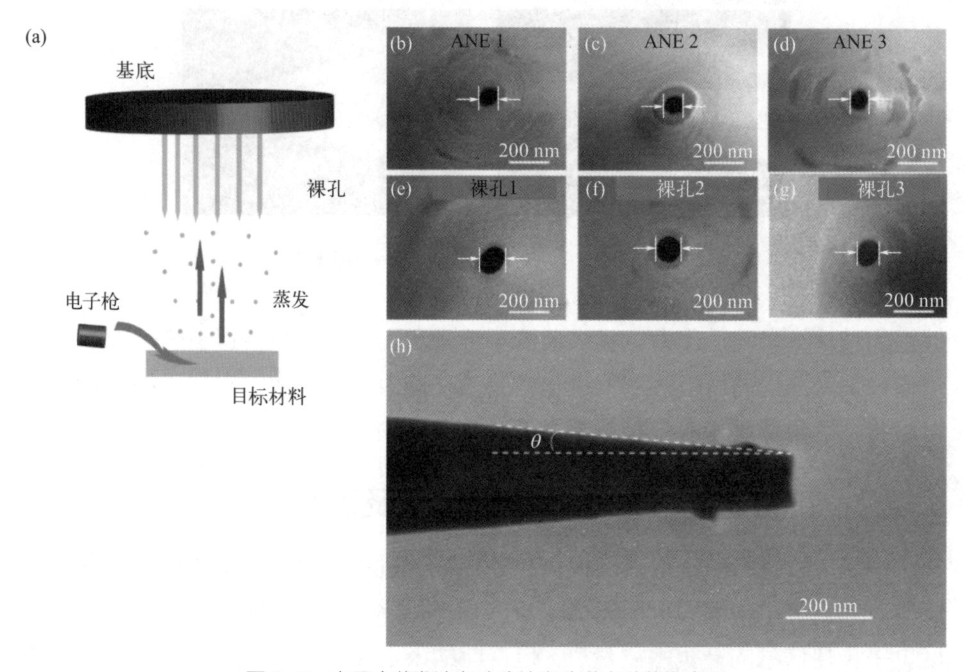

图4-9　电子束蒸发法在玻璃纳米孔道内壁蒸镀金层

开孔式WNE，其内壁金属层导体长度对于后续的电化学检测起到至关重要的作用，金属导体越长，导体两端所分得的整体电势降越大，也就更容易引发双极电化学反应的发生。为了获得开孔式WNE内壁所镀金层的形貌及长度，利用聚焦离子束（FIB）技术将开孔式WNE剖开并通过SEM对其内壁进行成像表征，如图4-10所示，将纳米孔道电极水平沿切线放置在样品圆台上，利用高能离子束轰击纳米孔电极侧面，将纳米孔电极剥开露出侧壁。从剖面SEM成像结果中看出，随着纳米孔道从管尖沿侧面被慢慢剖开，纳米孔道内壁有凹凸不平的颗粒状物质，且分布十分均匀、紧密，为镀上的金层表面所分布的金纳米颗粒。直到距管尖12 μm处，依然可以清晰地观察到十分均匀的金属镀层。随着距管尖距离的增加，可以观察到内壁的颗粒状物质逐渐减少，到15 μm处内壁已经基本光滑。这是由于在进行蒸镀时金原子蒸气从管尖被喷射进入纳米孔道并沉积在孔道内壁，因此，距离纳米孔道管尖越远的内壁，越不容易均匀喷镀。对玻璃纳米孔道内壁进行X射线能谱分析（energy dispersive spectrometer，EDS）可以进一步确定内壁金元素的存在，通过一系列的开孔式WNE内壁形貌表征，可知蒸镀方式所制备内壁金层长度约为15 μm。

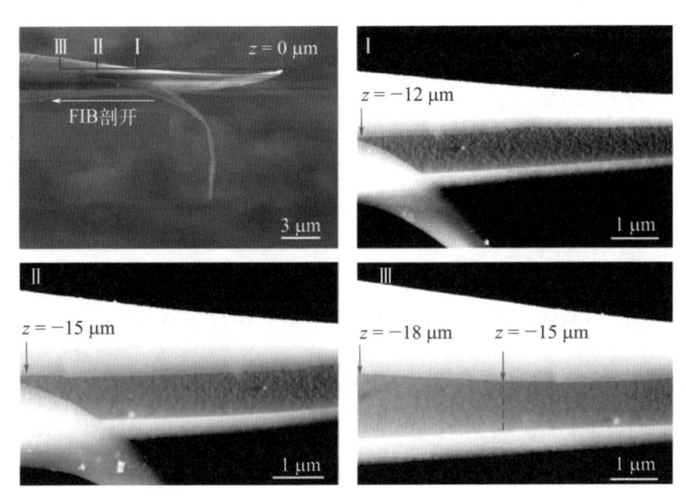

图4-10　FIB技术剖开WNE后内壁的SEM表征：白色箭头指向为离子束剖开方向，红色箭头指向位置分别代表距管尖垂直距离（Ⅰ）12 μm、（Ⅱ）15 μm、（Ⅲ）18 μm，直至15 μm处均可以观察到清晰的金层

进一步可以利用特征*I-V*曲线表征玻璃纳米孔道在蒸镀金层前后的电化学特性（图4-11）。以硼硅酸盐玻璃纳米孔道为例，由于纳米孔道内壁带有负电荷，在管内施加负电压时孔道内的阴离子易聚集在管口，而施加正电压时孔道外的阴离子受到斥力难以被驱动进入管内，造成负电压下电流值大于正电压下电流值的不对称现象，称为整流现象。当在孔道内壁蒸镀金层后，金层的覆盖降低了硼硅酸盐玻璃纳米孔道表面的负电荷密度，镀金纳米孔道*I-V*曲线所表现出的整流效应会明显减小。

对于闭合式WNE，通过在玻璃纳米孔道尖端电化学沉积贵金属作为双极电极，使两极在不直接与驱动电极连接的情况下获得电化学测量信息[36-39]。闭合式WNE的制备步骤分为3步（图4-12）：以30 nm石英玻璃纳米孔道为模板，向纳米孔道内部区域（*cis*端）注入浓度为10 mmol/L的氯金酸溶液（$HAuCl_4$），并将硼氢化钠（$NaBH_4$）的乙醇（EtOH）溶液加入纳米孔道的外部区域（*trans*端）。随后，在300 mV（vs.Ag/AgCl QRCE）偏置电压下，溶液

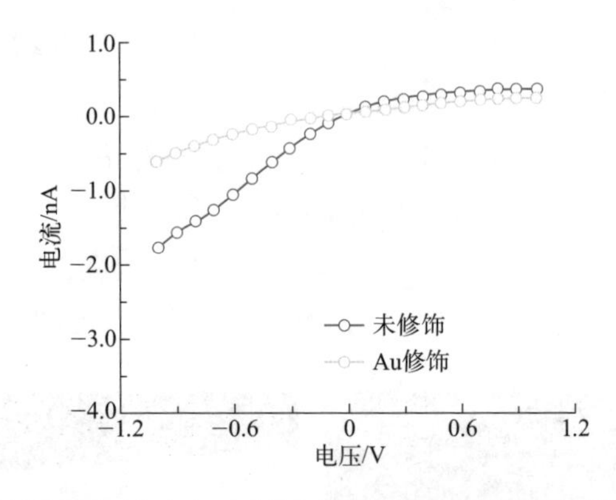

图4-11 蒸镀金层前（红色）后（黄色）硼硅酸盐玻璃纳米孔道的特性*I-V*曲线

中的阴阳离子受电泳力开始定向迁移，在乙醇的存在下，BH_4^-与$AuCl_4^-$在尖端相遇并发生如下反应：

$$8\,AuCl_4^- + 3\,BH_4^- + 9\,EtOH \longrightarrow 8Au(s) + 3B(EtO)_3 + 21\,H^+ + 32\,Cl^- \quad (4\text{-}2)$$

反应使得纳米金在纳米孔道尖端生成，随着金不断生成，纳米孔道尖端出现闭合结构，阻止了$AuCl_4^-$向*trans*端的定向移动，使得BH_4^-与$AuCl_4^-$间的化学反应不再继续发生。最后，由于通过化学反应生成的纳米金致密性不好，不利于作为电化学界面进行后续研究，因此需要进一步优化金的生长。孔道内的金在溶液中受到电场的极化作用，可被视为一种双极性电极，从而在一定施加电压下继续诱发固体金的两端发生电化学反应。随着纳米金的生成，*cis*端的$AuCl_4^-$会继续在金表面经历电还原过程并不断沉积在生成的纳米金上，同样地，BH_4^-在固体金的*trans*端被氧化成$B(EtO)_3$。在该过程中，由于*cis*端不断有纳米金沉积，使得纳米金在径向上不断生长，同时受纳米孔几何形状的限制，最终形成锥形结构的闭合式WNE[37]。

如图4-13所示，电流-时间（*i-t*）曲线从电化学检测的角度揭示了整个闭合WNE的生成过程。在制备开始时，*trans*端仅有乙醇存在，*cis*端为$HAuCl_4$溶液，由于乙醇为非电解质，在300 mV（vs.Ag/AgCl QRCE）偏置电压下，整个纳米孔道体系处于不导通状态，离子电流呈水平无波动状态，且电流值在0 pA（A点至B点曲线）。在电流曲线的B点处，向*trans*端加入$NaBH_4$，纳米孔道体系瞬间呈导通状态，离子电流急剧增加（B点至C点曲线）。当离子电流增大至C点时，电流幅值开始缓慢减小（C点至E点曲线）。这种现象说明处于电场中的$AuCl_4^-$不断向尖端扩散，并在纳米孔道尖端生成纳米金，使得纳米孔有效孔径不断缩小，导致离子电流降低，整个过程大约持续100 s。在纳米金

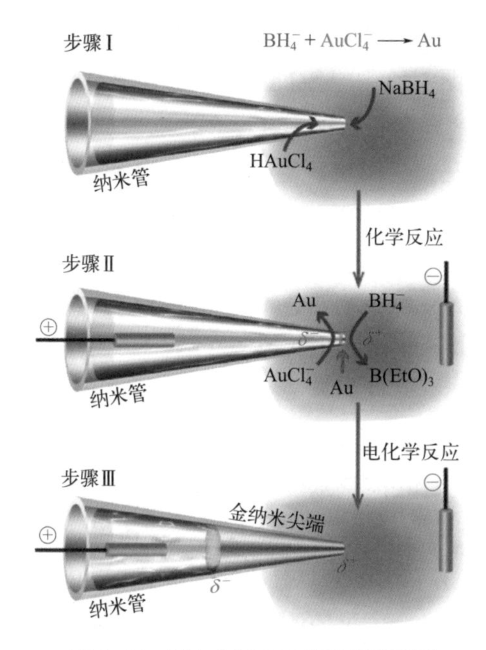

图4-12　闭合式WNE制备步骤示意图

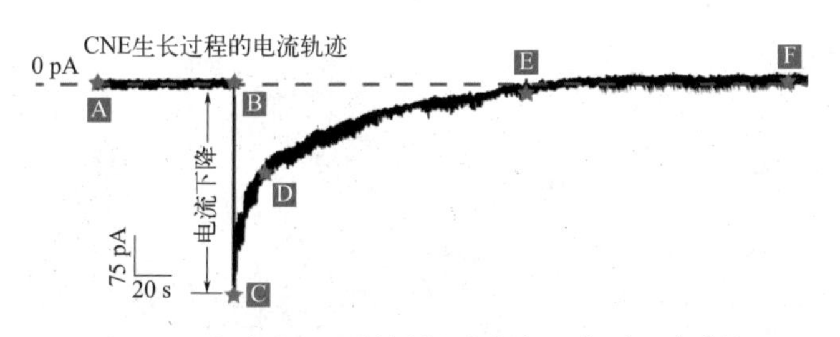

图4-13　闭合式CNE制备过程中电流-时间（i-t）曲线

A点为*trans*端加入无水乙醇后电流曲线达到平衡的时刻；B点为*trans*端加入$NaBH_4$时的电流值；C点为*trans*端加入$NaBH_4$后的最大电流值；D点为加入$NaBH_4$经过10 s时的电流值；E点、F点分别为加入$NaBH_4$经过100 s、150 s时的电流值

开始生成（C点）150 s之后，电流基本返回至0 pA左右且保持恒定，证明纳米金将孔道完全堵住且基本没有漏电流产生（E点至F点）。

纳米结构的金具有等离子体共振散射效应，在特定波长的激发下可发生瑞利散射，使得尺寸在衍射极限以下的金纳米颗粒通过暗场光学成像的方法也可被直接观测到，拓展了纳米颗粒在细胞成像、纳米传感等领域的应用。基于此，利用暗场显微镜对固体金在纳米孔道尖端的生长进行光学追踪并记录其生长过程中的散射光谱信息。从*trans*端加入$NaBH_4$开始计时，图4-14（a）分别展示了0 s、10 s、100 s和150 s时纳米孔尖端纳米金生长过程的暗场成像，且四张照片分别对应图4-13中电流曲线上的B点、D点、E点与F点。刚加入$NaBH_4$时，暗场成像中只有石英纳米孔存在，随着反应的发生，尖端生成的纳米金逐渐出现且不断变长，当电流值返回至0 pA左右时（F点），生成的纳米金长度约为3 μm。图4-14（b）展示了上述4个时刻下纳米金结构的散射光谱。在0 s时，由于尖端没有物质生成，光谱图中未见散射峰。随着纳米金的不断生成，在580～610 nm区间内出现散射峰且谱峰位置从584 nm（D点）移动至608 nm（F点）处，峰强度不断上升至420，证明纳米金在纳米孔道中的径向生长。电流曲线至F点（150 s）后，基本保持恒定，但光谱图显示150 s至1000 s区间内，谱峰强度仍有轻微增加，证明锥形结构还有继续生长的趋势，但生长速度明显放缓，其长度基本保持恒定。

闭合式WNE的制备过程重复性高，是一种可推广的纳米电极制备方法。同时，电压相关性实验可以证实，制备的闭合式WNE，其稳态电流基本不随施加电压变化而变化，是一个可控的纳米电化学界面。

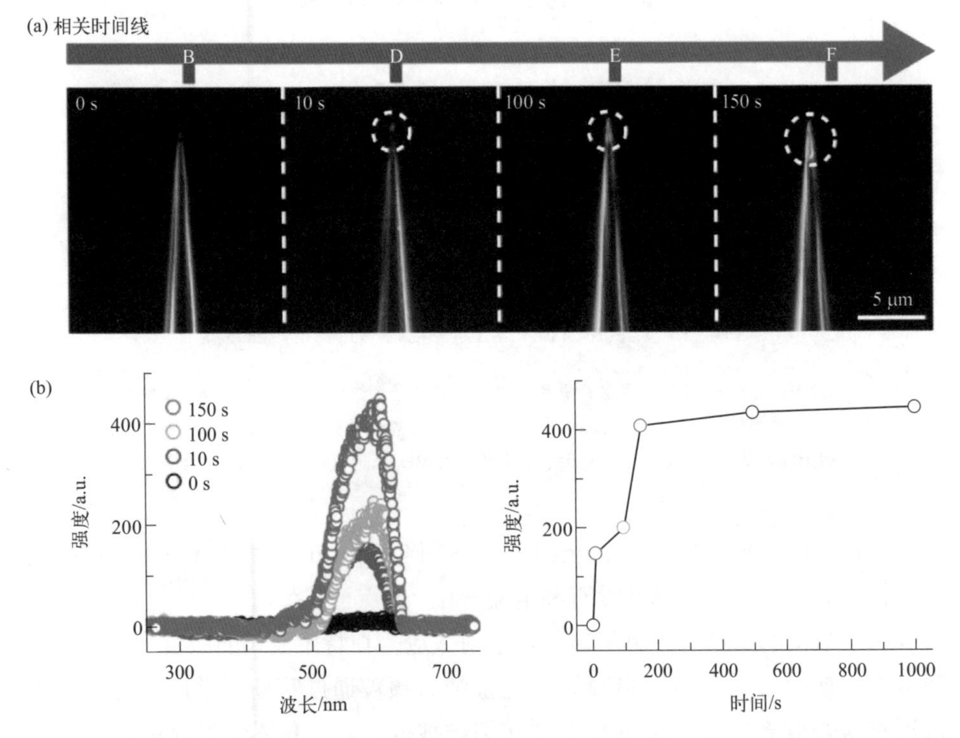

图4-14 暗场显微镜成像与等离子体共振散射光谱监测闭合式WNE制备过程：（a）加入$NaBH_4$后0 s、10 s、100 s、150 s时纳米孔尖端暗场成像结果；（b）加入$NaBH_4$后不同时刻纳米孔尖端纳米金的等离子体共振散射光谱以及散射强度–时间关系图

4.5　玻璃纳米孔道实验

4.5.1　实验材料

（1）实验试剂　人乳腺癌MCF-7细胞系及经Taxol处理过的MCF-7细胞系；丙酮（acetone）；乙醇（EtOH）；盐酸（HCl）；氯金酸（$HAuCl_4$）；硼氢化钠（$NaBH_4$）；聚二甲基硅氧烷（PDMS）；氯化钾（KCl）；氢氧化钾（KOH）；醋酸汞［$Hg(OAc)_2$］；磷酸二氢钠（NaH_2PO_4）；磷酸氢二钠（Na_2HPO_4）；三羟甲基氨基甲烷（Tris）；4-巯基邻苯二酚（4-mercaptobenzene-1,2-diol）；RPMI-1640培养基；胎牛血清；大环二氧四胺；淀粉样蛋白Aβ1-42；NADH（还原型辅酶Ⅰ）；青霉素-链霉素；半胱氨酸；谷胱甘肽；金纳米颗粒（直径分别为13 nm和60 nm）；超纯水（电导率为18 MΩ/cm，由Milli-Q纯水仪制备）。

（2）实验仪器　石英玻璃毛细管（外径1.00 mm，内径0.50 mm，总长7.5 cm）；硼硅酸盐玻璃毛细管（外径1.00 mm，内径0.58 mm，总长10 cm）；银丝（直径0.5 mm）；注射器（1 mL和5 mL）；移液枪枪头（10 μL、200 μL和1000 μL）；微量离心管（0.6 mL、1.5 mL和2.0 mL）；微量进样器（20 μL）；离心管（50 mL）；蓝胶（TDS00548）；P-2000 CO_2激光拉制仪；双束场发射扫描电子显微镜；原子力显微镜；场发射电子束/聚焦离子束双束系统；真空电子束蒸发镀膜系统；分析天平；高速离心机；Axopatch 200B电流放大器；Digidata 1550A数模转换器；铜质法拉第笼；CV 203BU探头；PCS-6000微操纵器；Ti-U倒置暗视野显微镜；DS Fi1c真彩CCD；Isoplane SCT320光谱仪；ProEM 1600电子倍增耦合CCD；iXon 888 EMCCD；RephiQuik注射器过滤器。

（3）试剂配制　KCl溶液：称取适量KCl固体，加入超纯水溶解使其终浓度为10 mmol/L，该溶液可在室温（25 ℃）下储存3个月。

$HAuCl_4$溶液：称取适量$HAuCl_4$固体，并用浓度为10 mmol/L的KCl溶液溶解使其终浓度为10 mmol/L，该溶液可在4 ℃条件下储存1个月。

$NaBH_4$溶液：称取适量$NaBH_4$固体，加入EtOH溶解使其终浓度为10 mmol/L，该溶液可在室温（25 ℃）下储存1天。

4-巯基邻苯二酚溶液：称取适量4-巯基邻苯二酚固体，加入EtOH溶解使其终浓度为1 mmol/L，该溶液需现配现用。

磷酸缓冲（PB）溶液：分别称取适量Na_2HPO_4以及NaH_2PO_4固体，加入超纯水溶解获得浓度为7 mmol/L的Na_2HPO_4和3 mmol/L的NaH_2PO_4（pH 7.4）的混合溶液，该溶液可在室温下储存3个月。

（4）细胞培养与制备　在RPMI 1640培养液中添加灭活胎牛血清（FBS，终浓度10%）和青霉素-链霉素溶液（双抗，终浓度5%），并以此培养人乳腺癌细胞MCF-7。细胞在温度设置为37 ℃的CO_2培养箱中培养，气氛为湿润的95%空气和5%CO_2的混合气体。在电化学测量前，预先用PB溶液清洗细胞三次。

4.5.2　无线纳米孔电极的制备

4.5.2.1　玻璃纳米孔道的制备（约2 h）

① 清洁玻璃毛细管：将玻璃毛细管依次浸没于丙酮、乙醇和超纯水中，各超声清洗10 min，最后用氮气将毛细管吹干并置于干燥处保存。

② 将洗净吹干的玻璃毛细管置于P-2000 CO_2激光拉制仪毛细管卡槽中，设定拉制参数包括激光输出功率（HEAT）、激光束模式（FILAMENT）、拉杆移动速度（VEL）、延迟时间（DEL）以及拉力（PULL），加热毛细管中部拉制获得两个基本相同的玻璃纳米孔道。制备的纳米孔道可放置于干燥容器中保存1～2周。

有关纳米孔道的制备以及如何控制参数并获得最佳形态的纳米孔道，请浏览器检索并阅读P-2000 CO_2激光拉制仪说明书——Pipette Cookbook 2018 P-97&P-1000 Micropipette Pullers。

③ 使用SEM表征玻璃纳米孔道以获得其孔径、尖端长度以及锥度等信息。

4.5.2.2　无线纳米孔电极的制备（WNE，约5～6 h）

① WNE主要包括两种，开孔式与闭合式，其制备过程分别如下所述：

a. 开孔式WNE（约2 h）

i. 用蓝胶将制备好的玻璃纳米孔道垂直固定在硅片上，并放入高真空电子束蒸发镀膜系统，并以1 nm/s的沉积速度在裸玻璃纳米孔表面沉积厚度约10 nm的金属层（银或金层）。

ii. 将沉积有金属层的玻璃纳米孔道浸入浓度为0.1 mol/L的HCl溶液中，在流动的氮气气氛中去除纳米孔外表面上的金属涂层，然后用大量去离子水对玻璃纳米孔道表面进行清洗，并用氮气吹干。制备的开孔式WNE可在氮气条件下储存1周。

b. 闭合式WNE（约1 h）

i. 使用微量进样器将10 μL新配的$HAuCl_4$溶液注入拉制的玻璃纳米孔道内侧。

ii. 将玻璃纳米孔道固定在纳米孔夹具上，置于离心管中在25 ℃、4500 r/min

条件下离心5 min，排出玻璃纳米孔道尖端残留的气泡。

iii. 将纳米孔道密封在PDMS流通池中，并用液体硅胶将流通池连接到玻璃显微镜载玻片上，等待3～5 min，直至液体硅胶固化。实验过程中需确保液体硅胶完全固化以防污染、堵塞孔口。

iv. 将测量装置放在法拉第笼内倒置显微镜的物镜台上，打开卤素灯并调节暗场照明，将纳米孔道尖端移动至40倍物镜下观察。

v. 将一对Ag/AgCl电极连接到Axon Patch 200B膜片钳放大器的探头Headstage上，工作电极浸没在玻璃纳米孔道内侧*cis*端溶液中，将参比对电极浸没在玻璃纳米孔道外侧*trans*端溶液中。

vi. 打开膜片钳仪器（Axopatch 200B放大器连接数字转换器）。将放大器的低通贝塞尔滤波器设置为10 kHz，并以100 kHz的采样频率采集数据，记录300 mV（vs.Ag/AgCl QRCE）偏置电压下的*i-t*曲线。

vii. 向*cis*端溶液中添加150 μL的$HAuCl_4$溶液，向*trans*端溶液中缓慢加入150 μL的$NaBH_4$溶液诱发反应。通过记录*i-t*曲线和暗场成像/散射光谱来实时监测玻璃纳米孔道尖端金层的生长过程。本过程中需注意的是$NaBH_4$的EtOH溶液易挥发，特别是在溶液被暗场照明加热时，需在$NaBH_4$溶液干燥前加入EtOH。

viii. 当离子电流恢复到约0 pA时关闭外加偏置电压，闭合式WNE制备完成。

ix. 在进一步表征之前用去离子水对闭合式WNE表面进行清洗，制备的闭合式WNE可在氮气保护下存储一周。为避免金纳米颗粒氧化，应在闭合式WNE制备完成后立即进行单纳米颗粒碰撞的实验。

② 使用SEM和FIB对开孔式及闭合式WNE进行表征，利用SEM可确定WNE的尖端孔径以及金层的厚度；FIB可从尖端到底部将WNE剖开，进而利用SEM确定内部金属层厚度或尖端的长度。

4.5.3　离子的高灵敏度检测[30]

① 镀银WNE的制备。通过磁控溅射在玻璃纳米孔道内部蒸镀一层连续且厚度为纳米级的银层。制备好的镀银WNE置于氮气环境中以防止银层氧化。

② 功能化开孔式WNE的制备。利用经脱气处理的EtOH溶解大环二氧四胺衍生物（macrocyclic dioxotetraamines derivative，MDD），获得浓度为0.1 mmol/L的MDD溶液。利用微量注射器将配制好的溶液注入WNE的*cis*端，离心5 min（转速4500 r/min），随后置于氮气气氛中静置24 h。取出

修饰完成的功能化开孔式WNE，用乙醇溶液反复冲洗以去除孔道内残留的MDD分子。冲洗后，利用氮气吹干并放置在氮气气氛中以防止修饰层与银被氧化。

③ 填充电解质溶液。利用微量注射器将浓度为10 mmol/L的KCl溶液注入WNE的*cis*端，通过离心（转速4500 r/min，5 min）排出孔道尖端空气。

④ 组装功能化开孔式WNE检测装置。将WNE与PDMS检测池进行组合并封装，分别向检测池的*cis*端和*trans*端加入100 μL浓度为10 mmol/L的KCl溶液。将一对Ag/AgCl电极浸入检测池两端的电解质溶液（10 mmol/L KCl）中。

⑤ 通过Axopatch 200B电流放大器向功能化开孔式WNE两端施加偏置电压。在−500 mV至+500 mV电压范围内，以100 mV的步长变化，实时监测并记录*i-t*曲线30 s，获得功能化开孔式WNE的电流-电压（*I-V*）曲线。

⑥ 向检测池*trans*端加入不同浓度的汞离子（Hg^{2+}），记录±500 mV偏置电压区间内的*I-V*曲线。

⑦ 实验结束后，依次关闭操作软件及仪器开关。

在电解质溶液浓度较低时，纳米孔道离子电流对孔道内壁带电性有较大的灵敏度，其*I-V*曲线呈非对称的整流现象[40-41]；而在电解质浓度较高时，电性的差异则会被掩盖[42]。这是由于当孔道内离子强度较高时，单位时间内通过孔道的离子数量多，此时*I-V*曲线往往呈线性分布。以±500 mV电压窗口为例，−500 mV电压下的电流值与+500 mV电压下的电流值之比的绝对值为整流比*R*，通过计算*R*值可以获得纳米孔道内壁电性的变化，以确定玻璃纳米孔道内壁的修饰情况。由于硅羟基在水溶液中的解离作用，未修饰的玻璃纳米孔道内壁带有负电荷，其整流比*R*的大小约为2.0。如图4-15（a），修饰MDD分子的石英纳米孔道内壁负电荷增多，使得其整流比明显增大至7.3，当加入Hg^{2+}后，纳米孔道*I-V*曲线发生明显变化，整流比急剧下降至1.1。在图中可以明显看出Hg^{2+}的加入使孔道在负电压条件下的离子电流大大降低。这是由于Hg^{2+}会与MDD分子的大环基团发生配位反应，两个去质子化的酰胺氮和两个未去质子化的酰胺氮一起将Hg^{2+}包裹起来，使孔道内壁从负电荷变为不带电。进一步可利用整流比的大小定量分析溶液中Hg^{2+}的含量。如图4-15（b），当Hg^{2+}浓度从10 pmol/L增大至1 mmol/L时，*R*从1.9降低至0.4。这是由于Hg^{2+}增加，孔道内壁未与Hg^{2+}结合的MDD分子数目减少，孔道内壁的带电能力变弱，使得负电压条件下的电流值减小，从而整流比降低。该方法为复杂环境中检测浓度低至10 pmol/L的Hg^{2+}提供了可能。

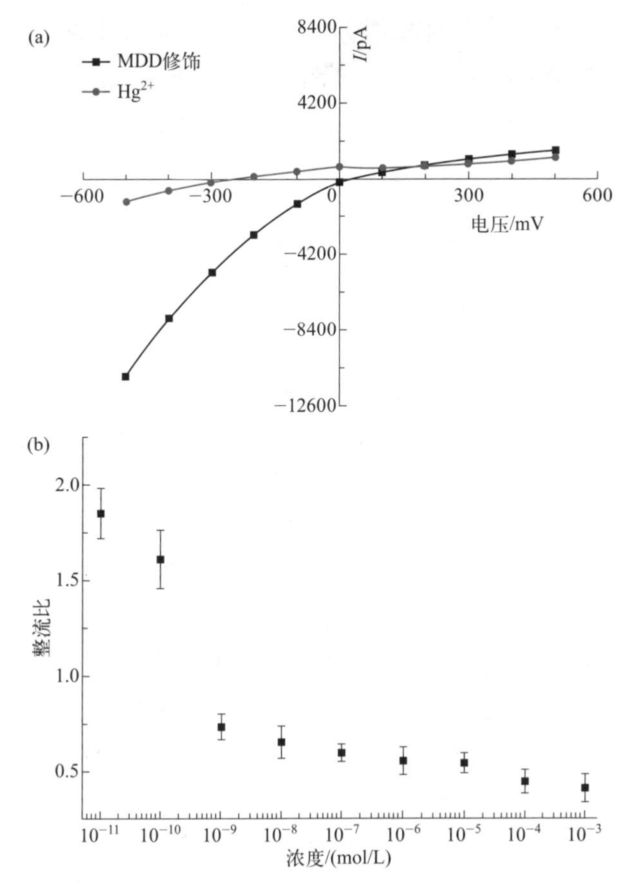

图4-15（a）MDD功能化镀银开孔式WNE在加入浓度为1 mmol/L的Hg^{2+}前后的I-V曲线；（b）Hg^{2+}浓度-整流比关系图[30]

4.5.4　淀粉样蛋白分子聚集过程分析[42]

（1）不同聚集状态淀粉样蛋白分子Aβ1-42的制备

① Aβ1-42单体制备（浓度为10 μg/mL）。称取适量的冻干淀粉样蛋白溶解于浓度为10 mmol/L的Tris-KCl溶液（pH 8.0）。

② Aβ1-42寡聚体和纤维制备。用纯水溶解冻干淀粉样蛋白获得浓度为1 mg/mL的溶液，在室温下分别孵育6 h和20 h制备Aβ1-42的寡聚体和纤维，随后利用浓度为10 mmol/L的Tris-KCl溶液（pH 8.0）将寡聚体和纤维水溶液分别稀释100倍。

（2）不同聚集状态Aβ1-42的表征　通过场发射透射电子显微镜（TEM）及原子力显微镜（AFM）对获得的Aβ1-42单体、寡聚体及纤维进行表征。值得注意的是，制备TEM样品时，需利用磷钨酸对样品进行负染色处理。

（3）填充电解质溶液　通过微量注射器向玻璃纳米孔道*cis*端注入8 μL浓度为10 mmol/L的Tris-KCl（pH 8.0）溶液。插入纳米孔道夹具，并置于2 mL离心管中，在4500 r/min的转速下离心6 min，使溶液均匀到达纳米孔道尖端，且无任何气泡存在。

（4）组装玻璃纳米孔道检测装置　将一根Ag/AgCl丝与Axopatch 200B电流放大器前置探头Headstage相连，随后插入玻璃纳米孔道*cis*端与电解质溶液接触。另一根Ag/AgCl丝置于玻璃纳米孔道*trans*端浓度为10 mmol/L的Tris-KCl（pH 8.0）溶液中。

（5）添加待测物Aβ1-42单体、寡聚体和纤维到玻璃纳米孔道检测池　调节电压为−700 mV（vs.Ag/AgCl QRCE），分别在玻璃纳米孔道*trans*端的检测池中加入制备好的Aβ1-42单体、寡聚体和纤维溶液。

（6）记录信号　分别记录Aβ1-42单体、寡聚体和纤维穿过玻璃纳米孔道尖端产生的瞬时电流信号。为获得足够多的单分子特征电流信号，每10 min储存一个abf文件，连续记录1 h（特征事件数量≥1000）。

（7）实验结束　依次关闭操作软件及仪器开关。

将孵育不同时长的Aβ1-42（0 h、6 h、20 h）分别加入待分析体系中，带有负电荷的Aβ1-42单体向孔内运动产生瞬态增强的离子流信号，如图4-16（a）所示。带有负电荷的单个Aβ1-42单体分子在电渗流的作用下向管内运动，当其运动至管尖的限域空间时，孔道内部电荷密度增大导致离子流变大。由此，可以判定Aβ1-42单体向孔道内运动会引起“表面电荷效应”，最终导致离子流增强现象。对于直径约为10 nm的Aβ1-42寡聚体，当其在电渗流的驱动下运动至孔道内部时，会将限域空间内的电解质离子排开，产生“体积排阻效应”。与此同时，因寡聚体表面电荷密度几乎为零，“体积排阻效应”强于“表面电荷效应”，最终产生瞬态阻断的离子流信号［图4-16（b）］。当Aβ1-42寡聚体进一步团聚为尺寸大于孔道的纤维时，纤维在电渗流驱动下向孔口运动。由于纤维体积过大无法进入孔道，仅能短暂地撞击到孔口，造成短时间的离子流阻断事件。因此，如图4-16（c）所示，Aβ1-42纤维的运动造成幅值较低的离子流阻断信号。此外，由于纤维体积过大，电渗流难以驱动其向孔道尖端运动。相比于Aβ1-42单体和寡聚体，纤维产生的离子流阻断信号频率较低。统计结果可知，相比于Aβ1-42单体过孔导致的离子流增强信号，Aβ1-42寡聚体过孔行为产生的离子流阻断现象持续时间较长。由于寡聚体体积较大，故在相同的电渗流驱动下，寡聚体较难穿过孔口进入孔道内部。因此，其离子流变化持续时间较长。对于Aβ1-42纤维，因其体积和质量都很大，电渗流驱动无法驱使其进入孔道内部，其只会撞击管口造成短暂的离子流阻断信号。

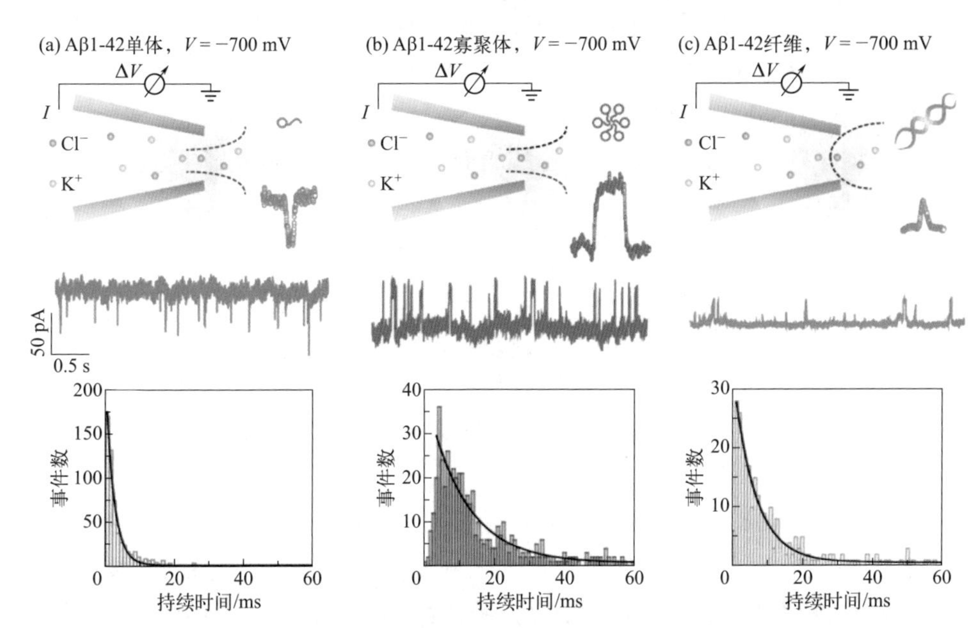

图4-16　基于玻璃纳米孔道的Aβ1-42不同聚集状态的检测：（a）单体、（b）寡聚体、（c）纤维分析示意图，以及−700 mV（vs.Ag/AgCl QRCE）偏置电压下的时间分辨电流轨迹和瞬态离子流信号持续时间柱状统计图（Aβ1-42单体、寡聚体、纤维的基线电流分别为−950 pA、−1670 pA、−1040 pA）[42]

4.5.5　活细胞的氧化还原代谢检测

① 4-巯基邻苯二酚修饰开孔式WNE。首先，使用微量进样器将10 μL的4-巯基邻苯二酚溶液注入WNE内腔，25 ℃、4500 r/min条件下离心5 min，排出WNE尖端残留的气泡，随后将WNE浸入4-巯基邻苯二酚溶液中，并使其在氮气气氛下室温孵育12 h。用乙醇清洗WNE内腔，除去残余的4-巯基邻苯二酚，再将WNE在EtOH-H_2O混合物（体积比1∶1）中浸泡5 min，随后用超纯水浸泡5 min，最后在氮气气氛中干燥，获得4-巯基邻苯二酚修饰的开孔式WNE。

② 填充电解质溶液。将10 μL的PB溶液注入4-巯基邻苯二酚修饰的开孔式WNE中，将其固定在纳米孔夹具上25 ℃、4500 r/min条件下离心5 min。

③ 组装功能化开孔式WNE检测装置。将一根Ag/AgCl丝与Axopatch 200B电流放大器前置探头Headstage相连，随后插入玻璃纳米孔道*cis*端与电解质溶液接触。Headstage固定在PCS-6000微操纵器上，以便在*x*、*y*和*z*方向上精确控制WNE的位置。控制微操纵器将4-巯基邻苯二酚修饰的WNE尖端

浸入PB溶液中。另一根Ag/AgCl丝置于开孔式WNE的*trans*端PB溶液中。

④ 打开膜片钳装置。施加−1000 mV（vs.Ag/AgCl QRCE）到1000 mV（vs. Ag/AgCl QRCE）范围内变化的电压，以100 mV的步长变化。记录修饰4-巯基邻苯二酚前后开孔式WNE的*I-V*曲线。

⑤ 将含有人乳腺癌MCF-7细胞的培养皿放置在显微镜视野中心并聚焦于单个靶细胞。

⑥ 将4-巯基邻苯二酚修饰后的开孔式WNE放置在倒置显微镜的10倍物镜下调整其位置，使尖端伸入显微镜的光轴。

⑦ 通过显微镜观察，同时使用微操纵器将电极尖端定位于视野中心。通过移动微操纵器（不是使用显微镜对焦）将WNE尖端聚焦，WNE尖端应在培养基中，在细胞上方几毫米处通过显微镜上下对焦，可以看到WNE尖端或细胞。

⑧ 切换到40倍显微镜物镜，然后缓慢且非常小心地旋转微操纵器操纵杆的*z*轴，朝显微镜焦点内的细胞逐渐降低WNE尖端。确定目标细胞后，旋转微操纵器操纵杆的*z*轴精细控制装置，将WNE尖端朝细胞方向降低，直到尖端穿透细胞。

⑨ 在插入过程中，很难判断尖端是否穿透细胞，因此，可施加200 mV（vs. Ag/AgCl QRCE）偏置电压通过离子流变化来实时监测WNE插入细胞的过程。

⑩ 在WNE两端施加特定偏置电压，监测活细胞中NADH的*i-t*响应。

在进行体外实验时，NADH的加入使信号频率明显增多，表明NADH的加入极大地促进了阳极纳米气泡的生长，纳米孔道尖端离子流密度随着气泡尺寸的增大而升高，使电流增强的程度变大。随着电压的升高，阳极的电催化反应得到促进，同时有更多的氢离子在阴极被还原为氢气［图4-17（a)]。由于加入NADH前后信号产生的媒介均为极化现象诱导的纳米气泡，因此二者信号频率均随电压升高而升高。如图4-17（b）所示，在−0.6 V（vs.Ag/AgCl QRCE）偏置电压下，加入浓度为0.1 nmol/L的NADH使得信号增强程度从0.058增至0.099。对加入NADH后不同电压下的信号频率进行统计可以发现，随着电压的升高，NADH加入引起的电流增强信号的频率从71 s^{-1}升高至285 s^{-1}［图4-17（c)、(d)]。

为了模拟细胞中的复杂检测体系，本实验选用了浓度为0.1 mmol/L的葡萄糖、半胱氨酸以及谷胱甘肽作为干扰物质。实验发现仅在NADH存在的情况下，瞬态离子流信号的增强程度显著升高。由于葡萄糖、半胱氨酸和谷胱甘肽与4-巯基邻苯二酚之间不存在电催化反应，因此无法促进阳极反应加速，

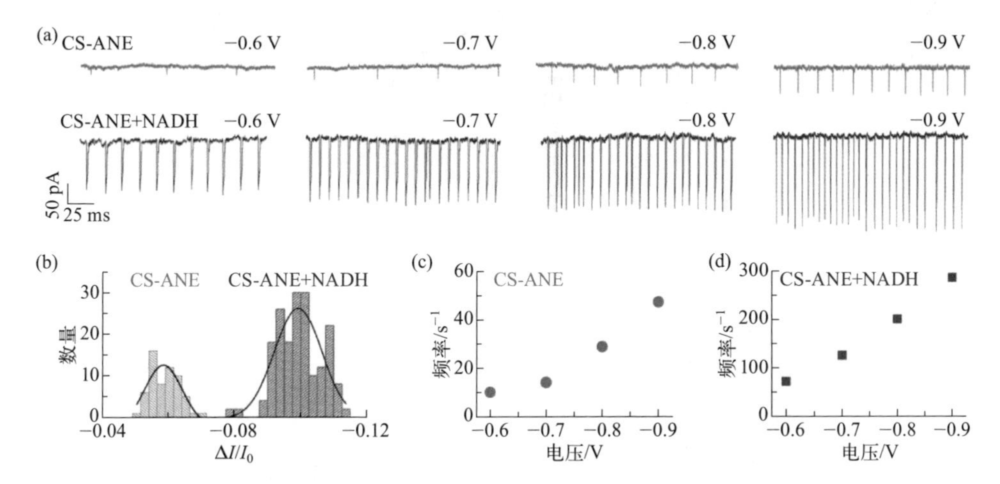

图4-17　加入NADH前后的*i*−*t*曲线及统计结果：（a）不同偏置电压条件时在4-巯基邻苯二酚修饰的开孔式WNE的*cis*端加入NADH前后的时间分辨的电流轨迹；（b）−0.6 V（vs.Ag/AgCl QRCE）偏置电压下加入NADH前后所得瞬态增强电流幅值的统计柱状图（其中I为电流幅值，I_0为基线电流，$\Delta I/I_0$为电流变化程度）；（c）、（d）加入NADH前后瞬态增强的电流信号频率随电压的变化[33]

CS-ANE为四巯基邻苯二酚修饰的开孔式WNE

不会对WNE上发生的电化学反应造成影响。在进行了一系列体外检测后，将WNE用于细胞内NADH浓度水平的检测。图4-18展示了WNE插入正常乳腺癌细胞MCF-7以及抗癌药物处理过的乳腺癌细胞中的电流信号。在正常乳腺癌细胞中离子流增强程度约为0.081，与体外NADH存在时所得到的0.099非常接近。随后，将同一根WNE插入抗癌药物紫杉醇处理过的癌细胞MCF-7，并统计离子流信号增强程度，发现其增强程度（0.038）与在正常细胞中得到的信号增强程度（0.081）相比明显降低。这一数值与体外实验中没有NADH存在时的离子流增强程度（0.058）较为接近。使用抗癌药处理后，细胞中瞬态增强的离子流信号出现的频率明显减少，这些现象均表明抗癌药处理后细胞内NADH浓度明显降低。这是由于癌细胞分裂能力强，细胞代谢呼吸所产生的NADH水平明显高于正常细胞，加入抗癌药物后，细胞的呼吸代谢受到抑制，降低了细胞内NADH的水平，这一变化与实验结果非常吻合，展现了4-巯基邻苯二酚修饰的开孔式WNE对于细胞内NADH探测的灵敏性。进一步，利用显微镜明场成像对被插入WNE的正常乳腺癌细胞前后的形貌进行表征［图4-18（c）］，结果表明在检测前后细胞形貌几乎没有变化，证明WNE对细胞的损伤十分微小，可在接近正常生理状态下记录细胞内NADH的代谢水平。

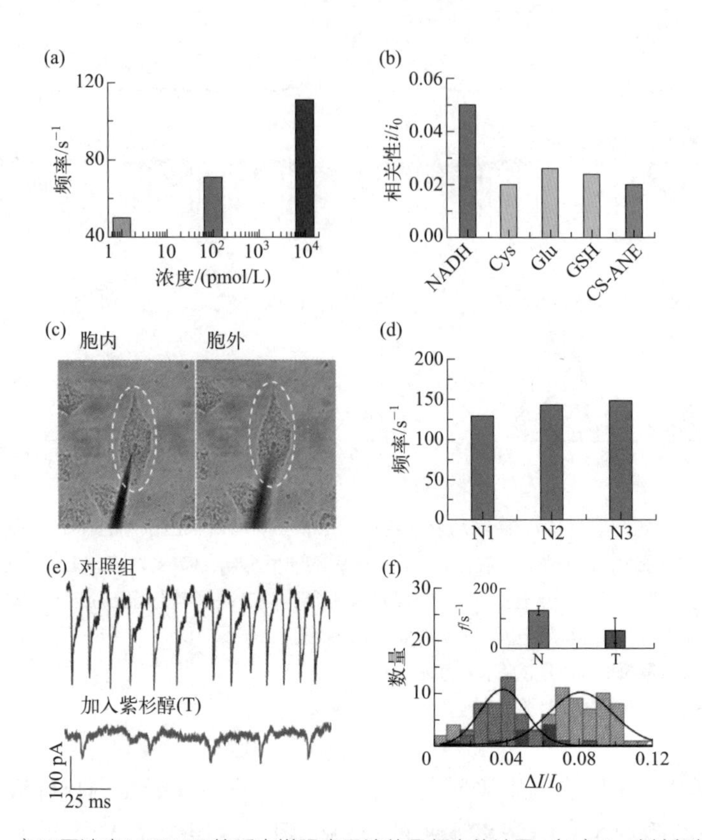

图4-18 （a）不同浓度NADH下的瞬态增强离子流信号频率统计图；（b）4-巯基邻苯二酚修饰的开孔式WNE对干扰物半胱氨酸（Cys）、葡萄糖（Glu）和谷胱甘肽（GSH）的响应情况，绿色柱子对应的值为仅有4-巯基邻苯二酚修饰的纳米孔电极产生的电流响应值；（c）单个乳腺癌细胞（MCF-7）在WNE检测前后的形貌变化；（d）WNE分别在三个独立MCF-7细胞内的瞬态增强离子流信号的频率；（e）4-巯基邻苯二酚修饰WNE在正常乳腺癌细胞（N）及抗癌药物处理后的癌细胞（T）中的电化学信号；（f）正常癌细胞及抗癌药处理过的癌细胞中瞬态离子流信号的增强程度及信号频率统计图[33]

4.5.6 单个纳米颗粒检测

① 参照4.5.2.2中方法制备闭合式WNE，将PDMS流通池两室中的溶液替换为KCl溶液。

② 取50 μL直径为13 nm的金纳米颗粒溶液移入闭合式WNE的*trans*端，WNE两端施加+300 mV（vs.Ag/AgCl QRCE）的电位，并记录单个金纳米颗粒碰撞事件的*i-t*曲线。为确保颗粒大小的识别精度，施加的电位应避免纳米颗粒氧化的干扰，同时确保良好的信噪比，金属纳米颗粒的氧化电位可用循环伏安法测定。

③ 重复以上步骤检测直径为60 nm金纳米颗粒以及直径为13 nm和60 nm

金纳米颗粒的混合物。

④ 使用Clampfit v.10.4软件中的“Single-Channel Search”模式对记录的数据进行统计处理。

⑤ 利用OriginLab v.9.0软件做统计直方图。

选择合适的信号识别算法，根据数据对信号进行分类。有关如何使用Clampfit v.10.4或更高版本软件的更多信息，请参阅Clampfit官网。

图4-19（a）为直径13 nm的金颗粒碰撞闭合式WNE产生的尖刺状瞬态增强电流信号，其统计直方图呈高斯分布，高斯峰位置在5 pA附近，峰宽为1.8 pA。相较于直径为13 nm的金颗粒，直径60 nm的金颗粒瞬态增强电流信号具有更大的电流幅值，其高斯峰位置在15 pA附近，峰宽为5.6 pA［图4-19（b）］。随后，将该方法应用于13 nm和60 nm两种金颗粒的混合样品中，图中可以清晰地分辨出两种电流幅值的尖刺状瞬态增强电流信号［图4-19（c）］：Ⅰ类信号的高斯峰位置在5 pA附近，Ⅱ类信号的高斯峰位置在15 pA附近，这与单独加入直径为13 nm和60 nm金颗粒的峰位置一致。统计分布图中可以看出两种高斯峰没有重叠，表明WNE具有高灵敏度和高电流分辨率，可实现直径

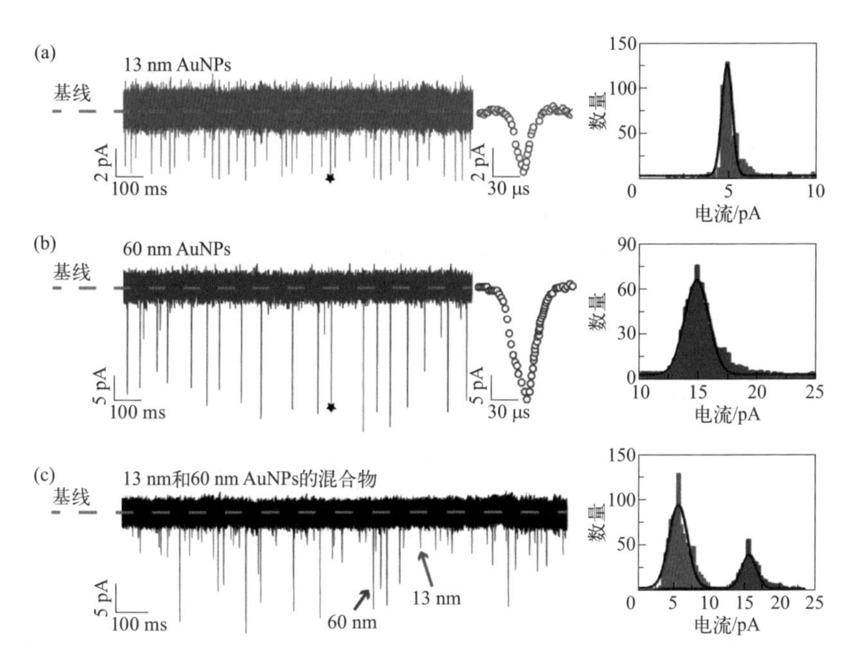

图4-19　闭合式WNE进行单颗粒碰撞的信号与统计图：（a）直径13 nm的金颗粒碰撞过程原始电流轨迹与电流幅值统计分布图；（b）直径60 nm的金颗粒碰撞过程原始电流轨迹与电流幅值统计分布图；（c）直径13 nm和60 nm混合物的金颗粒碰撞过程原始电流轨迹与电流幅值统计分布图[34]

13 nm和60 nm金颗粒的粒径区分。在传统纳米颗粒碰撞研究中，电化学界面尺寸大，纳米颗粒在电极界面运动路径十分复杂，碰撞产生的信号均一性较差，难以分析颗粒与电极界面的相互作用过程。纳米孔电极尺寸与颗粒相近，大大简化了纳米颗粒在电极界面运动路径的复杂程度，提高了对颗粒检测的灵敏度。

随着人们对生命现象及化学过程研究的不断深入，研究范围也越来越趋向于单细胞、单颗粒、单分子等微观个体。具有电化学限域效应的玻璃纳米孔道可以提供纳米级的限域空间及分析界面，有助于对单个体进行实时动态电化学测量，因而被广泛应用于单分子多肽/蛋白质分析、单颗粒和单个细胞内电活性物质测量等。

玻璃孔道实验教程视频可扫描下方二维码观看。

参考文献

[1] Kelley S O, Mirkin C A, Walt D R, Ismagilov R F, Toner M, Sargent E H. Advancing the speed, sensitivity and accuracy of biomolecular detection using multi-length-scale engineering[J]. *Nature Nanotechnology*, 2014, 9(12): 969-980.

[2] Yu R J, Ying Y L, Gao R, Long Y T. Confined nanopipette sensing: from single molecules, single nanoparticles, to single cells[J]. *Angewandte Chemie International Edition*, 2019, 58(12): 3706-3714.

[3] Haywood D G, Saha-Shah A, Baker L A, Jacobson S C. Fundamental studies of nanofluidics: nanopores, nanochannels, and nanopipets[J]. *Analytical Chemistry*, 2014, 87(1):172-187.

[4] Wang Y, Wang D, Mirkin M V. Resistive-pulse and rectification sensing with glass and carbon nanopipettes[J]. *Proceedings of the Royal Society A: Mathematical, Physical and Engineering Science*, 2017, 473: 20160931.

[5] Ying Y L, Ding Z, Zhan D, Long Y T. Advanced electroanalytical chemistry at nanoelectrodes[J]. *Chemical Science*, 2017, 8(5): 3338-3348.

[6] Zhang B, Galusha J, Shiozawa P G, Wang G, Bergren A J, Jones R M, White R J, Ervin E N, Cauley C C, White H S. Bench-top method for fabricating glass-sealed nanodisk electrodes, glass nanopore electrodes, and glass nanopore membranes of controlled size[J]. *Analytical chemistry*, 2004, 79(13): 4778-4787.

[7] Gao C, Ding S, Tan Q, Gu L Q. Method of creating a nanopore-terminated probe for single-molecule enantiomer discrimination[J]. *Analytical Chemistry*, 2009, 81(1): 80-86.

[8] Bafna J A, Soni G V. Fabrication of low noise borosilicate glass nanopores for single molecule sensing[J]. *Plos One*, 2016, 11(6): e0157399.

[9] Shen Y, Zhang Z, Fukuda T. Bending spring rate investigation of nanopipette for cell injection[J]. *Nanotechnology*, 2015, 26: 155702.

[10] Hu Y X, Ying Y L, Gao R, Yu R J, Long Y T. Characterization of the dynamic growth of the nanobubble within the confined glass nanopore[J]. *Analytical Chemistry*, 2018, 90(21): 12352-12355.

[11] Steinbock L J, Otto O, Chimerel C, Gornall J, Keyser U F. Detecting DNA folding with nanocapillaries[J]. *Nano Letters*, 2010, 10(7): 2493-2497.

[12] Siwy Z S, Howorka S. Engineered voltage-responsive nanopores[J]. *Chemical Society Reviews*, 2010, 39(3): 1115-1132.

[13] Ding S, Gao C, Gu L Q. Capturing single molecules of immunoglobulin and ricin with an aptamer-encoded glass nanopore[J]. *Analytical Chemistry*, 2009, 81(16): 6649-6655.

[14] Umehara S, Karhanek M, Davis R W, Pourmand N. Label-free biosensing with functionalized nanopipette probes[J]. *Proceedings of the National Academy of Sciences of the United States of America*, 2009, 106(12): 4611-4616.

[15] Actis P, McDonald A, Beeler D, Vilozny B, Millhauser G, Pourmand N. Copper sensing with a prion protein modified nanopipette[J]. *RSC Advances*, 2012, 2: 11638-11640.

[16] Yu R J, Ying Y L, Hu Y X, Gao R, Long Y T. Label-free monitoring of single molecule immunoreaction with a nanopipette[J]. *Analytical Chemistry*, 2017, 89(16): 8203-8206.

[17] Ying Y L, Yu R J, Hu Y X, Gao R, Long Y T. Single antibody-antigen interactions monitored via transient ionic current recording using nanopore sensors[J]. *Chemical Communications*, 2017, 53(61): 8620-8623.

[18] Zhang L X, Cai S L, Zheng Y B, Cao X H, Li Y Q. Smart homopolymer modification to single glass conical nanopore channels: dual-stimuli-actuated highly efficient ion gating[J]. *Advanced Functional Materials*, 2011, 21(11): 2103-2107.

[19] Zheng Y B, Zhao S, Cao S H, Cai S L, Cai X H, Li Y Q. A temperature, pH and sugar triple-stimuli-responsive nanofluidic diode[J]. *Nanoscale*, 2017, 9(1): 433-439.

[20] Plett T, Shi W, Zeng Y, Mann W, Vlassiouk I, Baker L A, Siwy Z S. Rectification of nanopores in aprotic solvents-transport properties of nanopores with surface dipoles[J]. *Nanoscale*, 2015, 7(45): 19080-19091.

[21] Cai S L, Cao S H, Zheng Y B, Zhao S, Yang J L, Li Y Q. Surface charge modulated aptasensor in a single glass conical nanopore[J]. *Biosensors and Bioelectronics*, 2015, 71: 37-43.

[22] Actis P, Rogers A, Nivala J, Vilozny B, Seger R A, Jejelowo O, Pourmand N. Reversible thrombin detection by aptamer functionalized STING sensors[J]. *Biosensors and Bioelectronics*, 2011, 26(11): 4503-4507.

[23] Brennan L D, Roland T, Morton D G, Fellman S M, Chung S, Soltani M, Kevek J W, McEuen P M, Kemphues K J, Wang M D. Small molecule injection into single-cell C. elegans embryos *via* carbon-reinforced nanopipettes[J]. *Plos One*, 2013, 8: e75712

[24] Schrlau M G, Bau H H. Carbon nanopipettes for cell surgery[J]. *Journal of the Association for Laboratory Automation*, 2010, 15(2): 145-151.

[25] Wang D, Mirkin M V. Electron-transfer gated ion transport in carbon nanopipets[J]. *Journal of the*

American Chemical Society, 2017, 139(34): 11654-11657.

[26] Hu K, Wang Y, Cai H, Mirkin M V, Gao Y, Friedman G, Gogotsi Y. Open carbon nanopipettes as resistive-pulse sensors, rectification sensors, and electrochemical nanoprobes[J]. *Analytical Chemistry*, 2014, 86(18): 8897-8901.

[27] Zhou M, Yu Y, Hu K, Xin H, Mirkin M V. Collisions of Ir oxide nanoparticles with carbon nanopipettes: experiments with one nanoparticle[J]. *Analytical Chemistry*, 2017, 89(5): 2880-2885.

[28] He H, Xu X, Jin Y. Wet-chemical enzymatic preparation and characterization of ultrathin gold-decorated single glass nanopore[J]. *Analytical Chemistry*, 2014, 86(10): 4815-4821.

[29] Xu X, He H, Jin Y. Facile one-step photochemical fabrication and characterization of an ultrathin gold-decorated single glass nanopipette[J]. *Analytical Chemistry*, 2015, 87(6): 3216-3221.

[30] Gao R, Ying Y L, Hu Y X, Li Y J, Long Y T. Wireless bipolar nanoporeelectrode for single small molecule detection[J]. *Analytical Chemistry*, 2017, 89(14): 7382-7387.

[31] Gao R, Lin Y, Ying Y L, Hu Y X, Xu S W, Ruan L Q, Yu R J, Li Y J, Li H W, Cui L F, Long Y T. Wireless nanopore electrodes for analysis of single entities[J]. *Nature Protococols*, 2019, 14(7): 2015-2035.

[32] Gao R, Lin Y, Ying Y L, Liu X Y, Shi X, Hu Y X, Long Y T, Tian H. Dynamic self-assembly of homogenous microcyclic structures controlled by a silver-coated nanopore[J]. *Small*, 2017, 13(25): 1700234.

[33] Ying Y L, Hu Y X, Gao R, Yu R J, Gu Z, Lee L P, Long Y T. Asymmetric nanopore electrode-based amplification for electron transfer imaging in live cells[J]. *Journal of the American Chemical Society*, 2018, 140(16): 5385-5392.

[34] Gao R, Ying Y L, Li Y J, Hu Y X, Yu R J, Lin Y, Long Y T. A 30 nm nanopore electrode: facile fabrication and direct insights into the intrinsic feature of single nanoparticle collisions[J]. *Angewandte Chemie International Edition*, 2018, 57(4): 1011-1015.

[35] Yu R J, Xu S W, Paul S, Ying Y L, Cui L F, Daiguji H, Hsu W L, Long Y T. Nanoconfined electrochemical sensing of single silver nanoparticles with a wireless nanopore electrode[J]. *ACS Sensors*, 2021, 6(2): 335-339.

[36] Cui L F, Xu S W, Liang C, Yu R J, Li L, Ying Y L, Long Y T. Detection of single exosomes with a closed wireless nanopore electrode[J]. *Chinese Science Bulletin*, 2020, 65(1): 60-66.

[37] Lu S M, Yu R J, Long Y T. Single nanoparticle sizing based on the confined glass nanopore[J]. *Chemical Journal of Chinese Universities*, 2019, 40(11): 2281-2285.

[38] Gao R, Ying Y L, Yan B Y, Iqbal P, Preece J A, Wu X. Ultrasensitive determination of mercury(Ⅱ) using glass nanopores functionalized with macrocyclic dioxotetraamines[J]. *Microchimica Acta*, 2015, 183(1): 491-495.

[39] Wei C, Bard A J, Feldberg S. Current rectification at quartz nanopipet electrodes[J]. *Analytical Chemistry*, 1997, 69(22): 4627-4633.

[40] Siwy Z S. Ion-current rectification in nanopores and nanotubes with broken symmetry[J]. *Advanced Functional Materials*, 2006, 16(6): 735-746.

[41] Lan W J, Edwards M A, Luo L, Perera R T, Wu X, Martin C R, White H S. Voltage-rectified current and fluid flow in conical nanopores[J]. *Accounts of Chemical Research*, 2016, 49(11): 2605-2613.

[42] Yu R J, Lu S M, Xu S W, Li Y J, Xu Q, Ying Y L, Long Y T. Single molecule sensing of amyloid-beta aggregation by confined glass nanopores[J]. *Chemical Science*, 2019, 10(46): 10728-10732.

第 5 章

纳米孔道微电流电化学测量仪器

纳米孔道的内部空间仅为纳米级，在孔道内能够运动的离子个数十分有限，因此离子电流比较微弱，仅为皮安（pA）级。当待测分子进入孔道内，由于其空间位阻以及其与孔道的相互作用，流经纳米孔道的离子流会被部分阻断，离子电流产生相应的变化。根据离子电流信号的变化情况可获取过孔持续时间、阻塞程度等信息，进而实现在单分子水平上分析孔道内待测分子的性质[1]。

纳米孔道微电流电化学测量仪器主要由以下四个部分组成：前置探头、微电流放大器、模数/数模转换器以及软件读取部分。如图5-1，前置探头和微电流放大器将纳米孔道实验中产生的pA级电流信号转换成电压信号并放大至mV级，再由模数转换器以一定频率进行采样，将模拟信号量化成数字信号。最后，数字信号被传输至PC端，由软件程序来读取，最终实现纳米孔道数据分析和信息提取。

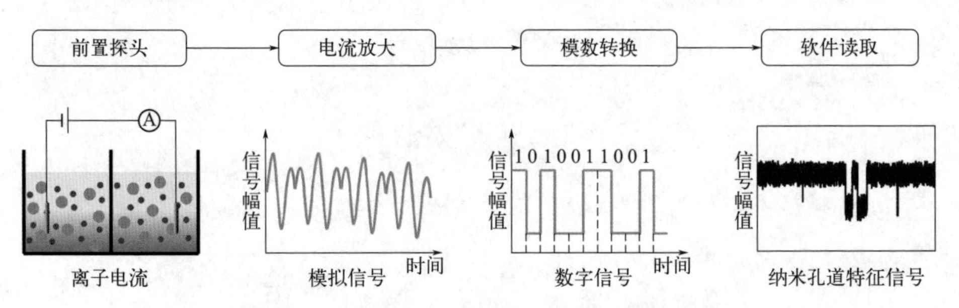

图5-1 纳米孔道微电流信号采集处理过程示意图

纳米孔道信号测量通过两电极测量系统实现，这是一种改进的电化学恒电位测量技术。在电化学分析的恒电位测量中，通常采用三电极系统以实现准确的电位控制。如图5-2所示，恒电位仪的三个电极分别为工作电极（WE）、参比电极（RE）和对电极（CE）。工作电极和对电极构成电流回路，两个电极上分别发生半反应，同时对电极用于控制施加电压的大小。由于电极电阻的存在，对电极上存在电压降，溶液电位与施加电位存在差异，为了修正该电位差，需要对电极电位进行补偿。参比电极是一个已知电势、接近于理想不极化的电极，用于测定工作电极相对于参比电极的电极电势。理想情况下，参比电极上没有电流流过，仅有工作电极和对电极间存在电流回路。

相比于图5-2中所示的三电极电化学系统，纳米孔道测量体系将对电极和参比电极合二为一，与工作电极组成两电极系统来测量孔道中的电流信号。工作电极调节电压，对电极连接接地点。由于纳米孔道电阻（>100 MΩ）远高于电极电阻（kΩ级），所以工作电极的分压可以忽略不计。因此纳米孔道测量体系常采用两电极系统。

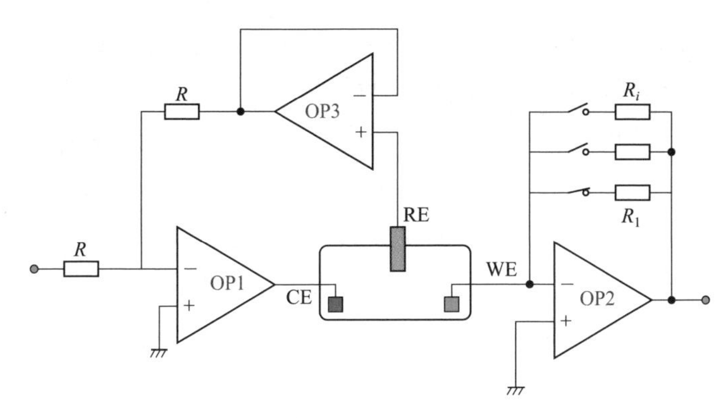

图5-2　三电极恒电位仪信号测量原理图（其中OP1和OP2表示运算放大器）

带宽和噪声是仪器系统中的两个非常重要的指标[2-4]。测量系统的带宽和噪声会影响纳米孔道信号的灵敏度和准确性。随着系统带宽的提升，仪器系统的时间分辨能力会随之提升，对于阻断时间短的信号测量能力会显著提升，但同时也会引入高频段噪声。过低的信噪比会导致大量单分子行为信号被埋没在噪声中[5]。由于纳米孔道电流信号只有pA级，信号微弱，这对纳米孔道电化学仪器装置的电流分辨、时间分辨、噪声抑制以及数据采集与处理等性能提出了极高的要求，研制具有低噪声高带宽的纳米孔道电化学仪器装置是实现精准、高效纳米孔道单分子测量的重要前提[6-11]。

5.1　仪器组成

纳米孔道电化学分析仪器由信号放大、信号传输、信号处理三部分电路构成，为了便于读者更好地理解纳米孔道电化学仪器装置的设计原理，本节将对以下名词进行系统解释：运算放大器、增益、带宽、输入失调电流、输入偏置电流、输入电容、跨阻放大法、电流积分-微分法。

5.1.1　微电流放大器

微电流放大器是利用运算放大器和电阻、电容等器件以特定的方式组合构成的电路单元，可对输入的电流或电压信号进行放大或衰减处理。通过微电流放大器可以实现纳米孔道pA级电流信号的检测与放大。

5.1.1.1　运算放大器

运算放大器（简称OPA）是微电流放大器的重要部件，能对信号进行数学运算。OPA不仅可以通过增大或缩小电流信号来实现放大，还可以对信号进行加减以及微积分等数学运算。OPA被广泛应用于有源滤波器、开关电容电路、数模和模数转换器、信号放大和衰减等。

以下是实现微电流信号放大必须考虑的OPA关键性能参数。

（1）增益与测量带宽　增益为微电流放大器对pA级电流信号的放大倍数，而测量带宽则是微电流放大器所能检测的电流信号的最大频率。纳米孔道微电流信号由不同频率范围的信号组成，当所测量的信号频率范围提高到一定程度时，运算放大器对超过该特定频率的信号幅值增益会下降，此时放大后的信号由失真的高频信号和保真度较高的低频信号构成。增益与带宽乘积存在一个最大值，称为增益带宽乘积（简称GBP）。pA级纳米孔道电流，经放大后转换为mV级电压，放大倍数为10^9。当需要提高测量带宽时，为保证放大的信号不失真，需要选择高增益带宽乘积的OPA。

（2）输入失调电流I_{os}和输入偏置电流I_{bias}　I_{os}和I_{bias}是衡量运算放大器测量精度的指标。在纳米孔道微电流放大电路中，由于放大倍数较大，输入失调电流和输入偏置电流会引起放大信号出现较大的偏差。若输入失调电流和输入偏置电流为pA级，经微电流放大电路后出现的误差为mV级，这将导致较大的测量误差，故应选择I_{os}和I_{bias}为fA级的OPA进行pA级微电流放大电路的设计。

（3）输入电容C_{in}　输入电容C_{in}会对高频信号的放大产生较大的影响，这是高频信号噪声的主要来源之一（具体原因见5.2.2.1节），因此选择较小输入电容的OPA对于提升测量带宽以及降低噪声十分必要。推荐选择$C_{in} < 1$ pF的OPA以实现低噪声微电流放大器。

（4）输入阻抗R_{id}　输入阻抗R_{id}越大，放大器从信号源索取的电流越小，放大器输入端得到的信号电压会越大，即输入阻抗越高，信号源的衰减越小，信号保真度越高。对于纳米孔道检测体系，其信号源内阻由孔道体系与溶液电极界面共同贡献，其阻值在MΩ到GΩ数量级，因此推荐选用输入阻抗在kGΩ级的运算放大器。

5.1.1.2　微电流放大电路的实现

利用OPA实现微弱电流的放大通常有两种方法，一种是电流-电压转换（即*I-V*转换），把微电流直接转换为电压，常见的有跨阻放大法、电流积分-微分法、场效应管法等；另一种是电流-频率转换（即*I-F*转换），将微电流信号转换为频率信号，通过测量频率获得相应电压值。以下列出了三种常见电流放大方法。

（1）跨阻放大法　跨阻放大法利用运算放大器与高阻值电阻将电流信号转换成电压信号，又称反馈电阻法，如图5-3所示。被测电流I_s可以近似等效为内阻非常大的电流源。对于理想运算放大器，I_s将全部流过反馈电阻R_f，输出电压U_0与信号源I_s符合欧姆定律：

$$U_0 = -I_sR_f \tag{5-1}$$

由式（5-1）可知，若选取R_f为MΩ、GΩ级别的高阻抗反馈电阻，可得到较大的输出电压U_0（mV级）。同时若考虑输入偏置电流I_{bias}对被测电流I_s的影响，则：

$$U_0 = -(I_s - I_{bias})R_f \tag{5-2}$$

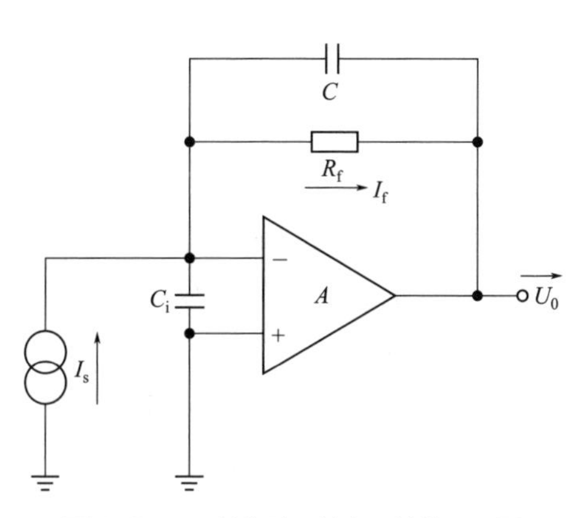

图5-3　*I*-*V*转换跨阻放大器等效原理图

如果$I_{bias} \gg I_s$，则公式可变换为$U_0 = I_{bias}R_f$，则输出信号被I_{bias}掩盖。因此跨阻放大的方法对于运算放大器OPA本身偏置电流I_{bias}的要求非常高，一般要求输入偏置电流要小于pA级，并且增益带宽乘积在MHz级别及以上。目前HECK公司EPC10系列仪器均采用跨阻放大方法。

（2）电流积分-微分法　该方法利用反馈电容实现电流的放大，故又称为反馈电容法。电流积分-微分法原理如图5-4所示。根据运算放大器“虚短”“虚断”的特点，对积分电路有

$$U_1 = \frac{1}{C_f}\int I_s \mathrm{d}t \tag{5-3}$$

对微分电路有

$$U_{out} = -C_1R_1\frac{\mathrm{d}U_1}{\mathrm{d}t} \tag{5-4}$$

联立上述两式可以将U_{out}表示为I_s的形式，其中“−”体现了输入信号和

输出信号在相位上的相反关系[12]。

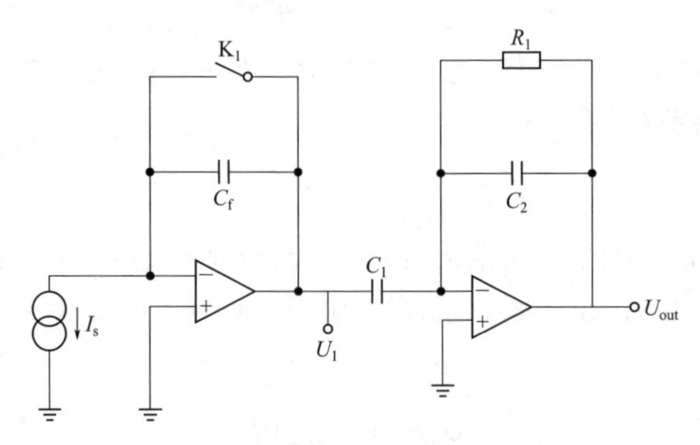

图5-4 电流积分-微分转换法原理图

相较于跨阻放大法，该方法未使用大电阻，可以显著提高电流检测的带宽，例如Molecular Device公司的Axopatch 200B的前置探头就采用了这种方法。然而，由于电流积分需要采用反馈电容来实现，反馈电容在积分过程中会导致运算放大器的输出达到饱和，使电流积分功能失效。因此需要采用开关来不断地为反馈电容充放电，以避免反馈电容的饱和。其中，开关的关断电阻需要尽可能大。一般而言，开关为数字开关，而数字开关的关断电阻并非无穷大，在开关两边有电压的情况下，开关引起的漏电流会在积分器工作中引入误差，导致最终的输出电压失真或输出电压与输入电流呈非线性关系。

（3）*I-F*转换法　*I-F*方法一般可分为两类，一类是反馈电流增益型*I-F*转换法，另一类是积分型*I-F*转换法。反馈电流增益型*I-F*转换法的原理可见图5-5，进行微电流的测定时，先将微电流转换成同电流呈正相关的电压，然后把电压转换为正比于电压信号的频率信号，通过对频率的测量结果进行相应的数学运算，得出微电流信号的值。此方法由于对反馈电阻值有一定要求，所以

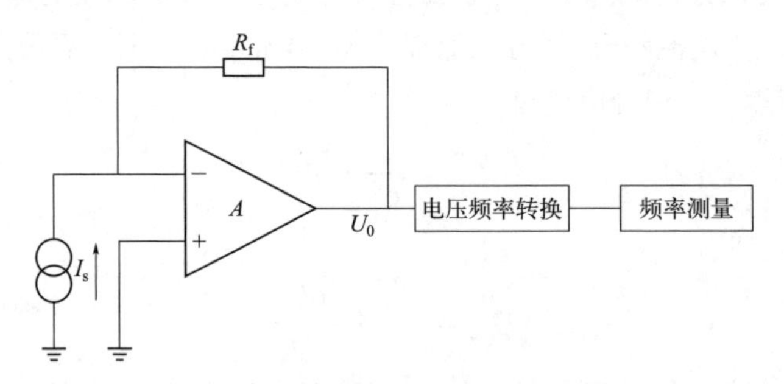

图5-5 反馈电流增益型*I*-*F*转换法原理图

可靠性较低，而且存在热噪声干扰等不利因素[13]。

目前，适用于纳米孔道微电流信号检测的仪器通常采用跨阻放大法和电流积分-微分法来实现微电流的放大，跨阻放大法的优势在于结构简单，噪声较小，劣势为需要较高的反馈电阻和反馈电阻带来的测量带宽下降。电流积分-微分法则优势在于具有较大的测量带宽，劣势为电路结构相对复杂，噪声相对较大。

5.1.2　模数/数模转换

5.1.2.1　模拟信号和数字信号

模拟信号（analog signal）是指在时域上连续的信号，例如音频信号。数字信号（digital signal）是指信号幅度的取值是离散的信号（图 5-6）。

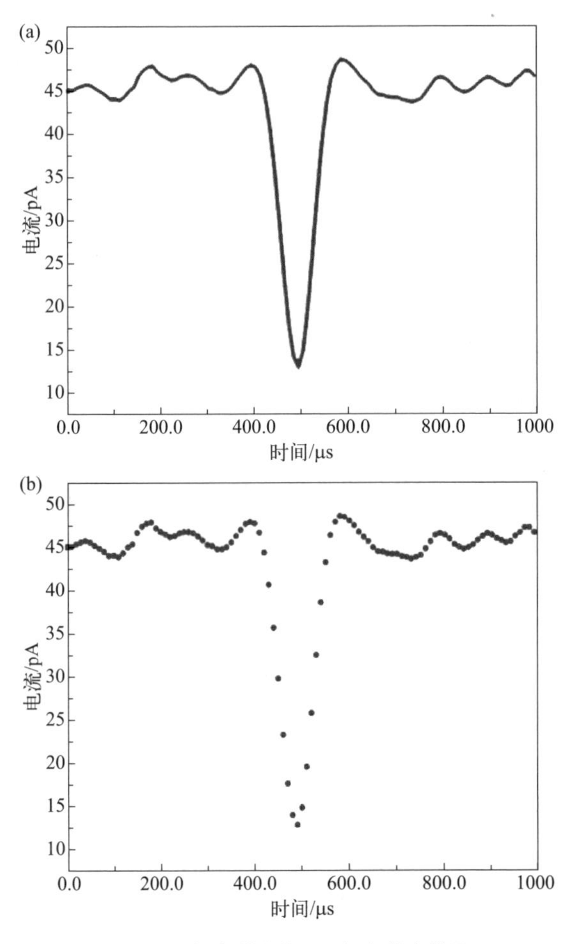

图 5-6（a）模拟信号；（b）数字信号

在纳米孔道测量体系中，施加在纳米孔道两侧的偏置电压信号以及单分子与孔道相互作用得到的随时间不断变化的电流信号，都属于模拟信号。但模拟信号在沿线路的传输过程中会受到外界以及电路系统内部各种噪声的干扰，噪声和信号混合后难以分开，进而导致信号的信噪比下降，难以准确区分信号和噪声。模拟信号沿传输线路传输的距离越长，噪声的累积也就越多，为方便信号传输和处理，需要将模拟信号转换成易于存储和传输的数字信号。

数字信号具有抗干扰能力强、能远距离传输、保密性高等优点，因而利用模数转换芯片将纳米孔道获得的模拟信号转变为数字信号进行传输、存储，有利于降低信号噪声，实现远距离传输或无线传输。此外，将所需要施加在电极两端的电压信号以数字信号的方式传递给数模转换芯片，转变为模拟电压信号，可以实现软件控制输出对应的偏置电压。

简言之，纳米孔道产生的模拟信号需要经模数转换后利用数字信号传输，并且通过传递数字信号用于控制仪器参数设置，避免信号传输时沿传输通道累积噪声。模拟信号的传输和数字信号的传递、控制是纳米孔道仪器设计的重要部分。

5.1.2.2 模数转换与数模转换

（1）模数转换（A/D） 是模拟信号到数字信号的转换，由采样、保持、量化和编码四个步骤来完成。在纳米孔道实验体系中得到的是电流连续变化的模拟信号，而通过仪器打包并传送给电脑的信号则是数字信号。这一转变和过程依靠的是模数转换器（analog to digital converter），简称ADC（图5-7）。以下介绍在ADC芯片中对测量精度至关重要的几个参数。

a. ADC的位数（bit）：ADC的常见位数有8 bit、12 bit和16 bit等，一个n位的ADC芯片将可测量电压范围分为了2^n个刻度，位数表示对信号幅值的最小分辨能力。需要根据所测电压的大小来选择芯片的位数，通常在纳米孔道检测体系中选用16位以上的ADC芯片。

b. 基准电压（V_{REF}）：基准电压V_{REF}是额外输入ADC芯片的高精度低噪声的参考电压值，通常用于控制ADC芯片可测量电压的最大范围，对电压测量值进行标定。

c. 分辨率：分辨率由位数和基准电压共同决定，亦可称之为精度。例如，一个12位的只能测正向电压的ADC芯片，其基准电压为3.3 V，能测量的电压范围为0～3.3 V，芯片测量刻度共有2^{12}个，分辨率为最大测量范围与刻度数的比值（$3.3/2^{12}$），约0.8 mV。

d. 最大转换速率：是指ADC每秒可采样的最大次数，单位是sps（或s/s、sa/s，即samples per second）。ADC的种类繁多，一般可以分为精密ADC和高速ADC等，精密ADC采样频率一般低于20 MHz，位数相比于高速ADC采集芯片要高，高速ADC的采样频率则高于精密ADC采样频率。纳米孔道微电流检测仪器采用精密ADC实现100 kHz、250 kHz及以上的采样率。

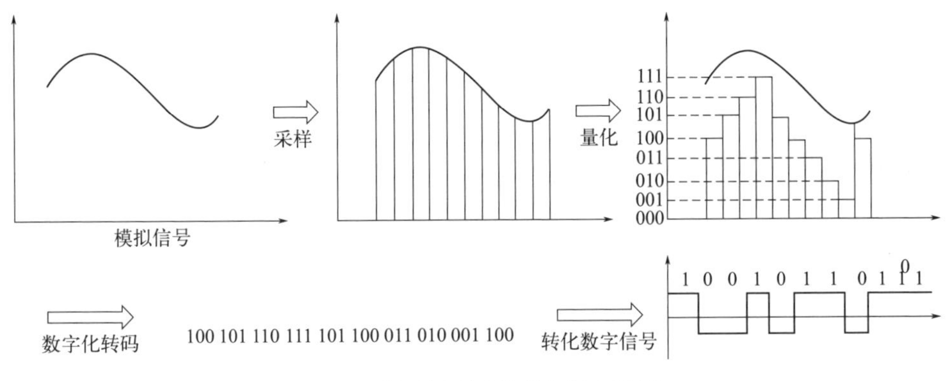

图5-7　模拟信号转化为数字信号的过程

模数转换时不可避免地会产生量化误差，但是量化误差远小于由电极、孔道或者电路内部其他噪声引起的误差，因此量化误差是可以忽略不计的。

另外，模数转换器完成一次采集、量化和数据传递的时间可以通过硬件及软件程序实时控制，模数转换器在单位时间内完成的采样次数即为系统的采样率，测量体系最大的采样率不能超过ADC的最大转换速率。

（2）数模转换（D/A） 是数字信号到模拟信号的转换，即将数字信号对应的数值按参考电压值转换成对应的模拟电压信号。在所使用的仪器中，通过电脑软件输入指令调控数模转换器（digital to analog converter，DAC）施加在纳米孔道两端的偏置电压大小。DAC与ADC的原理类似，仅仅只有转换方向的差别。常用的DAC型号有AD5600（16位）等。

5.1.3　微控制器及软件

在5.1.2节中已经提到，ADC芯片输出信号以及DAC的输入信号都是数字信号，需要设计专用硬件电路来完成信号的采集与控制。硬件电路的控制通常由微控制器完成，常采用单片机如ARM公司的内核的器件STM32系列，也可采用基于FPGA或CPLD芯片的微控制器，如Intel公司的Cyclone系列芯片等。相较于单片机，FPGA具有传输速度快、能够并行传输和控制的优点。

笔者课题组成功研发出基于电阻反馈放大的频率补偿电路，基于FPGA的高速数据采集电路以及纳米孔道专用实验软件和数据储存格式，实现了对纳米孔道电流信号的高带宽采集，研制了一套便携式、高度集成化的纳米孔道高带宽分析仪器系统（图5-8）。

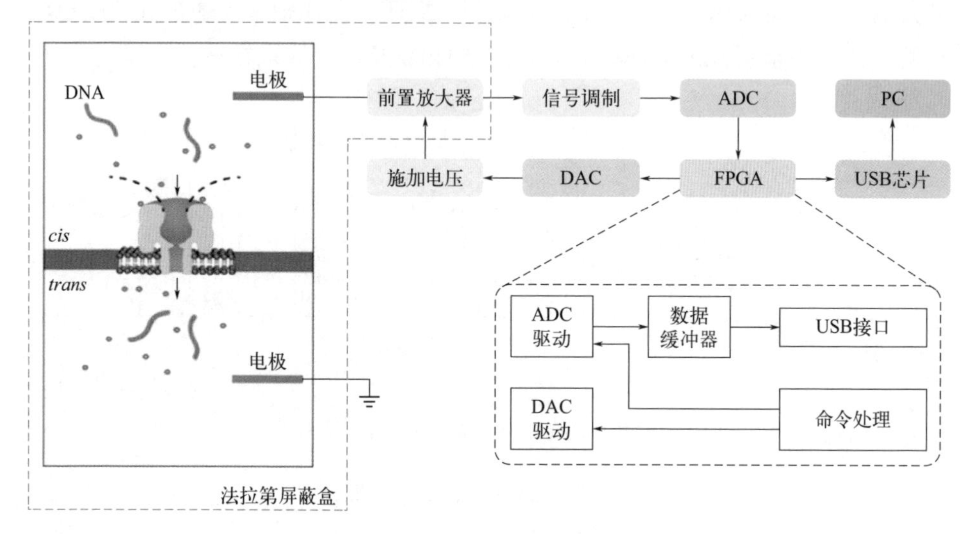

图5-8　纳米孔道仪器系统设计

5.2　仪器性能指标

本节将对以下名词进行系统解释：系统带宽、上升时间、时间分辨、闪烁噪声、热噪声、介电损耗噪声、电容噪声、接地、屏蔽等。

5.2.1　系统带宽

一个信号所包含谐波的最高频率与最低频率之差便是该信号的频率范围，即该信号的带宽。对于纳米孔道测量系统，其系统带宽主要由电流放大器的带宽、滤波器截止频率及采样频率三者中频率响应最低的一个决定。

纳米孔道测量系统的带宽越高，时间分辨能力越强，对瞬态单分子电流信号的分辨能力越强。带宽下降，会导致信号上升时间t_R增加，信号失真，特别是持续时间较短的信号。如图5-9，纳米孔道获得的电流信号是一种类方波信号，当信号通过测量带宽为5 kHz的系统后，不同的信号具有不同的失真程度。当信号持续时间大于上升时间的两倍（$t_d > 2t_R$）时，测量的电流信号幅值能达到极值点，因此其幅值能够被准确测量到。当持续时间小于两倍的上升时间（$t_d < 2t_R$），则测量到的信号时间会被显著延长，电流幅值有明显的衰减，

且幅值的衰减程度会随信号持续时间的长短而改变。另外，当两个单分子电流信号发生的时间间隔小于系统上升时间（$t_{off} < t_R$）时，测量得到的两个单分子电流信号会合并成具有两个台阶的单个信号，造成信号失真。因此，测量系统的带宽会直接影响到系统的时间分辨能力，进而影响纳米孔道单分子电流信号的准确识别，设计高带宽的仪器能够有效提高信号测量的准确性。

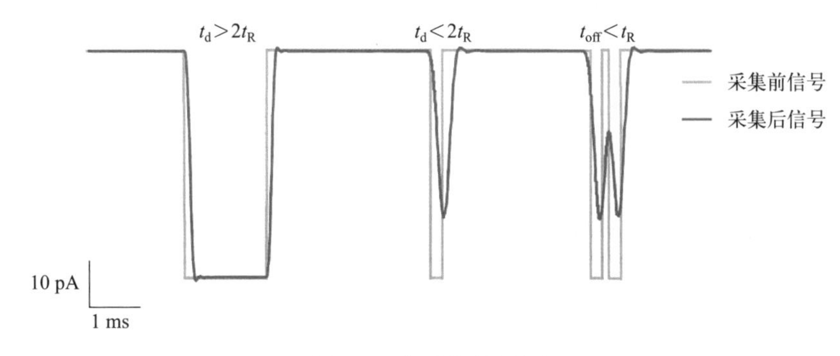

图5-9　信号测量原理图

提高系统测量带宽意味着系统时间分辨的提高，使得纳米孔道测量仪器能够捕获到更短暂且灵敏的单分子行为。然而，带宽的提高往往会增加系统噪声。这是由于在测量系统带宽较低时能够滤除高频段信号噪声，而随着带宽的升高，系统也提高了对高频范围内噪声的测量能力。噪声的提高会严重影响到对单分子信号的分辨能力，降低信噪比。因此，可通过改进纳米孔道和测量系统来减少高频噪声，在不影响信号分辨的前提下提升系统的时间分辨。

5.2.2　噪声及降噪措施

通过捕获待测分子在通过限域纳米孔道时产生的电流变化信号，可以获取单个分子的结构、尺寸、电性以及分子与孔的相互作用力等特征信息[1]。通常仪器系统采集到的时域内的电流信号如图5-10所示，其包含了所处时间点下的基线电流、阻断电流以及电流噪声，可用如下公式表示：

$$i(t) = i_o(t) + \sum_{k=1}^{N} i_k(t) + i_n(t) \tag{5-5}$$

式中，$i_o(t)$为基线电流，即开孔电流；$i_k(t)$为第k个单分子事件产生的阻断电流；$i_n(t)$为电流中的噪声成分，影响电流分辨率。由公式可得，为了获取单分子事件信息，需要从开孔电流$i_o(t)$中识别阻断电流$i_k(t)$，降低电流噪声$i_n(t)$干扰。

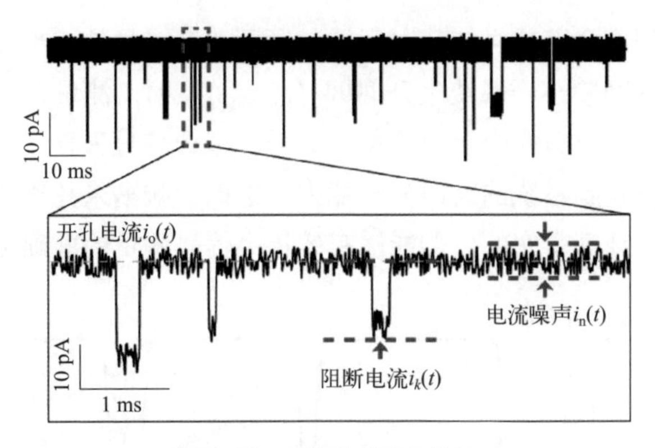

图5-10 纳米孔道电流信号

开孔电流是指离子通过纳米孔道时产生的离子电流，其与施加电压、孔道类型及检测体系等因素有关，在稳定的实验体系中开孔电流保持恒定，单分子事件发生时会产生阻断电流。纳米孔道电流信号中的噪声成分是限制单分子测量灵敏度和准确性的主要因素。噪声主要源于仪器电路、纳米孔道实验和外部环境干扰等，较高的噪声会导致检测结果有显著误差或使较微弱的单分子信号被湮没，因此降低噪声并准确地采集微弱电流信号是纳米孔道技术在实际应用中的必然要求。为降低实验噪声，首先需要定量地描述噪声强度，通常采用均方根（RMS）和功率谱密度（PSD）这两种方法进行分析。

均方根法是在时域上对一段时间内的信号进行误差分析：

$$\mathrm{RMS}=\sqrt{\sum_{i=1}^{N}\frac{(I_i-I_{\mathrm{mean}})^2}{N^2}} \tag{5-6}$$

式中，N是样本数量；I_i是每个采样点对应的电流值大小；I_{mean}是平均电流值。

功率谱密度法是在频域上对噪声进行分析，根据噪声的频率分布可以分析不同频段的噪声强度，噪声的频率分布见5.2.2.1节。

目前已有的商品化电化学仪器对微弱电流信号的测量仍然存在局限性，尤其在降低纳米孔道电流噪声方面。为了降低检测噪声，商品化仪器通常采用提高信号放大倍数、使用电容反馈式电流转换和低通滤波等策略。其中，提高信号放大倍数是将微弱电流信号以较高的放大倍数转换为电压信号，从而减小仪器电路噪声对信号的影响。这种方法的局限在于放大倍数的增加意味着在电流-电压转换电路中需要使用阻值更大的反馈电阻（> 10 GΩ），这将导致时间分辨率的降低，即降低仪器检测带宽。此外，在相同供电电压下，根据欧姆定律和轨到轨运放的检测原理，放大倍数的增大会降低电流检测的量程，且放大信号的同时也放大了实验体系本身的噪声，因此该方法对噪声整体的抑制效果有限。电容反馈式电流转换的方法也同样是对仪器本身的噪声进行优化，并不能降低纳米孔道实验体系的噪声。使用低通滤波器可以有效降低信号中的高频噪声，低通滤波器的截止频率（f_c）越低，降噪效果越显著，但低通滤波器会导致检测电路带宽降低、上升时间（t_R）增加，使得信号的时间分辨率下降[4]。

基于互补金属氧化物半导体（complementary metal oxide semiconductor, CMOS）的纳米孔道信号处理芯片，通过集成化设计可降低信号处理过程引入的噪声。然而高度集成化在漏电流控制、降低输入噪声方面存在局限，因此目前还没有比较成熟的纳米孔道CMOS芯片实现商品化应用。

5.2.2.1　信号噪声的来源

噪声是检测微弱电流信号过程中的关键问题，只有将噪声降到足够低才能准确识别分子在通道内产生的特征信号，如何有效降噪也是目前所有纳米通道检测仪器面临的最大问题。在电流的产生到信号采样的过程中，噪声主要由纳米孔道、支撑膜材料、电流放大器、模数转换器以及外部干扰等部分产生。

根据噪声的来源，可将噪声大致分为以下几类。

（1）闪烁噪声　又称$1/f$噪声，主要在低频（$f<0.1$ kHz）段占主导地位。其主要由载荷子低频波动、电极电位变化、纳米级气泡破裂、薄膜机械振动、纳米孔道构象变化等产生，跨膜通道内可电离位点的质子化/去质子化产生的噪声对$1/f$噪声也有较大的贡献[14]。该噪声的功率谱密度可由以下公式表示[15]:

$$S_{I,\text{flicker}}(f)=\frac{K_1}{f} \tag{5-7}$$

式中，K_1是随实验条件变化的常数。

（2）热噪声　又称白噪声，是由温度引起的杂散噪声，其与频率变化无关，因此热噪声在各个频段都有一定贡献，但在中频段（约0.1～2 kHz）占主导地位。该噪声的功率谱密度如下:

$$S_{I,\text{thermal}}(f)=\frac{4k_BT}{R_{\text{pore}}} \tag{5-8}$$

式中，k_B为玻尔兹曼常数；R_{pore}为纳米孔道等效电阻；T为温度。

（3）介电损耗噪声　又称为介电噪声，该噪声源于材料的介电损耗[3, 16]。对于采用介电层材料作为支撑膜的纳米孔道，如Si_3N_4、玻璃和聚合物等，这种耗散是由偶极弛豫和电荷载流子迁移引起的。由于这种损耗在2～10 kHz频率范围内与频率呈线性变化，所以这种噪声可用以下公式来描述:

$$S_{I,\text{dielectric}}(f)=8kT\pi C_{\text{d}}Df \tag{5-9}$$

式中，C_{d}为材料的电容；D为材料的耗散系数。

（4）电容噪声　当频率超过10 kHz时，主要噪声来源由输入测量电路的总电容C_{total}决定，包括膜电容C_{mem}、电极与溶液之间形成的液接电容C_{s}、电极导线电容C_{w}、电路电子元件间的接线电容C_{e}以及跨阻放大器的输入电容C_{in}等，同时该噪声还受到运算放大器的输入电压噪声V_{n}的影响，电容噪声可由以下公式描述:

$$S_{I,\text{capacitance}}(f)=4\pi^2C_{\text{total}}^2V_{\text{n}}^2f^2 \tag{5-10}$$

由上述分析可知，低频段（＜100 Hz）的噪声主要来源于纳米孔道膜电容波动引起的闪烁噪声（flicker noise）。在中频段（100～10000 Hz），噪声主要为纳米孔道及电子元器件产生的热噪声和介电损耗噪声。在高频区域（＞10 kHz），主要是放大器的电压噪声（V_{n}）以及放大器的输入电容噪声（图5-11）[17]。

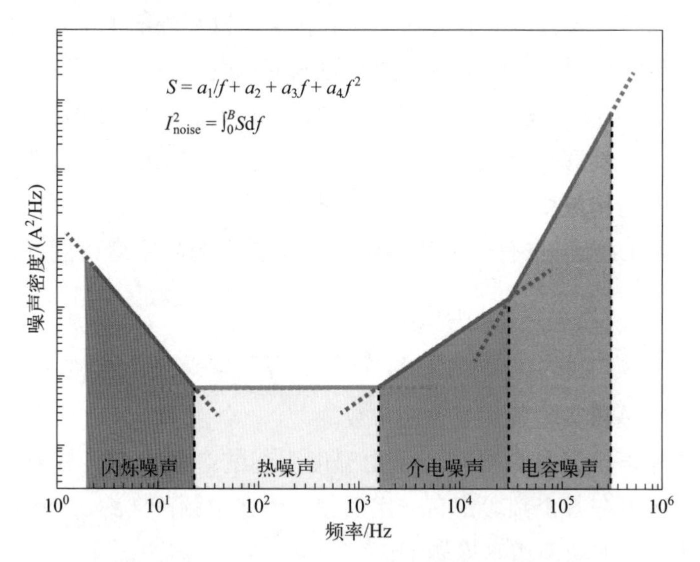

图5-11　纳米孔道测量装置噪声的功率谱密度分布[14]

除了实验条件以及材料的影响外，电路部分引入的噪声也是纳米孔道测量噪声的主要部分，其主要分为测量噪声和量化噪声。

（5）测量噪声　电流测量和放大电路是电路系统中最容易引入噪声的部分，电流通过采用I-V转换电路，转化为电压信号进行测量。对于采用反馈电阻进行转换的电路而言，其噪声功率谱密度$S_{\text{A}}{}^2$（f）（A^2/Hz）由以下公式计算:

$$S_{\mathrm{A}}^{2}(f)=2qI_{\mathrm{fet}}+\frac{4akT_{\mathrm{h}}}{R_{\mathrm{f}}}+e_{\mathrm{n}}^{2}\left(\frac{1}{R_{\mathrm{f}}^{2}}+4\pi^{2}C_{\mathrm{t}}^{2}f^{2}\right) \tag{5-11}$$

式中，q为单个电子的库仑量；I_{fet}为电流输入端场效应晶体管（FET）的栅极漏电流或运算放大器的偏置输入电流；a为计量闪烁噪声的常数；T_{h}为反馈电阻的温度；R_{f}为反馈电阻值；e_{n}为I-V转换器的FET输入电压噪声；C_{t}为总输入电容。第一项$2qI_{\mathrm{fet}}$代表I-V转换电路的输入FET漏电流带来的散粒噪声，第二项$\frac{4akT_{\mathrm{h}}}{R_{\mathrm{f}}}$为反馈电阻带来的热噪声，第三项$e_{\mathrm{n}}^{2}\left(\frac{1}{R_{\mathrm{f}}^{2}}+4\pi^{2}C_{\mathrm{t}}^{2}f^{2}\right)$是由输入电压噪声与输入电容相互作用引起的。

（6）量化噪声　信号采集的过程由于离散的数字信号具有有限分辨率，无法完全还原模拟信号，因此在采样的过程中也会引入噪声，该噪声称为量化噪声。对纳米孔道的电流采样而言，这种噪声的功率谱密度$S_{\mathrm{Q}}^{2}(f)$与采样频率f_{s}有关，可使用以下公式计算[3]：

$$S_{\mathrm{Q}}^{2}(f)=\frac{\delta^{2}}{6f_{\mathrm{s}}G^{2}} \tag{5-12}$$

式中，G为电流信号增益，是采集电压与原始电流的比值；δ为量化台阶，即模数转换对信号的分辨，比如输入电压范围是±5 V，模数转换的位数为16位，则，δ=10/（2^{16}）=0.1525 mV。

对于系统的总噪声，可以将所有噪声的均方根按如下公式计算[18]：

$$I_{\mathrm{noise}}^{2}=\int_{0}^{\mathrm{B}}S\mathrm{d}f \tag{5-13}$$

除了上述可用理论计算的噪声外，在纳米孔道电流的测量中，还有外部干扰、静电等因素的影响，如电容耦合、电磁波噪声、短时脉冲干扰和仪器回路噪声等。交流电源和检测电路之间的电容耦合是产生交流噪声的重要原因，其特点是幅度规律，波形呈正弦波变化，频率为50 Hz或其倍频，即工频干扰。交流噪声干扰来自仪器插座内的电路电压改变、空调的开关等，此外交流噪声还常由接地环路周围环境变化引起。除以上两种外，还有一种影响较大的短促的电磁干扰，也叫短时脉冲干扰，如电源在开关过程中产生的瞬时电压突跃造成的脉冲频率变化（60 Hz～2 MHz）。对同一电源来源的仪器设备产生瞬时电磁干扰，其特点是持续时间短、幅度不等。另外，实验中最难克服的是由仪器回路造成的噪声，外接仪器接口、微电流放大器内部回路设计、电极夹持探头内部降噪部件损耗以及检测系统内部回路连接等均是此类噪声的来源，可以通过良好的接地以及使用法拉第笼屏蔽的方法来降低。

5.2.2.2 生物纳米孔道和固态纳米孔道噪声对比

不同材料的纳米孔道实验中噪声来源存在一定差异，在生物纳米孔道实验中，低频和高频噪声占最主要的部分。影响1/*f*噪声大小的因素有孔道的门控效应、构象变化以及蛋白质通道内可电离位点的质子化/去质子化产生的质子化噪声[19-21]。在高频段，主要是由生物膜的介电损耗引起的介电噪声，其大小主要受生物膜电容影响，介电噪声与支撑膜材料的电容也有一定关联，此外体系总体电容与运放电压噪声共同作用也会引起电容噪声。

同样，固态纳米孔道实验中低频和高频噪声也占主要部分，对于氮化硅类孔道来说，其表面润湿性差，可能形成纳米级气泡，导致SiN_x的1/*f*噪声增高，而孔道表面的不均匀性也会导致孔道表面上捕获的载流子数量和迁移率的波动，产生1/*f*噪声。二维薄膜SiN_x孔道的机械波动也会对1/*f*噪声产生较大的影响。在高频段，固态纳米孔道的噪声来源与生物纳米孔道类似，主要源于支撑孔道的薄材料的电容引起的介电损耗噪声以及体系总体电容引起的电容噪声。

5.2.2.3 纳米孔道实验降噪措施

质子化噪声是生物纳米孔道低频噪声的主要来源，不利于氨基酸电离的pH值环境有利于降低此类噪声。去除缩窄区附近的带电氨基酸，也可以降低噪声水平。此外，增加孔隙的结构刚度有助于减少与通道相关的电导波动，从而达到降噪目的。在固态纳米孔道实验中，利用表面处理减少污染物的数量和提高孔隙表面的亲水性会降低1/*f* 噪声。部分研究表明用30% H_2O_2/H_2SO_4（1∶3）处理固体孔表面可显著降低1/*f*噪声，降噪程度高达3个数量级[22]。

高频噪声主要指介电损耗噪声以及电容噪声，对于生物纳米孔道而言，可以通过降低生物膜的表面积、改进支撑膜的基材[23-24]等来降低高频噪声。对于固体纳米孔道，可通过用绝缘介质覆盖孔道周围的区域以降低孔道的电容，采用非晶玻璃[24,25]或Pyrex[26]等材料替代导电性的结晶硅作为基片材料，也可以大幅降低固态纳米孔道的电容（图5-12），从而达到降噪目的。对于实验降噪的具体方法和措施将在后续章节一一介绍。

5.2.2.4 电路降噪技术

（1）降低噪声的电路设计

利用电路设计优化放大电路结构或者增加降噪回路等技术方案能从根源上对信号噪声进行控制。最常见的电路降噪方案是使用低通滤波器，滤波器的降噪效果显著且结构简单，易于实现，然而滤波器的使用会使电路带宽下降，信号上升时间增加，进而损失对阻断时间较短的信号的分辨能力，信号保真度也

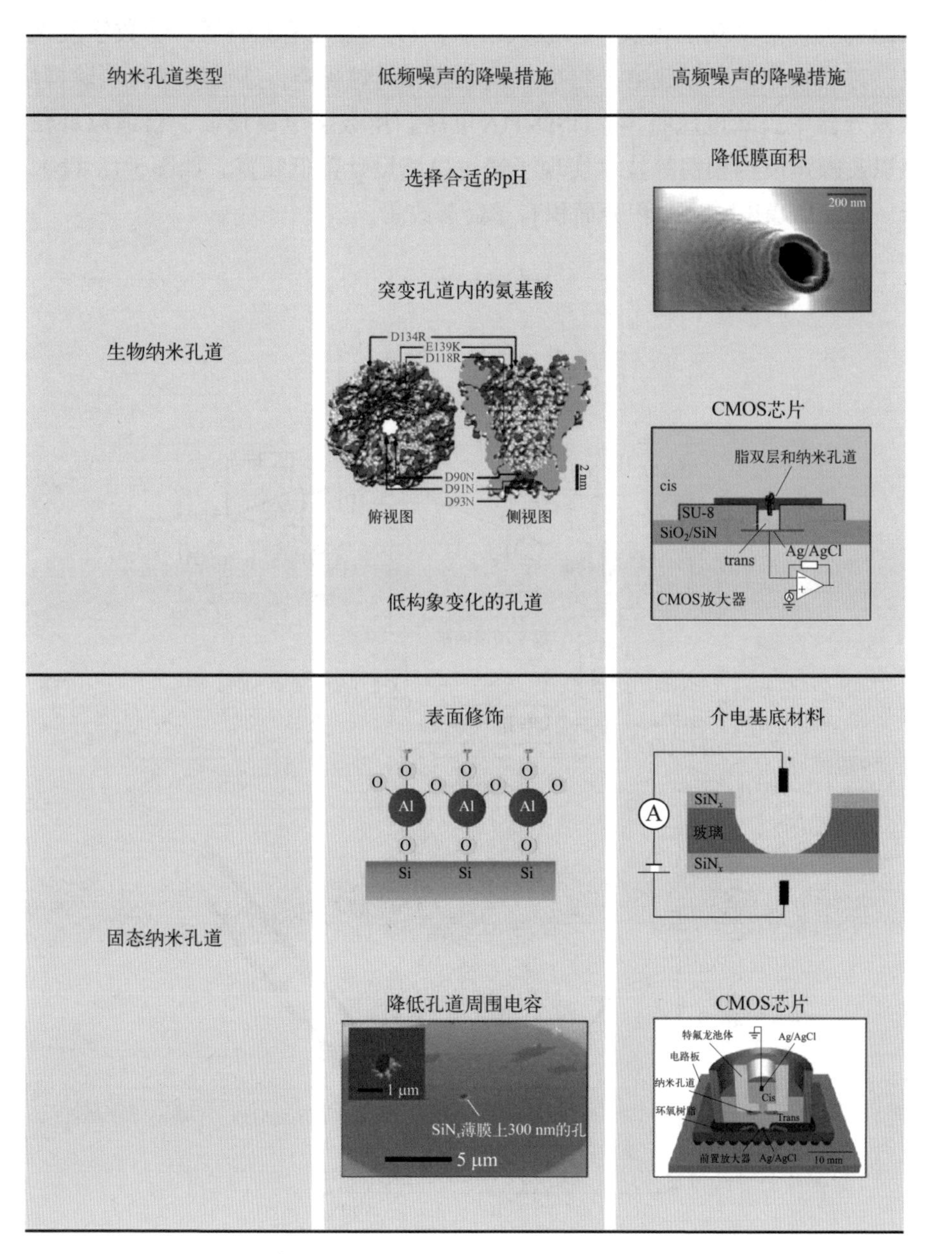

图 5-12　生物和固态纳米孔道的降噪措施[14]

会下降。为此，在前置放大电路中增加降噪和带宽补偿模块可以有效解决该问题[27]，具体前置电流放大电路HSD-TIA的设计原理如图5-13（a）所示，该电路结构包含三个功能模块：①放大模块，放大输入电流信号；②数字反馈模块，对低频分量进行放电，包括基线电流和闪烁噪声；③前馈噪声消除模块，从积分器中去除电压噪声。HSD-TIA电路利用数字电路反馈、自适应补偿程序以及噪声反相相消等技术实现了通过电路设计降低噪声。如图5-13（b）所示，降噪后噪声的PSD积分面积有了显著改善。

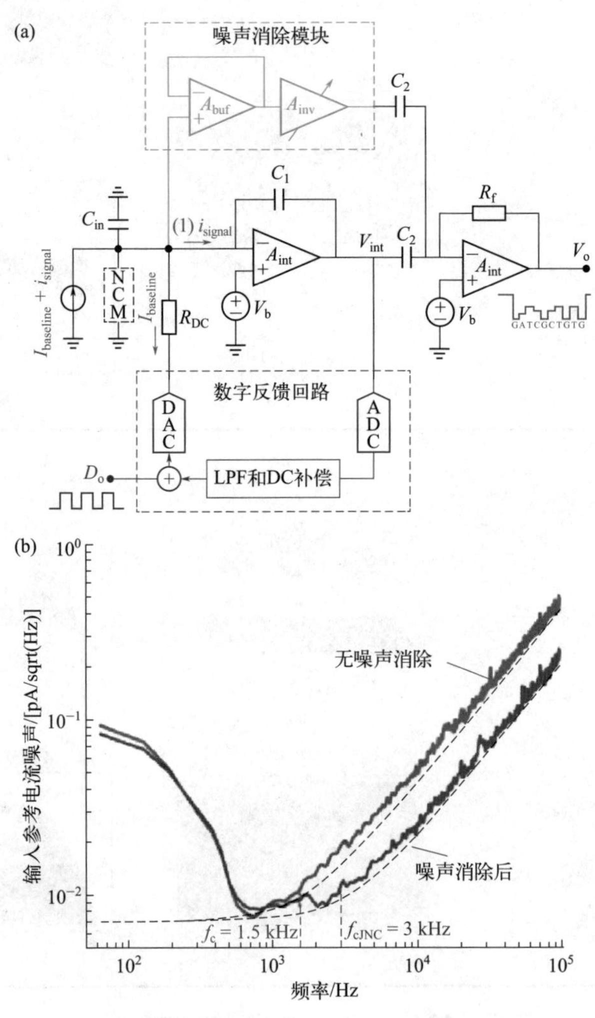

图5-13 （a）HSD-TIA电路原理图；（b）HSD-TIA降噪前后噪声功率谱对比[27]

（2）CMOS集成电路降噪技术

CMOS是在制造大规模集成电路芯片中用的一种技术，将纳米孔道、测量电路等部分利用CMOS技术集成在同一块芯片上，可以实现实验体系的微型化和集成化，由于CMOS 集成电路在处理信号噪声方面具有高输入阻抗与低输入电容的性能优势，因此相较于将器件分布在电路板上的测量系统具有响应快速、噪声低的优点。

CMOS电路的实现需要较高的成本、完备的纳米孔道系统和成熟的CMOS集成电路加工技术的支撑，基于CMOS技术，Kenneth L. Shepard等人设计开发了集成化纳米孔道实验平台（CNP）[28]，该芯片集成了低噪声电流前置放大器和高性能固态纳米孔道。如图5-14(a)所示，SiN_x纳米孔道被安装在放大器上方的腔内，降低了寄生电容。纳米孔道的构造如图5-14(b)所示，纳米孔道传感器芯片的布局如图5-14(c)和图5-14(d)所示，这种多通道纳米孔道传感器的设计采用了CMOS放大器，实现了低噪声数据采集。因此，与Axopatch 200B或EPC-10等基于外部电生理放大器的传统平台相比，CNP平台具有更低的高频噪声。纳米孔道结构如图5-14(e)和图5-14(f)所示。CNP平台能够通过集成的检测腔和电极实现超过1 MHz的高检测带宽，已被成功地应用于检测短链DNA分子在穿过固态纳米孔道时的构型变化。

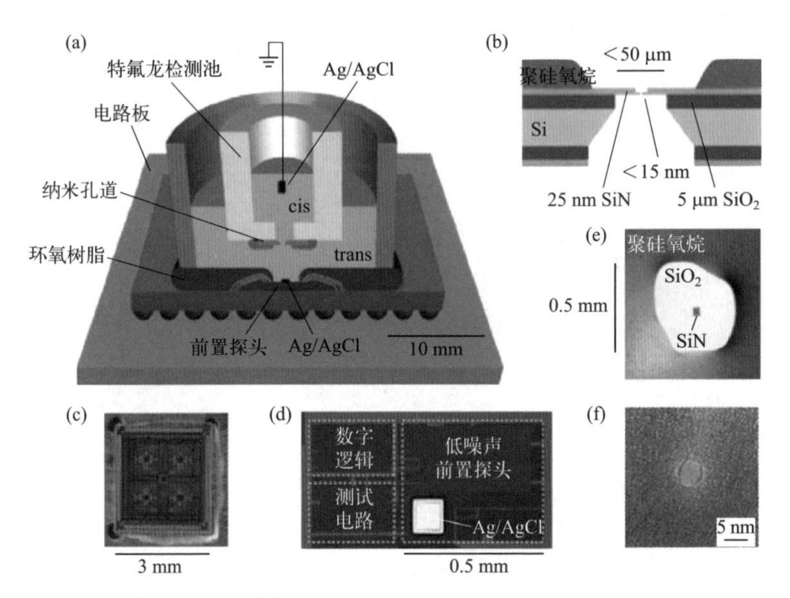

图5-14　集成化纳米孔道实验平台[28]。(a) CNP平台设计示意图；(b) 含有纳米孔道的SiN_x低电容薄膜的横截面；(c) 用于纳米孔道传感的八通道CMOS电流前置放大器的芯片布局；(d) 单通道前置放大器设计图；(e) 组装好的固态SiN_x；(f) 直径为4 nm SiN_x纳米孔的透射电镜图

基于CMOS集成电路可以用于生物纳米孔道检测DNA分子[29]，如图5-15(a)，该检测平台基于电阻反馈原理可进行pA级电流的获取与放大，制备得到

面积仅为0.08 mm^2的检测电路［图5-15（b）］。由于电阻反馈法容易导致带宽下降，从而丢失阻断时间短的DNA分子穿孔信号，因此设计了特有的自动化电路进行补偿，其放大和补偿电路如图5-15（c）所示，该检测平台实现了低噪声、高带宽的信号获取，其信号如图5-15（d）所示。

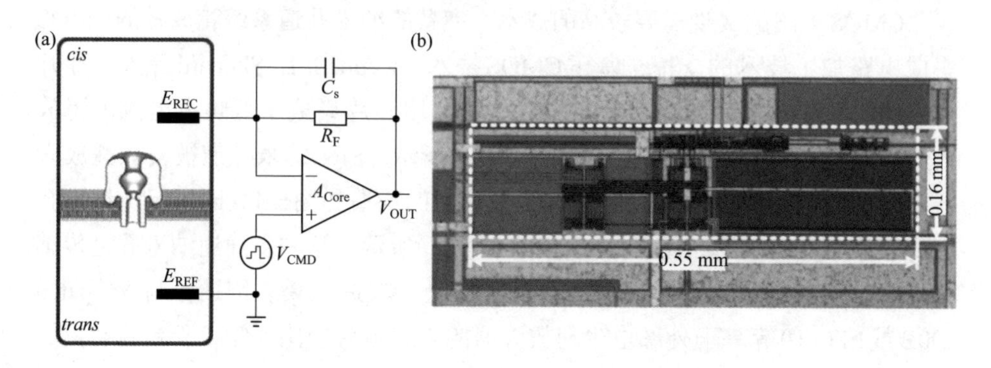

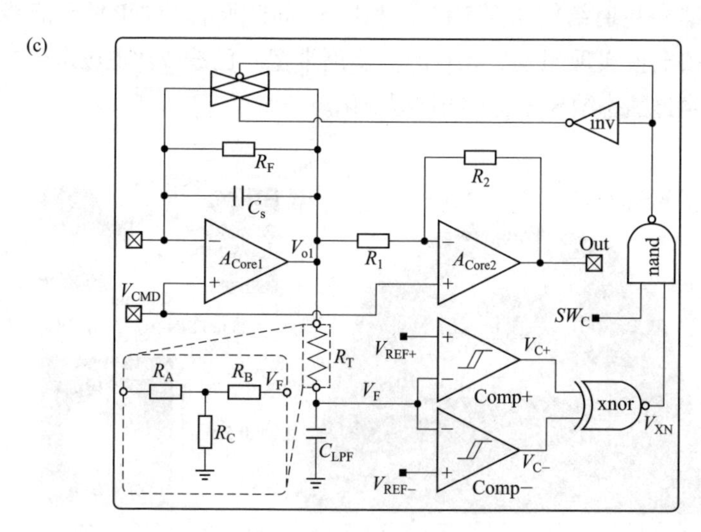

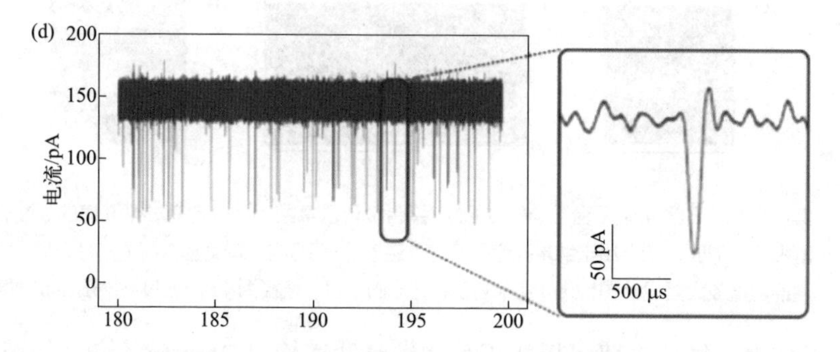

图5-15 CMOS集成电路实现DNA分子检测[29]：（a）纳米孔道检测方法；（b）CMOS检测电路；（c）CMOS内部电路结构；（d）CMOS检测平台信号读取

5.2.2.5 其他降噪措施

（1）接地

设置接地有以下三个目的：①安全目的。将机壳接地，可防止机壳上积累电荷和危及设备和人身安全的静电，例如电脑机箱的接地等。在纳米孔道体系中，静电会带来较大的噪声，因此需要将机壳接地以消除静电干扰。②为记录的信号提供一个参考零电位，即信号地，又称参考地，这也是构成电路回路的公共段。③抗干扰目的。由于大地的电容非常大，一般认为大地的电势为零，接地可将干扰信号引入大地，而在不接真实大地的情况下，建立一个公共的等电位点，也可使测量电路具有抗干扰的能力。

为尽可能减少纳米孔道体系受到的干扰，对接地导线应有如下要求：①电路设计中地线应尽量短且粗，总截面面积要大。接地电阻越小越好，一般要求接地电阻小于4 Ω。②要使接地导线与接地螺栓紧密接触，牢固且不易脱落。③接地导线不能与电源线平行或打圈，否则会发生电容耦合，引入交流噪声。④不能将两根长度不够的接地导线简单地缠绕连接，也不能用夹子连接，另外还要防止虚焊。⑤接地导线不能接在电源的中性线（零线）上[30]。

（2）屏蔽体系

通过使用屏蔽线、屏蔽网、屏蔽板、屏蔽室等实现屏蔽，如BNC线为具有屏蔽功能的导线，其外层的屏蔽层接信号地，起屏蔽作用，此外接地的机壳实际上也是一种屏蔽。纳米孔道实验体系中，可将干扰源进行屏蔽，也可以将测量系统与实验系统分开屏蔽。将纳米孔道实验体系的前置放大器探头、数模转换器等都放入屏蔽系统内，可以起到很好的防止电磁干扰的作用。屏蔽网的种类很多，由铁皮和铝皮密闭形成的屏蔽盒也属于屏蔽网，需要注意的是要确保屏蔽网各个面是相互导通的，否则屏蔽体系的缝隙将会使屏蔽效果变差。

（3）排除噪声的参考方法

a. 远离干扰源：尽量使可能的干扰源远离纳米孔道测量体系，以减小它们之间的电容耦合。带有放大器的探头应尽量与计算机、显示器、示波器等隔开放置，最好不放在一个仪器架上。若此点难以实施，应使它们尽可能地彼此远离，同时在它们之间加屏蔽网（板），例如利用金属壳分离放大器与干扰源以降低交流噪声。

b. 使用同一个地：确保实验中所有仪器设备都具有同一个电源地，可以使所有的地线都连在一起，也可统一使用专用埋置的地线或浮地。

c. 屏蔽并接地：屏蔽网内所有能被电极、探头感应的金属物体均需接地，因为金属物体表面即使有很小的（如1 mV）交流电压，也会给记录系统带来明显的50 Hz交流噪声。同时，尽量不把交流电源线或交流信号线放入屏蔽网内。

d. 缩短信号记录电路：如缩短电极与探头之间的距离，防止电极与探头之间的导线过长而引入噪声。

e. 如要设计实验室专用的仪器，需在电路板设计、芯片选择等方面参考专业人士的意见，以从源头降低仪器内部的噪声。

5.2.2.6　噪声测试

对于仪器状态，譬如噪声大小、工作正常与否都需要及时记录，噪声大小的记录对衡量仪器工作状态十分重要。这里推荐两种常用的测试噪声大小的方法。

① 将仪器开启，不连接任何实验部件，测量仪器空载噪声。空载噪声往往较低（<1 pA_{RMS}），若空载噪声突然变大，可能是由于屏蔽或接地出现问题。若变得十分小，则可能是由于电路连接中断，无法将信号传输至后端电路。

② 用纳米孔道等效电路模型进行噪声测试，如图5-16（a），纳米孔道可以等效为电阻和电容并联的模型，其中R_p为孔道本身的电阻，R_{e1}和R_{e2}为电极电阻，C_m为生物膜孔道的膜电容。R_p为GΩ级，C_m为pF级。将如图5-16（b）所示的电路模型接入前置探头，图5-16（c）为电路原理图。开启仪器记录噪声状况，同上，若噪声突然变大，可能是由于屏蔽箱或接地出现问题，若很

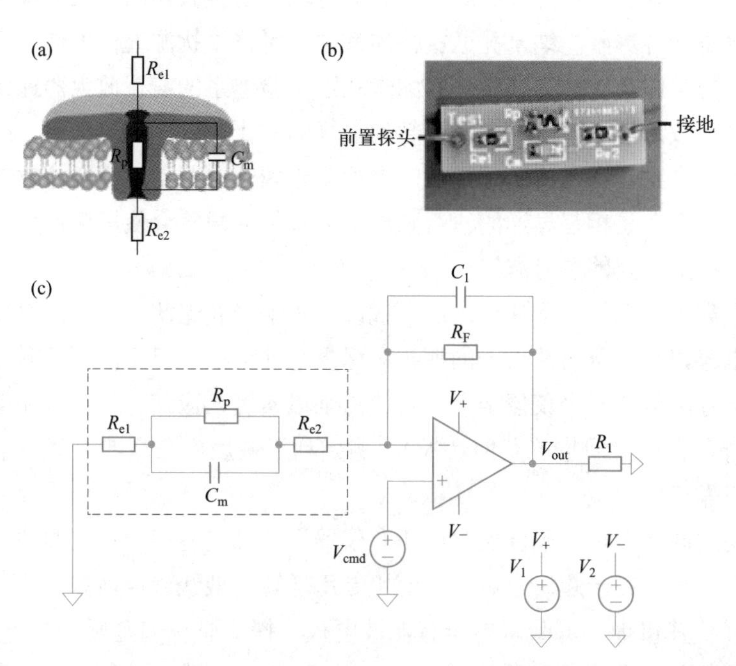

图5-16（a）纳米孔道电路模型；（b）纳米孔道等效电路模型实物图；（c）测试电路连接原理图

小，则可能发生断路。另外，这种测试方法还可以通过改变电压和测量仪器输出的偏置电压来考量电路是否能够相应电压线性地变化。

上述方法适用于调试仪器状态，检查仪器运行正常与否，在纳米孔道实验中的噪声测试可以采用RMS分析以及峰峰值分析等方法。

5.2.3　仪器校准

如5.1节所述，纳米孔道电化学分析仪器主要由微电流放大器、模数/数模转换器及微控制器等模块组成，由于各模块设计原理和组成多样，各分析仪器的性能和测量准确度也略有不同。为满足单分子电化学传感超低电流的测量需求，应当尽可能地减少不同仪器带来的测量误差，为此需要发展一种校正方法实现对不同仪器的校准，从而提高实验结果的重现性和对比度，进一步发展成为纳米孔道单分子电化学测量标准。本节提出了标准电阻两步校正法[31]实现对不同仪器测量结果的校准。

5.2.3.1　标准电阻校正

如图5-16（a）所示，纳米孔道系统等效电路模型可以简化为孔道电阻R_p与膜电容C_m的并联，再与两个电极电阻R_{e1}和R_{e2}串联，通常生物纳米孔道的电阻R_p约为1 GΩ，其余部分的电阻较小，可以忽略不计，在直流电压测试下电容也可以忽略，所以进一步可以将纳米孔道系统简化为一个1 GΩ的标准电阻，使用不同的高带宽仪器施加电压，检测流经标准电阻的电流信号，经过两步校正，可以实现仪器校准，具体校正步骤如下。

① 电流幅值校正：选择电阻阻值误差≤1%的1 GΩ电阻作为等效电阻模型，将纳米孔道单分子电化学分析仪器的正极和负极分别连接在电阻模型的两端，构成电流回路。通过施加−200～+200 mV的阶梯电压，得到标准电阻的I-V曲线。根据欧姆定律（$I/V=1/R$），I-V曲线呈线性，当检测仪器的放大倍数为1 mV/pA时，标准电阻的I-V曲线理论斜率为1 pA/mV，但由于不同分析仪器测量原理的不同，I-V曲线的斜率可能偏离1 pA/mV，即在同一施加电压下，不同仪器测量得到的电流幅值不同，这一差异为实验体系引入了测量误差，如Axon仪器偏离理论值7.96%，Cube系列0.36%。利用得到的I-V曲线斜率作为校准参数C_1，各仪器测量得到的电流值除以该参数C_1，可以对纳米孔道测量得到的电流幅值进行校正。

② 电流噪声水平校正：由于不同分析仪器的装置设计和降噪水平的不同，测量得到的电流信号噪声水平存在差异。通过计算电流信号的标准偏差

（STD）值可以衡量噪声大小，计算通过等效电阻的电流平均STD值，并选择噪声水平最低的仪器作为标准，如Axon仪器测量标准电阻时电流STD值为0.67 pA，可以获得各分析仪器的相对噪声参数C_2，利用各仪器测量得到的电流STD值除以该参数C_2，可以实现对不同仪器噪声水平的校正（表5-1）。

表5-1 各仪器校准参数

仪器	C_1	C_2
Cube	0.99	1.08
Axon	1.08	1.00
Orbit Mini	1.03	1.55
Orbit 16	1.03	1.97

5.2.3.2 生物纳米孔道实验验证

选择稳定性高、重复性好的纳米孔道单分子电化学实验体系进行测试，可以对不同仪器测量结果及其校正结果进行对比和检验。根据已有报道，气溶素纳米孔道已被广泛应用于单分子检测，其实验结果稳定性、重复性良好。野生型气溶素纳米孔道在检测Poly（dA）$_4$（5′-AAAA-3′）核酸分子时，阻断电流信号持续时间较长，阻断程度稳定，能够用于校正不同仪器的测量结果（图5-17）。

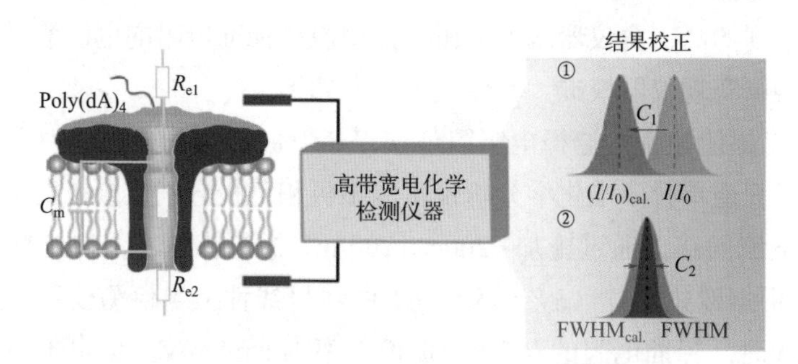

图5-17 纳米孔道单分子电化学分析仪器两步校准法

（1）I/I_0峰值校准　根据文献报道，Poly（dA）$_4$穿过孔道时产生的阻断电流I/I_0分布可使用单高斯曲线进行拟合，拟合得到的I/I_0峰值随检测体系变化，如+100 mV下I/I_0峰值拟合结果约为0.44。在相同的实验条件下，由于不同仪器测量得到的电流幅值不同，I/I_0峰值也会存在一定差异，通过引用校准参数C_1，可以将不同仪器测量得到的I/I_0峰值校准到同一水平［$(I/I_0)_{cal.}=(I/I_0)/C_1$］，即$I/I_0$峰值为0.44±0.01。

（2）I/I_0半峰宽（FWHM）校准　I/I_0半峰宽也可作为单分子识别的一个特征信息，而I/I_0分布展宽（FWHM值增加）与较高的仪器噪声水平呈显著相关性。利用校准参数C_2可以对FWHM进行校正（$FWHM_{cal.}=FWHM/C_2$），经过校准，可以得到统一的FWHM值为0.01±0.01，降低噪声水平对信号的干扰。

5.3　纳米孔道检测仪器的发展

生产纳米孔道检测仪器的公司主要有HEKA、Molecular Device、ONT和Nanion等公司。其中Molecular Device公司基于膜片钳技术提出的Axopatch 200B仪器在包括纳米孔道传感在内的多个领域被广泛应用，然而由于Axon仪器体积庞大、价格昂贵，相关公司和课题组设计出了微型化、成本较低的专用型纳米孔道检测仪器。国际上常见的纳米孔道仪器有如下几种（图5-18）。

5.3.1　常见的商品化仪器

（1）EPC10系列　HEKA公司代表性产品为EPC10系列检测仪器，该系列仪器共有四个类型：EPC单通道（EPC10和EPC Plus）、EPC10双通道（EPC10 Double）、EPC10三通道（EPC10 Triple）和EPC10四通道（EPC10 Quadro）。其硬件设计相似，区别在于分别包含1、2、3和4个放大模块，包含多个放大模块的仪器可以用于多个纳米孔道实验体系的同时采集。每个模块都采用反馈电阻的放大方法，相互独立，可提供1 mV/pA、0.1 mV/pA和10 mV/pA的放大倍数。

（2）Axopatch系列　Axopatch系列是Molecular Device公司设计的微电流放大仪器，包括Axopatch 200B、Multiclamp 700B、Axoclamp 900A。采用电容反馈技术，冷却放大器中的有源器件，并在前端集成电容和电阻反馈元件等，实现了信号的低噪声放大。Digidata 1550B数据采集器等具有高分辨率、低噪声信号数字化能力，并具有可在4个通道内一次性消除50/60 Hz噪声的优点，与Axopatch系列放大仪器组合可实现纳米孔道信号的精准读取。

（3）eONE系列　eONE是由意大利Elements公司开发的小型化微电流测量设备，实现了将纳米孔道测量电路集成在手掌尺寸的空间上。同时，其微电流测量技术也被用于Nanion公司的纳米孔道专用仪器系统Oribit mini中。

（4）Oribit系列　德国的Nanion公司基于eONE的微型化电路系统，开发了多通道的纳米孔道仪器系统Oribit mini、Oribit 16等仪器，可分别测量4通道和16通道纳米孔道实验信号。其多通道测量基于微型化的纳米孔道检测池，专用于生物纳米孔道的检测和研究，并配有温度控制模块进行温控。

（5）MinION系列　Oxford Nanopore Technologies公司针对纳米孔道在DNA测序方面的潜在应用，开发了纳米孔道专用的DNA测序仪器。包括MinION和GridION等。MinION芯片上具有2048个孔道，可实现高通量数据获取，仪器的主要特点在于其高通量预载单一纳米孔道，因此无法更换孔道，应用范围集中于DNA/RNA测序。GridION则将多个MinION结合在一起实现了更高通量的DNA测序，然而高通量的数据采集也牺牲了每个通道的采样速度和时间分辨能力，无法用于需要高时间分辨的纳米孔道单分子实验[31]。

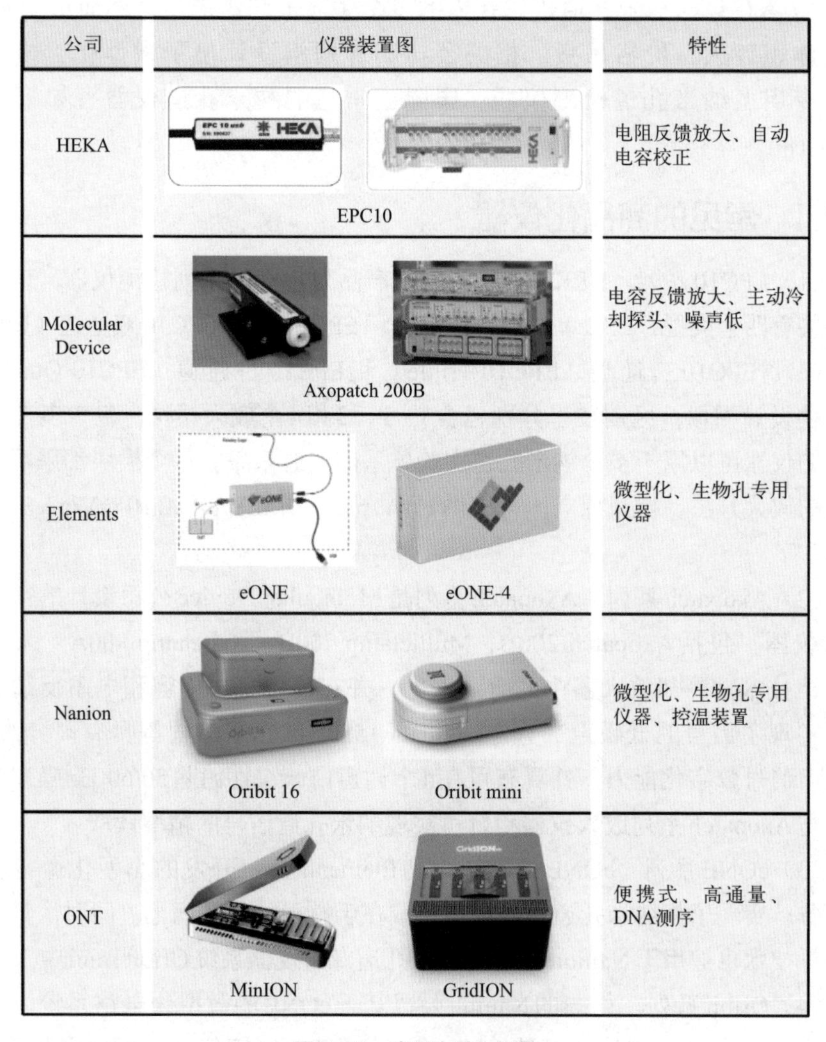

公司	仪器装置图	特性
HEKA	EPC10	电阻反馈放大、自动电容校正
Molecular Device	Axopatch 200B	电容反馈放大、主动冷却探头、噪声低
Elements	eONE　eONE-4	微型化、生物孔专用仪器
Nanion	Oribit 16　Oribit mini	微型化、生物孔专用仪器、控温装置
ONT	MinION　GridION	便携式、高通量、DNA测序

图5-18　常见商品化仪器

5.3.2　自主研发的单分子测量仪器

笔者课题组开发了Cube系列纳米孔道单分子测量仪器[32-33]，Cube-D0是一种低噪声的便携式纳米孔道传感设备（图5-19），它不仅可以应用于纳米孔道pA级电流信号的测量，也可以应用于其他微弱电流的电化学测量，如单颗粒碰撞和纳米电化学单细胞分析实验。

该装置包括一个信号处理器和一个带有法拉第笼的前置放大器模块。信号处理器直接采用电脑的USB端口供电，信号处理器分为模拟部分和数字部分，分别实现信号的调理、采集和数据的高速传输。为实现高速同步的数据采集，采用FPGA芯片进行数字信号处理，实现并行的数据采集和输出，最高采样频率可达1 MHz，并集成了DC-DC升压转换器，使得信号具有更高的动态范围。前置放大器模块采用了具有CMOS缓冲输入功能的极低输入电容的运算放大器，并基于电阻反馈原理实现微弱电流的放大，前置放大器由低噪声的可充电电池供电，以避免来自供电电源的噪声干扰，实现了纳米孔道低噪声电流信号的获取。但由于高的反馈电阻及寄生电容使检测带宽下降，阻断时间短的电流信号无法准确读取，故在模拟电路部分引入了频率补偿电路，以增加检测带宽，实现了将微电流检测探头的带宽从约2 kHz提高到100 kHz以上。同时针对仪器所获取的数据开发了具有数据读取、处理、存储和在线分析等功能的软件系统[34-37]，最终得到能够读取微弱电流信号并进行信号处理的高带宽检测仪器。

图5-19　Cube-D0仪器装置图

仪器和软件使用视频可扫描下方二维码观看。

参考文献

[1] Meller A, Nivon L, Brandin E, Golovchenko J, Branton D. Rapid nanopore discrimination between single polynucleotide molecules[J]. *Proceedings of the National Academy of Sciences of the United States of America*, 2000, 97(3): 1079-1084.

[2] Balan A, Machielse B, Niedzwiecki D, Lin J, Ong P, Engelke R, Shepard K L, Drndić M. Improving signal-to-noise performance for DNA translocation in solid-state nanopores at MHz bandwidths[J]. *Nano Letters*, 2014, 14(12): 7215-7220.

[3] Uram J D, Ke K, Mayer M. Noise and bandwidth of current recordings from submicrometer pores and nanopores[J]. *ACS Nano*, 2008, 2(5): 857-872.

[4] Keyser U, Dekker C, Smeets R, Dekker N. Noise in solid-state nanopores[J]. *Proceedings of the National Academy of Sciences of the United States of America*, 2008, 105(2): 417-421.

[5] Larkin J, Henley R Y, Muthukumar M, Rosenstein J K, Wanunu M. High-bandwidth protein analysis using solid-state nanopores[J]. *Biophysical Journal*, 2014, 106(3): 696-704.

[6] Bundschuh R, Gerland U. Coupled dynamics of RNA folding and nanopore translocation[J]. *Physical Review Letters*, 2005, 95(20): 208104.

[7] Lagerqvist J, Zwolak M, di Ventra M. Fast DNA sequencing via transverse electronic transport[J]. *Nano Letters*, 2006, 6(4): 779-782.

[8] Storm A J, Storm C, Chen J, Zandbergen H, Joanny J, Dekker C. Fast DNA translocation through a solid-state nanopore[J]. *Nano Letters*, 2005, 5(7): 1193-1197.

[9] Liang X, Chou S Y. Nanogap detector inside nanofluidic channel for fast real-time label-free DNA analysis[J]. *Nano Letters*, 2008, 8(5): 1472-1476.

[10] Wanunu M. Nanopores: A journey towards DNA sequencing[J]. *Physics of Life Reviews*, 2012, 9(2): 125-158.

[11] 颜秉勇，顾震，高瑞，曹婵，应佚伦，马巍，龙亿涛. 纳米通道单分子检测低噪音电流放大器系统的研究[J]. 分析化学, 2015, 43 (7): 971-976.

[12] 丁卫撑，方方，周建斌，王敏. 直流微电流前置放大器的研究[J]. *Nuclear Electronics & Detection Technology*, 2009, 29(4): 853-856.

[13] 汪小婷. 微电流测量方法探讨[J]. 计量与测试技术, 2016, 43(12): 65-66.

[14] Fragasso A, Schmid S, Dekker C. Comparing current noise in biological and solid-state nanopores[J]. *ACS Nano*, 2020, 14(2): 1338-1349.

[15] Hartel A J W, Shekar S, Ong P, Schroeder I, Thiel G, Shepard K L. High bandwidth approaches in nanopore and ion channel recordings[J]. *Analytica Chimica Acta*, 2019, 1061: 13-27.

[16] Levis R A, Rae J L. The use of quartz patch pipettes for low noise single channel recording[J]. *Biophysical Journal*, 1993, 65(4): 1666-1677.

[17] Feng J, Liu K, Bulushev R D, Khlybov S, Dumcenco D, Kis A, Radenovic A. Identification of single nucleotides in MoS_2 nanopores[J]. *Nature Nanotechnology*, 2015, 10(12): 1070-1076.

[18] Li J L, Gershow M, Stein D, Brandin E, Golovchenko J A. DNA molecules and configurations in a solid-state nanopore microscope[J]. *Nature Materials*, 2003, 9(2): 611-615.

[19] Bezrukov S M, Kasianowicz J J. Current noise reveals protonation kinetics and number of ionizable sites in an open protein ion channel[J]. *Physical Review Letters*, 1993, 70(15): 2352-2355.

[20] Kasianowicz J J, Bezrukov S M. Protonation dynamics of the alpha-toxin ion channel from spectral analysis of pH-dependent current fluctuations[J]. *Biophysical Journal*, 1995, 69(1): 94-105.

[21] Nestorovich E M, Rostovtseva T K, Bezrukov S M. Residue ionization and ion transport through OmpF channels[J]. *Biophysical Journal*, 2003, 85(6): 3718-3729.

[22] Tabard-Cossa V, Trivedi D, Wiggin M, Jetha N N, Marziali A. Noise analysis and reduction in solid-state nanopores[J]. *Nanotechnology*, 2007, 18(30): 305505.

[23] Mayer M, Kriebel J K, Tosteson M T, Whitesides G M. Microfabricated teflon membranes for low-noise recordings of ion channels in planar lipid bilayers[J]. *Biophysical Journal*, 2003, 85(4): 2684-2695.

[24] Akeson M, Branton D, Kasianowicz J J. Microsecond time-scale discrimination among polycytidylic acid, polyadenylic acid, and polyuridylic acid as homopolymers or as segments within single RNA molecules[J]. *Biophysical Journal*, 1999, 77(6): 3227-3233.

[25] Balan A, Chien C C, Engelke R. Suspended solid-state membranes on glass chips with sub 1-pF capacitance for biomolecule sensing applications[J]. *Scientific Reports*, 2015, 5: 17775.

[26] Park K, Kim H, Kim H, Han S A, Lee K H, Kim S, Kim K. Noise and sensitivity characteristics of solid-state nanopores with a boron nitride 2-D membrane on a pyrex substrate[J]. *Nanoscale*, 2016, 8(10): 5755-5763.

[27] Hsu C L, Jiang H, Venkatesh A G. A hybrid semi-digital transimpedance amplifier with noise cancellation technique for nanopore-based DNA sequencing[J]. *IEEE Transactions on Biomedical Circuits and Systems*, 2015, 9(5): 652-661.

[28] Rosenstein J K, Wanunu M, Merchant C A, Drndic M, Shepard K L. Integrated nanopore sensing platform with sub-microsecond temporal resolution[J]. *Nature Methods*, 2012, 9(5): 487-492.

[29] Kim J. A novel input-parasitic compensation technique for a nanopore-based CMOS DNA detection sensor[J]. *Journal of the Korean Physical Society*, 2016, 69(11): 1705-1710.

[30] 刘振伟. 膜片钳实用技术[M]. 北京：军事医学科学出版社，2006.

[31] Zhang L, Zhong C, Li J, Niu H, Ying Y, Long Y. A two-step calibration method for evaluation high bandwidth electrochemical instrument[J]. *Journal of Electroanalytical Chemistry*, 2022, 915: 116266.

[32] Gu Z, Wang H, Ying Y, Long Y. Ultra-low noise measurements of nanopore-based single molecular detection[J]. *Science Bulletin*, 2017, 62(18): 1245-1250.

[33] Gu Z, Ying Y, Cao C, He P, Long Y T. Accurate data process for nanopore analysis[J]. *Analytic Chemistry*, 2015, 87(2): 907-913.

[34] Gu Z, Ying Y, Long Y. Nanopore sensing system for high-throughput single molecular analysis[J]. *Science China Chemistry*, 2018, 61(12): 1483-1485.

[35] Gao R, Ying Y, Yan B, Long Y. An integrated current measurement system for nanopore analysis[J]. *Chinese Science Bulletin*, 2014, 59(35): 4968-4973.

[36] Wang H, Huang F, Gu Z, Hu Z, Ying Y, Yan B, Long Y. Real-time event recognition and analysis system for nanopore study[J]. *Chinese Journal of Analytical Chemistry*, 2018, 46(6): 843-850.

[37] Zhang N, Hu Y, Gu Z, Ying Y, He P, Long Y. An integrated software system for analyzing nanopore data[J]. *Chinese Science Bulletin*, 2014, 59(35): 4942-4945.

第 6 章

纳米孔道电化学信号分析与处理

纳米孔道电化学信号分析与处理通常是指将记录的电流-时间轨迹提取成单分子信号，统计获得与待测物单分子有关的信息，并用于分子的识别、分类和作用机制的解释。对纳米孔道信号的准确、高效处理有助于提高测量的灵敏度，选择性地关注特定的单分子，实现快速数据收集和分析以及单分子检测的自动化。本章主要列举了纳米孔道信号预处理的方法、获取信号的原理和方法、纳米孔道信号频域分析方法以及结合机器学习算法等的其他分析手段。纳米孔道单分子信号分析可以提高对纳米级复杂生物和化学系统的理解，并有助于开发新型的纳米孔道电化学技术，应用于药物发现、生物传感和能量转换等领域。

在信号处理前，可对纳米孔道信号进行预处理以提高信噪比。通过对数千种单分子信号的统计分析，包括阻断时间、阻断电流和捕获率，可以获得单分子的准确特征。数据的采集和获取信号的方法主要包含阈值法、等效电路还原法、积分电流面积还原法、基于极值跃迁法的信号处理方法等。对纳米孔道电化学噪声信号进行时频域分析可以揭示隐藏在噪声中的微弱、瞬态的离子流信号，以提供关于界面处离子的信息，从而获得单分子频率指纹谱。其他纳米孔道信号识别与数据分类方法有基于形状的信号分类法、基于隐马尔可夫模型的状态示踪法等。基于机器学习的信号分类算法可以从纳米孔道信号中提取有效、稳定的特征。目前，纳米孔道信号处理已应用于DNA数据存储、纳米孔道DNA测序等。对纳米孔道信号中信息的挖掘将进一步加深对单个分子在孔道内运动以及相互作用机制的理解。同时，本章还列出了纳米孔道信号常用软件，包含MOSAIC、Nanopore Analysis、PyNanoLab的具体使用方法和基础教程，以便读者对信号分析进行进一步学习。

6.1　信号预处理

纳米孔道电化学信号在经电流放大器放大和模数转换器转换后，一般采用贝塞尔滤波器进行滤波。低通滤波器可以滤掉高频噪声从而获得较高的信噪比（S/N），然而，该方法会引起信号带宽的降低，从而使得时间分辨率下降。采用小波降噪代替贝塞尔滤波器，结合高带宽CMOS记录仪器，可以将基线噪声水平降低80%左右（与2.5 MHz贝塞尔滤波器相比），同时保持信号的瞬态特性。对于离子流的记录，利用小波降噪方法可实现时间响应优于100 kHz滤波器，且噪声响应与25 kHz滤波器相当的效果，因此可对信号进行稳健可靠的统计分析[1]。

由于傅里叶变换使用正弦函数作为基函数，短时脉冲在这样的基函数中是密集存在的，如果采用基于傅里叶变换的低通滤波降噪，逆变换后会导致时域信号的平滑并失去一些时域特征。相反，小波变换在分解的每个层上得到一组近似系数和细节系数，大致对应于信号的低频和高频成分，使得信号更加稀疏，有助于滤波并且不影响信号的时域特征。小波变换在图像降噪中也常被使用[2-3]，最常见的为离散小波变换（DWT），在每个分解层对小波系数进行抽取。但这种变换不是平移不变的，并且还会在降噪后信号的重建中产生伪影响。因此，对于纳米孔道电信号预处理，可采用平稳小波变换（SWT），在第J级给出每个分解层次的N个细节系数和N个近似系数，总共有$N(J+1)$个小波系数用于J层分解。按如下步骤进行[4]：①选择小波基；② 选择最大分解级J；③计算信号$x[n]$（其中n为信号个数）的小波变换获得细节系数$w_{j,k}$和近似系数$a_{J,k}$；④计算$w_{j,k}$的噪声阈值λ_j；⑤选择阈值方案T和阈值$w_{j,k}$以获取$w'_{j,k}=T(w_{j,k})$；⑥利用$a_{J,k}$和$w'_{j,k}$进行反小波变换。

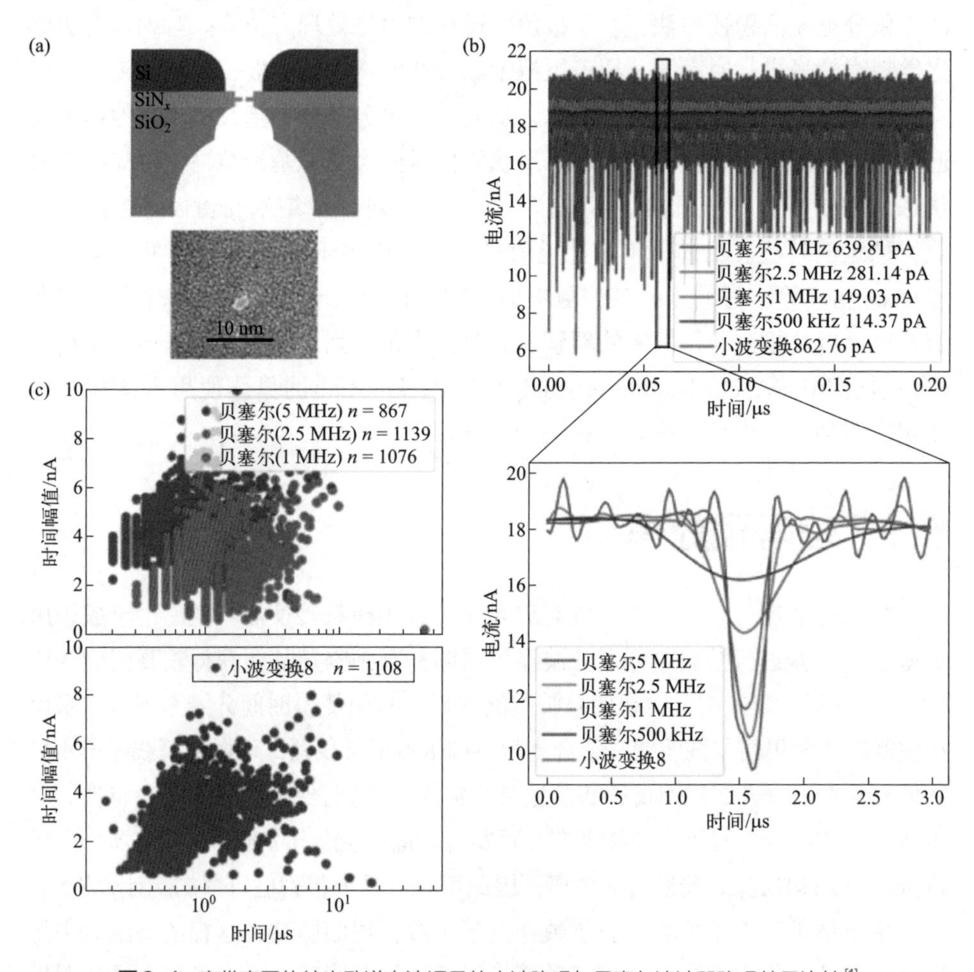

图6-1 高带宽固体纳米孔道电流记录的小波降噪与贝塞尔滤波器降噪效果比较[1]

如图6-1，采用集成CMOS跨阻放大器获取纳米孔道数据，对截止频率为500 kHz, 1 MHz的四阶贝塞尔滤波器过滤后的原始数据进行200 ms的时间跟踪，分别采用LDT和garrote阈值法对2.5 MHz和5 MHz的数据进行八级小波降噪处理。单个典型信号的电流-时间轨迹表明，小波降噪提供的形状优于1 MHz滤波器，可与2.5 MHz滤波器相媲美。电流与时间直方图表明，小波降噪在统计上提供了几乎与2.5 MHz滤波器相同的性能，可将基线噪声水平降低约80%。

6.2　数据处理获取信号的原理和方法

当单分子穿过纳米孔道时，会产生阻断电流信号。通常，信号的阻断时间可反映分子长度等信息，电流的信号幅度可体现分子的横截面和体积等信息。对纳米孔道数据进行分析，即对单分子过孔时电流信号变化的数据进行处理，如统计其电流变化的振幅、阻断时间和捕获频率等参数，进而可深入研究待测物的特征[5]。因此，对每个电阻脉冲信号进行快速、准确的定位和测量是目前纳米孔道数据处理的重要前提。目前存在多种纳米孔道信号分析方法，常见的有阈值法、等效电路还原法、积分电流面积还原法等。

6.2.1　阈值法

阈值检测信号法是识别纳米孔道单分子信号最为直接和方便的方法[6,16]。阈值检测信号法需要检测局部基线，并提取当前信号的电流峰值。首先，确定合适的基线和均方根噪声水平（σ），通常将超过阈值5σ值的信号认作信号。通过分析每个穿孔信号，得到其基本属性——阻断时间、阻断电流和积分面积。

阈值的定义为：峰值检测因子与均方根噪声水平（σ）的乘积，如图6-2。

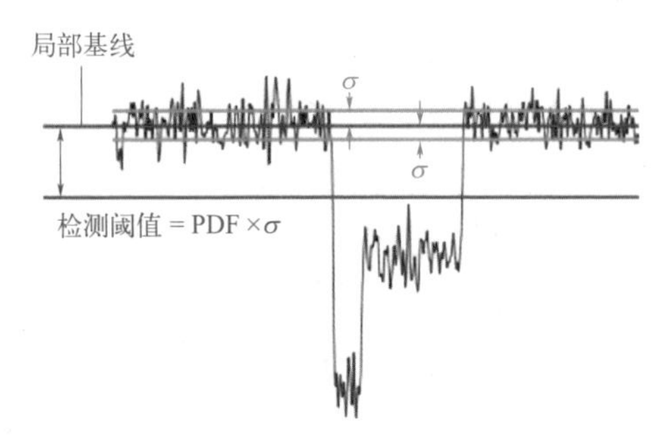

图6-2　典型的阈值法图示[6]

包括找到基线和均方根噪声水平（σ）。检测阈值设置为常数（峰值检测因子，PDF）与均方根噪声水平的乘积。通过查找电流超过检测水平的点来检测出信号对于峰值检测因子的要求：不能过小，因为需最大限度地减少噪声尖峰的数量；也不能过大，因为要尽可能多地捕获穿孔信号。故成功地检测穿孔信号需要确定合适的基线值和噪声水平（σ）。在实际实验中，有很多因素会使这两个值复杂化，包括基线不稳定、孔道门控、单分子进孔信号频率高、信号发生紧密连续等。

6.2.1.1 基线检测

通常通过计算一段窗口内的移动平均值来确定基线。窗口大小通常优化为基线允许一定量的波动的最大时间段。在基线稳定的情况下，窗口尺寸较大时（如3×10^4个点）可以在大多数情况下得到准确的基线值；如果基线不稳定，窗口尺寸必须较小（＜6000个点）才能示踪基线的波动。但是对于后者，由于前面的信号影响了基线值，故移动平均值不能准确地描述基线。这在信号捕获率非常高或信号的阻断时间与窗口大小相当时，影响尤为显著。

6.2.1.2 噪声水平评估

在基线稳定、短时间信号捕获率低的情况下，可将电流-时间轨迹根据全局标准偏差（STD）分成小段。更准确的方法是：首先，在一个小的移动窗口确定STD值（通常1000个点），该方法适用于高信号捕获率的数据；然后，对电流-时间轨迹中所有窗口的STD值作直方图，bin值的宽度由所需的精度定义；最后，得到的直方图主峰的中心通常为准确的STD值。

6.2.1.3 迭代检测算法

通过多次阈值算法迭代来扣除信号对局部基线的移动平均值计算的影响，如图6-3。在每次迭代结束时，生成新的基线电流，即在检测电流的阻断时间内，信号电流都被基线电流取代。假设基线值不会随分子穿孔时间显著变化（＞σ），则这个基线将被用于重新计算移动平均值和均方根噪声水平。随后使用重新计算得到的移动平均值和均方根噪声水平再次检测信号。如图6-3（b），此图比较了未使用迭代检测算法的20000个点移动平均值、5000个点移动平均值和用两次迭代算法的5000个点移动平均值的基线。使用5000个点的移动平均值，会导致第二个和第三个信号的局部基线不准确。当将窗口大小增加到20000个点后，虽然提高了准确性，但仍不能完全消除这种影响。然而，使用迭代算法每次迭代时能快速收敛到正确值，同时允许使用小窗口，如两次迭代5000个点。同样地，为计算STD，可以在每次迭代删除信号的地方创建第二条电流-时间轨迹用于随后确定STD的新值。通过引入新的测量值<$I_{\Delta B}$>以确定局部基线值。首先找到信号开始前50个点的平均值，然后确定平均值和局部基线值之间的差值。取差值的绝对值，计算得到平均值<$I_{\Delta B}$>和STD值。如果提高基线值，<$I_{\Delta B}$>减小，其分布范围变得更窄。迭代算法能够处理信号的平均间隔时间是移动窗口两倍的信号率。所以，一个5000个点的窗口，在500000信号/s的条件下对应10 ms，可以用于处理200 Hz信号率的数据，也就是窗口大小是信号穿孔时间的平均值的几倍。未来随着计算时间成本的增加，可能会有新的方法替代迭代算法来处理更不稳定的基线，例如向前或向后移动平均值以确定信号的起点和终点。

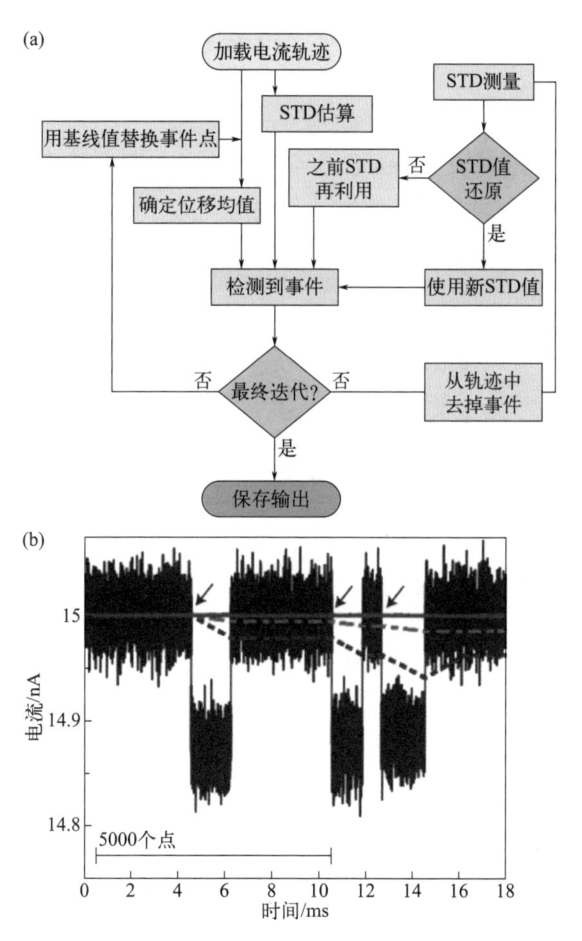

图6-3（a）迭代检测算法流程图：每次迭代后，信息返回下一次迭代，以提高局部基线和均方根噪声水平；（b）三个紧密间隔穿孔信号的模拟：使用三种不同的方法确定局部基线[6]

绿色虚线和红色虚线分别代表20000和5000个点的移动平均值，紫色实线代表检测算法5000个点两次迭代后的移动平均值

6.2.1.4 单个阻断信号特征提取

由于一些物理现象的干扰，如低信噪比的信号、滤波失真的短信号[7]、长尾信号、混合信号、折叠信号[8-9]、分子在穿孔前停靠在孔上[10-12]、打结[13]、孔随时间的变化[14]、蛋白质-DNA相互作用以及短DNA片段的存在等，准确地确定每个信号的特征可能会存在困难。阈值检测信号法检测基线和阈值后，可识别阻断信号，如图6-4，并定义对应的数据点为信号起始点（S），信号终止点则定义为信号开始后电流幅值大于此阈值时的第一个数据点（E）。起始点与终止点之间的时间差记为信号的阻断时间。信号将根据阻断时间分为长信号和短信号。通常，长信号的阻断电流为电流下降到平台的数据点的算术平均值扣除基线电流的值；短信号则为阻断部分数据的最小值点与基线电流的差值。

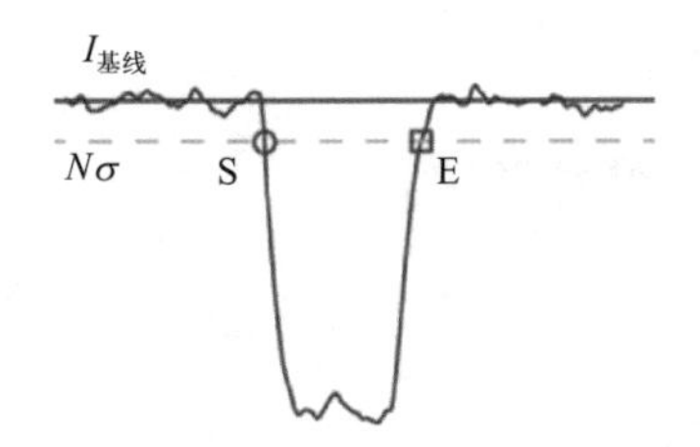

图6-4 阈值检测阻断法确定起止点[6]

总之，阈值检测信号方法通过计算基线电流$I_{baseline}$大小（一般为基线电流数据的算术平均）及其标准差σ，再判断电流幅值的变化是否大于一个阈值$N\sigma$（N一般取5），来捕获阻断信号的发生，该方法最为常见和方便。

6.2.2 等效电路还原法

为了从信号产生原理的角度对单个电阻脉冲进行分析，对插入磷脂双层的纳米孔道进行建模并将其等效于电路元件[17-19]。由两个电极之间的电解质溶液单独引起的电阻与进入通道的电阻分别由R_{cis}和R_{trans}来表示。插入磷脂双层中的纳米孔道的电阻为R_p，与R_{cis}和R_{trans}电阻串联。纳米孔道的载体磷脂双层膜可被简化地看作与纳米孔道电阻并联的单个电容[15]，如图6-5。

根据该等效电路模型，提出CUSUM+算法和ADEPT算法[20]。ADEPT算法适用于处理未达到稳态电流的短时间信号。在这种情况下，阻断程度通过将数据拟合为纳米孔道等效电路模型来确定。该算法假设在分子进入纳米孔道时改变膜孔体系的电阻和电容，导致离子流增大或减小。CUSUM+算法则是对较长的信号进行累积和统计，如图6-6。它首先计算两个相邻信号之间的弛豫

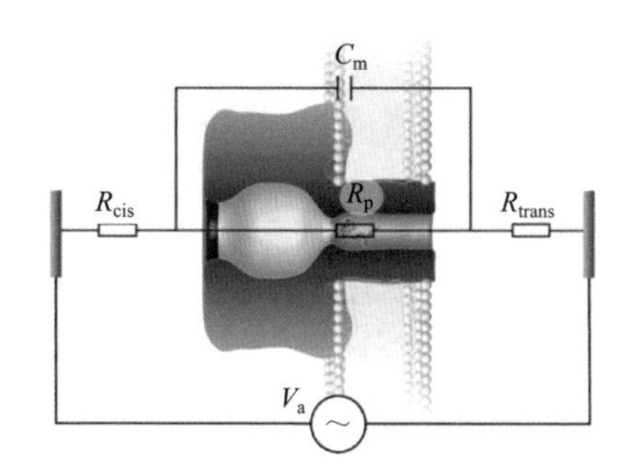

图6-5 纳米孔道系统的等效电路模型[15]

将纳米孔道和磷脂膜建模为串联的电阻器（R_p）和并联的电容器（C_m），以及膜两侧的总溶液和进入通道电阻（R_{cis}和R_{trans}）

时间，然后指定此弛豫时间的最小值，这可以从状态的检测和信号的大小中排除不必要的瞬时信号。具有失真的阻断程度的短时信号也通过CUSUM+算法来校正。阻断电流是通过ADEPT算法评估的，其基础是将数据按纳米孔道电路模型来拟合，以减少带宽限制的影响。

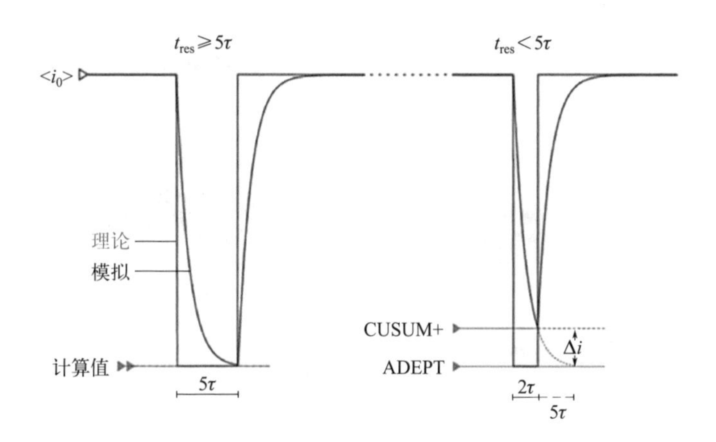

图6-6 ADEPT和CUSUM+算法用于模拟纳米孔道数据处理原理图

两个信号具有相同的阻断电流（红色）和不同的阻断时间（蓝色），根据系统的特征弛豫时间（τ）

累积和分析（CUSUM+）是在时序数据中检测台阶状信号的主要方法，它假设分析物和孔道的相互作用引起了离子电流的瞬时变化，电流噪声符合已知的高斯分布。计算序列数据点的瞬时对数似然比，包括正阶跃变化和负阶跃变化。这些比率的正值单独求和，负值归为零，形成双边决策函数，可以根据电流水平的提高或降低检测台阶的变化，当单个决策函数值超过了阈值，软件自动地确定新的状态。状态改变的位置由相关函数的最小值确定，计算序列数据的平均离子电流和阻断程度。

自适应时间序列分析（ADEPT），对于长时间信号（$>5\tau$）的阻断程度很容易确定。但对于短时间的信号（$<5\tau$），阻断未达到稳态电流均值。阻断程度根据纳米孔道对于恒定的施加电压V_a，预测的离子流为$i(t)=i_0-\beta\left(1-e^{\frac{-t}{\tau}}\right)i_0$，其中，$i_0=\dfrac{V_a}{R_s+R_p}$，$\beta=\dfrac{V_a\Delta R}{(R_s+R_p+\Delta R)\times(R_s+R_p)}$，$\tau$为系统的弛豫时间，对其使用单个参数来拟合。

6.2.3 积分电流面积还原法

积分电流面积还原法对阻断位置、阻断时间和阻断电流进行分析[22]。如图6-7，这一方法在追溯路径校准局部阈值传统方式后引入了二阶差分校准（differential-based calibration, DBC）方法来校正阻断区域并准确测量信号的阻断时间，运用积分方法更有效地快速恢复阻断信号的准确高度，得到准确的阻断电流值。积分电流面积还原法的应用在一定程度上降低了阻断形变带来的信号还原的难度，显著提高了分析的准确性。

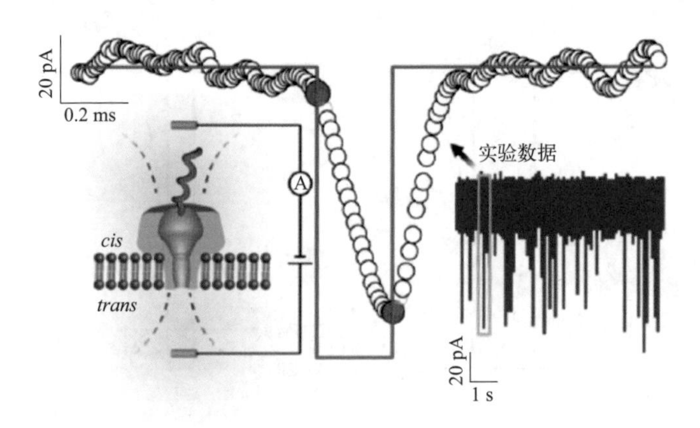

图6-7　积分电流还原法用于纳米孔道数据处理示意图[22]

单个ssDNA在外加电压下进入孔道，记录的实验数据包括阻断信号、开孔电流和噪声。通过二阶差分校准（DBC）方法确定典型阻断信号的起点和终点（蓝色圆圈）。阻断电流的积分用于评估电流大小，红色曲线代表典型阻断信号的理想形状

6.2.3.1　定位阻断信号

积分电流面积还原法通过两步可实现对阻断信号进行定位，可快速准确找到阻断位置，实现数据的快速分析。首先近似判断阻断位置，为了降低基线移位的影响，在平均移动窗口上估计局部基线。局部阈值可表示为局部基线减去恒定阈值：

$$u_j = \frac{1}{\omega} \sum_{k=j-\omega}^{j} I_k - u_0 \tag{6-1}$$

式中，I_k是数据点k处的电流值；ω是可移动窗口的宽度（与噪声水平有关）；u_0是恒定阈值。

如图6-8(a)，灰色虚线和棕色虚线分别代表局部基线和局部阈值。在对电流轨迹进行处理时，第一步，程序会搜寻和标记电流低于局部阈值的数据点（忽略边界效应），被标记的点群中第一个点和最后一个点将初步设置为阻断的起点（P_{s1}）和终点（P_{e1}）[图6-8(a)中的红色圆点]。第二步，追踪路径重置阻断的起点和终点，由于噪声的影响，初步判断的阻断位置会遗漏阻断两边的数据点。如图6-8(b)，通过追踪路径重置可恢复遗漏的数据点，既从P_{s1}追踪上一个阻断直至第一个高于局部基线的数据点P_{s2}，也从P_{e1}追踪下一个阻断直至第一个高于局部基线的数据点P_{e2}。

6.2.3.2　修正信号的阻断时间

虽然通过追踪路径可以重置阻断信号的起点和终点，修复遗漏的数据点，但这一过程在大多数情况下会造成阻断信号的过度覆盖，使阻断时间偏大产生正误差。其中过度覆盖会包含很多噪声信号，产生没有规律的正误差，从而使阻断时间判断不够准确。由于在记录过程中使用低通滤波会使电流信号与阶跃函数（heaviside step function）的形状不同，因此，通过引入一种修改后的标准——二阶差分校准（DBC）方法，在近似的阻断位置的边缘处根据拐点来识别阻断信号的起点和终点，修正阻断信号的区域。如图6-8(d)，原始数据点的二阶差分曲线会被噪声覆盖从而影响对拐点的判断，为了避免噪声的影响，先使用傅里叶级数对实验数据进行平滑处理后再求二阶差分，修正的数学公式如下：

$$I(t) = a_0 + f(x) = a_0 + \sum_{j=1}^{n} [a_j \cos(j\omega t) + \beta_j \sin(j\omega t)] \tag{6-2}$$

式中，α_j、β_j和ω是傅里叶级数的系数；n是傅里叶级数模型的阶数。傅里叶级数将阻断信号拆成一组振荡函数的总和（正弦函数和余弦函数）。如图6-8(d)所示，运用傅里叶级数平滑之后可以识别出二阶差分的最小值。即如图6-8(c)，通过DBC方法，可以将阻断的起点和终点分别从P_{s2}和P_{e2}修正到P_{s3}和P_{e3}。如图6-8(e)，对于阻断时间为0.05 ms到0.20 ms的信号进行了不同阶数的傅里叶级数模型拟合，证明四阶模型拟合可以达到最优的数据处理性能和效率，此时四阶傅里叶级数模型拟合的曲线和原始数据能够很好地重合在一起，并且相关系数（R^2）为0.99。

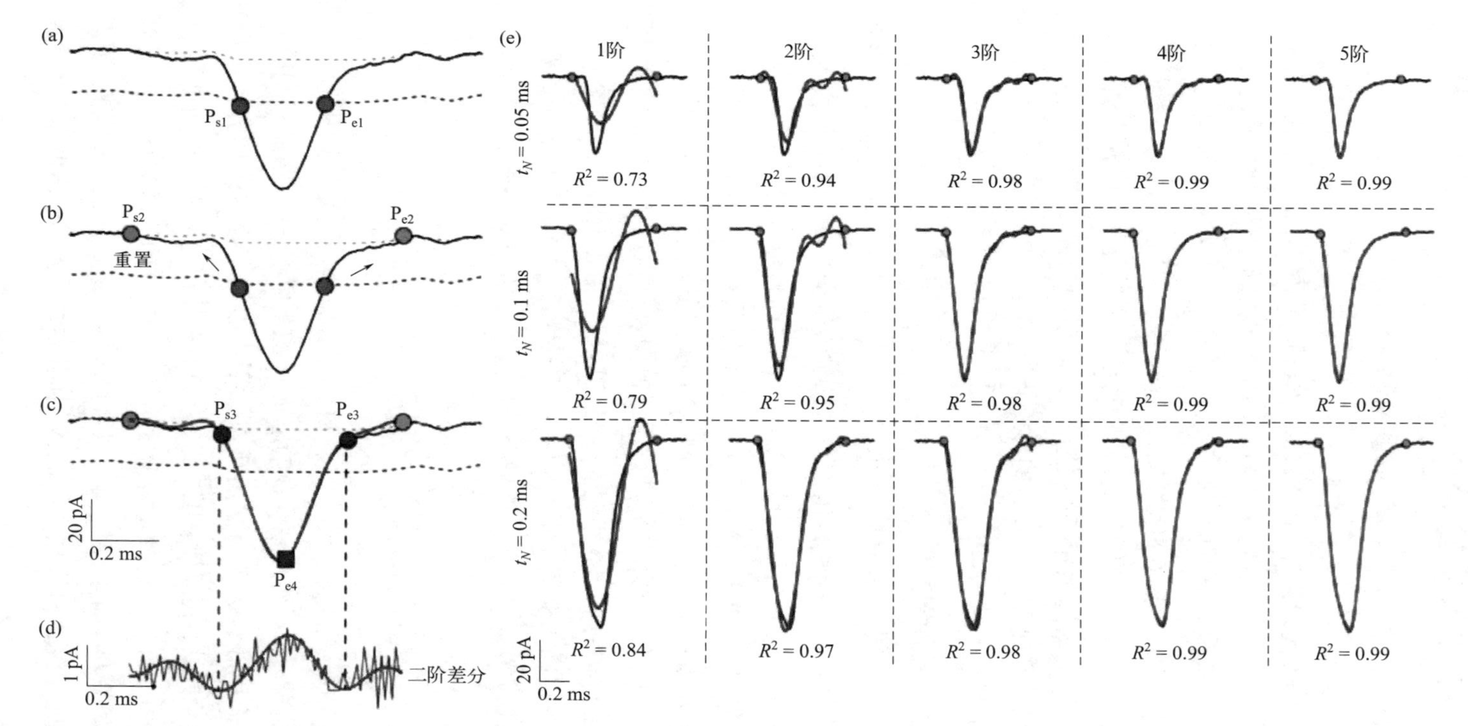

图6-8 （a）通过局部阈值定位阻断信号区域，灰色和棕色虚线分别为局部基线和局部阈值，识别的区域为P_{s1}和P_{e1}之间的部分（红色圆点）；（b）通过追踪路径重置起点和终点到P_{s2}和P_{e2}（绿色圆点）；（c）用二阶差分校准（DBC）方法校准阻断区域，阻断信号数据由傅里叶级数拟合并进行二阶差分，修正后的阻断信号的终点和起点分别为P_{s3}和P_{e3}（蓝色圆点），信号的终点进一步被修正到P_{e4}（蓝色正方形）；（d）原始信号和傅里叶级数拟合后的二阶差分；（e）采用不同阶数（1~5）傅里叶级数对信号进行拟合，阻断信号的时间从0.05 ms到0.2 ms，红色曲线为拟合结果。图中所有数据均由信号发生器仿真产生，生成的阻断信号电流值为100 pA

为了测试DBC方法的准确性，分别使用DBC方法和传统方法（局部阈值和追踪路径结合）对阻断时间为0.05 ms到0.20 ms的信号进行了自动处理，如图6-8（c）为避免滤波对上升时间的延展而产生失真的阻断时间，使用修正方法将终点作为阻断的局部最小值从P_{e3}重置到P_{e4}。如图6-9，对阻断时间为0.05 ms的阻断信号分别用两种方法分析，传统方法分析结果的相对误差（$|t_d-t_{nom}|/t_{nom}$）约为140%，而用DBC方法得到结果的相对误差只有41.8%。当分析阻断时间大于0.10 ms的阻断信号时，DBC方法的相对误差都小于20%，明显低于用传统方法处理的相对误差（>60%）。阻断时间为0.05 ms、0.10 ms和0.50 ms的阻断信号用两种方法分析处理后的数据统计直方图（图6-9中插图），可以看出，用DBC方法处理的数据分布比传统方法处理的数据分布更加集中。表6-1中为阻断时间为0.05 ms、0.1 ms、0.2 ms、0.5 ms、1.0 ms、2.0 ms和5.0 ms的阻断信号使用两种方法处理后，用指数函数拟合得到的阻断时间t_d。这说明DBC方法很大程度上减少了随机噪声对阻断时间的影响，证明了DBC方法在评估阻断时间方面的优势，特别是对于处理阻断时间比较短（t_{nom}＜1 ms）的阻断信号，比传统方法有更高的准确度。

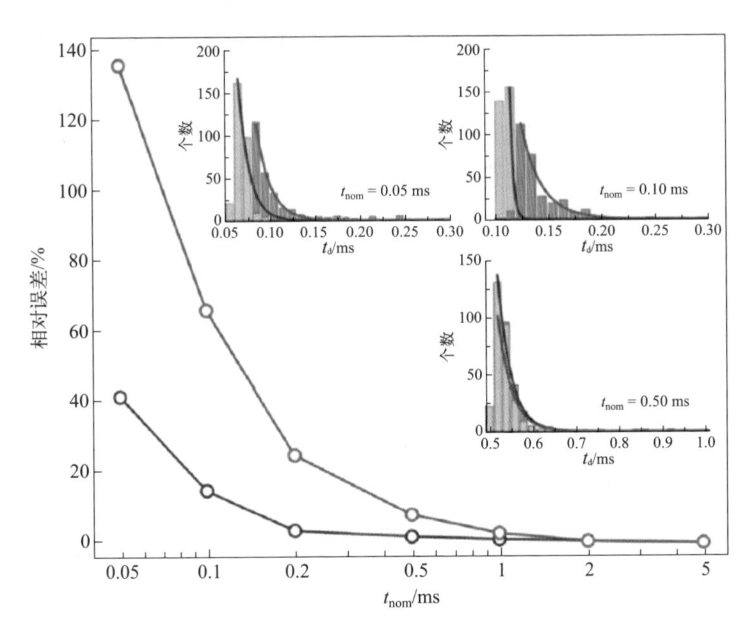

图6-9 由DBC方法（蓝线）和传统方法（红线）分析得到的阻断时间的相对误差（t_{nom}/ms=0.05、0.10、0.20、0.50、1.00、2.00和5.00）

插图：DBC方法（蓝色）和传统方法（红色）测量300个数据点的统计直方图。阻断信号的电流为100 pA

表6-1 用DBC和传统方法评估的阻断时间分布用指数函数拟合后得到的阻断时间t_d值

t_{nom}/ms	0.05	0.1	0.2	0.5	1	2	5
$\tau_{d\text{-}DBC}$/ms	0.012	0.003	0.011	0.030	0.025	0.019	0.052
$\tau_{d\text{-}con}$/ms	0.016	0.019	0.018	0.032	0.094	0.046	0.070

6.2.3.3 评估阻断信号的电流值

一般情况下，通过基线电流减去残余电流的最小值或平台的平均值后得到阻断电流I_c，但是由于低通滤波带来的上升时间T_r会影响阻断衰减不能到达实际的最小值或者平台，特别是会严重衰减阻断时间小于$2T_r$的信号。上升时间的计算公式为:

$$T_r = 0.3321/f_c \tag{6-3}$$

$$\frac{1}{f_c} = \sqrt{\frac{1}{f_1^2}+\frac{1}{f_2^2}+\frac{1}{f_3^2}+\cdots+\frac{1}{f_n^2}} \tag{6-4}$$

式中，f_c为滤波的截止频率；f_n为实验中使用的滤波频率。例如，使用3 kHz的低通滤波，滤波截止频率为3 kHz，此时上升时间约为0.11 ms。低通滤波可以消除短时间的波动，如闪烁噪声对形变的影响。然而，低通滤波几乎不会影响阻断信号的电流和时间值，因此积分面积是比最小值或者平台更合适评估阻断电流大小的一个标准，特别是对于阻断时间小于$2T_r$的信号。如图6-10，低通滤波器的使用会造成阻断电流失真延展从而不能达到方波的最小值。从滤波的本质特性得到启发，使用积分法准确评估了阻断电流大小。因为记录的数据

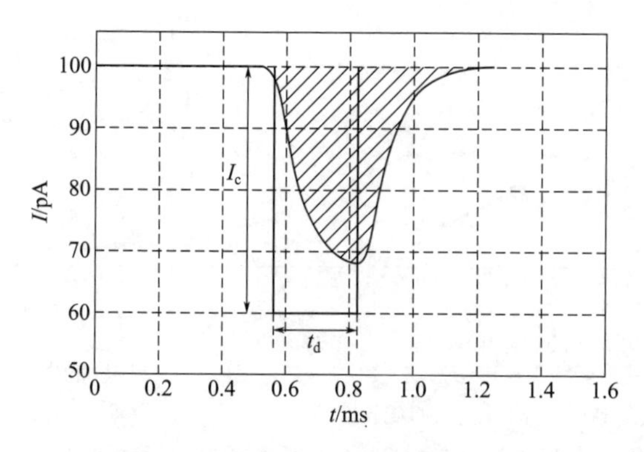

图6-10 使用积分法测量阻断电流大小

阻断信号的时间为0.25 ms，阻断电流为40 pA。实际记录的阻断信号和理想方波脉冲分别用蓝线和黑线表示。灰色斜线区域为阻断的积分面积。灰色虚线为基线。滤波的截止频率为3 kHz

点是离散的，所以计算电流I_c的公式由式（6-5）改为式（6-6）：

$$I_c t_d = \int_{t_{start}}^{t_{end}} [I_{base} - I(t)]dt \tag{6-5}$$

$$I_c t_d = \frac{1}{f_s} \sum_{k=p_{s2}}^{p_{e2}} (I_{base} - I_k) \tag{6-6}$$

式中，t_d是方波的阻断时间；f_s是模数转换器的采样频率；I_{base}是基线电流；I_k是数据点k的电流值。

为了验证积分法的可行性，分析了对于同一信号（t_{nom}=0.1 ms，I_{nom}=100 pA）使用不同的截止波频率（1 kHz、3 kHz和10 kHz）时产生的数据。图6-11（a）记录的是不同截止波频率下产生的阻断信号，截止波频率为1 kHz、3 kHz和10 kHz时所对应的积分电流分别为11.67 pA·ms、11.86 pA·ms和11.96 pA·ms。从图6-11（b）的分析结果可知低通滤波的截止频率几乎不会影响阻断电流的积分，这一结果表明用积分电流方法评估阻断电流的大小具有分析衰减阻断的优势。

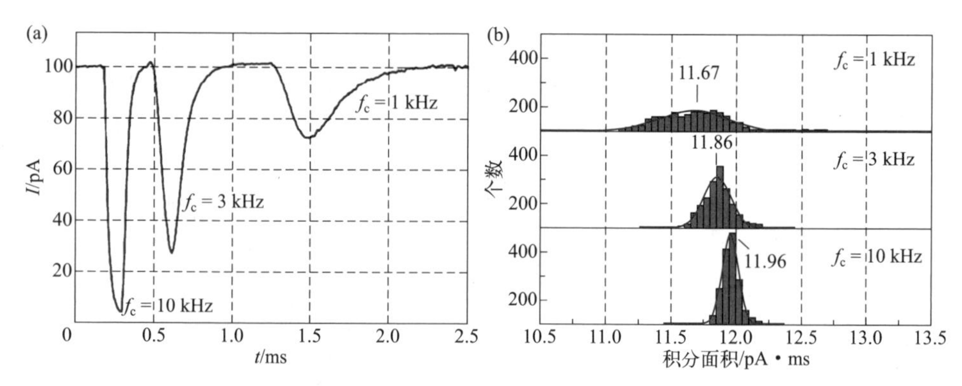

图6-11　（a）在不同截止频率下记录产生的阻断信号（t_{nom}=0.1 ms，I_{nom}=100 pA）；（b）在不同截止频率下，阻断电流积分的高斯分布

截止波频率f_c为1 kHz、3 kHz和10 kHz

进一步地，为了证明积分法在评估阻断电流上的优越性，比较了积分法和传统方法对相同信号处理的结果。如图6-12，分别用两种方法分析了阻断时间为0.05 ms到0.25 ms的信号，并使用高斯方程对电流分布进行拟合。从图中可以看出，和传统方法相比，使用积分法分析不同时间的阻断信号时，阻断电流结果更接近I_{nom}=100 pA。虽然信号的阻断时间变短会使评估电流值时的不确定性上升，但积分方法对于阻断的恢复仍然具有较大的优势。如图6-12（b），用积分法评估阻断电流时，其评估电流平均值（I_c）和阻断的电流值（I_{nom}）之间的差距和用传统方法相比明显减小，特别是对于阻断时间小于$2T_r$的阻断

（3 kHz低通滤波的$2T_r$值约0.22 ms）。如当阻断信号的时间为0.05 ms时，积分法得到的I_c和I_{nom}的差值为25.4 pA，比传统方法得到的差值（61.8 pA）小36.4 pA。如图6-12（c），通过用两种方法分析不同I_{nom}时I_c的相对误差，发现I_c的相对误差和I_c相互独立，不存在依赖关系。为了评估积分法的性能，运用理论模型公式［式（6-7）］计算了两种方法的表观截止频率f_c^{eff}：

$$I_c = I_{nom} \mathrm{erf}(2.668 f_c^{eff} t_{nom}) \tag{6-7}$$

式中，I_c是评估的电流大小；erf是误差方程。将图6-12(b)代入公式(6-7)拟合可得到积分方法和传统方法的表观截止频率f_c^{eff}分别为5.74 kHz和2.78 kHz，而两种方法实际的截止频率均为3 kHz。得到的结果证明积分法的表观截止频率是传统方法的2.06倍。这表明即使阻断被低通滤波修正，积分面积还原法也可以提升阻断信号分析的准确性。

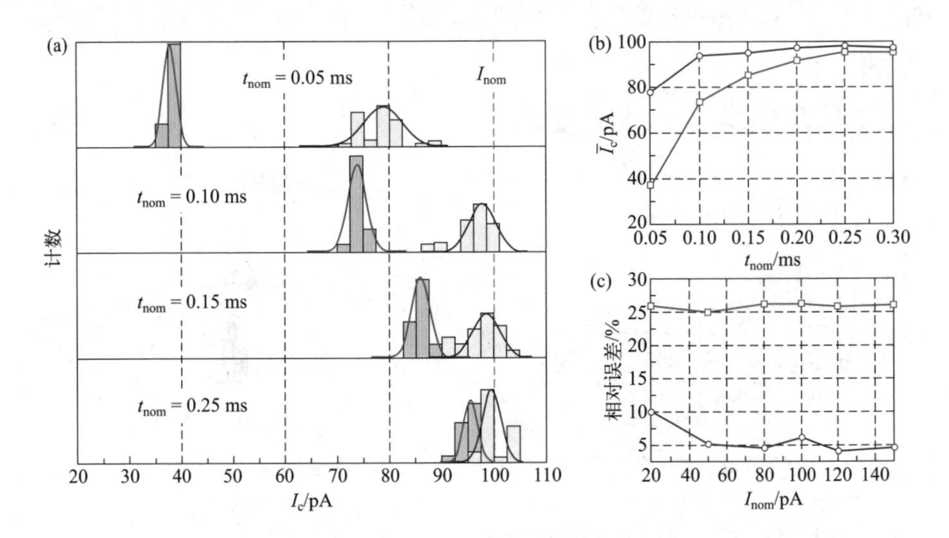

图6-12 用积分法和传统方法评估阻断电流大小：（a）通过积分法（蓝色）和传统方法（红色）分析300个数据点的电流分布直方图（I_{nom}=100 pA，t_{nom}=0.05 ms、0.10 ms、0.15 ms和0.25 ms）；（b）积分法（蓝线）和传统方法（红线）$\bar{I}_c$对t_{nom}作图，阻断信号的电流为I_{nom}=100 pA；（c）积分法（蓝线）和传统方法（红线）的相对误差对不同I_{nom}值作图，阻断信号的时间为t_{nom}=0.1 ms

6.2.4 基于极值跃迁法的信号处理

6.2.4.1 信号定位

纳米孔道数据处理的首要步骤是从原始的离子电流轨迹中定位信号的准确位置。例如MOSAIC是基于阈值的信号搜索，该方法采用移动平均值算法，通过选取一个固定时间窗口去循环计算电流均值，直到检测到电流的明显变化。这种算法对窗口的要求较高，每一条数据都需要根据信号特征评估窗口大小。如果将时间窗口设置得较小，则计算量较大、分析时间长。而时间窗口设置较宽时则会丢失信号。另外，当电流的基线是非平稳的或者缓慢变化的，基于移动平均值的阈值搜索将无法准确地获取信号的位置。例如，通常情况下生物纳米孔道信号近似方波或者脉冲波形，部分信号包含多台阶信号。固体纳米孔道信号主要为脉冲信号或者多台阶信号，但噪声和基线波动较大，有基线漂移和随机振动型波动。PyNanoLab在这些条件下可以准确提取信号的特征。

当纳米孔道处于基线状态时，电流虽然会上下波动，但基线波动一直稳定在噪声水平值内，该状态定义为开孔态。当纳米孔道捕获了单分子时，电流的波动范围会瞬间达到几倍于噪声水平的大小，该状态即为单分子捕获状态。在单分子穿过纳米孔道的这段时间内，电流的波动维持在一个稳定的范围内，该状态为单分子的持续状态。当分子离开纳米孔道时，电流又会瞬时产生一个几倍于噪声的波动然后恢复到基线水平。在上述状态中，当待测物进出孔道时会有瞬时的噪声增高，因此通过检测这些瞬时的变化就可以锁定信号的起止位置。当电流在开孔态时，其极值点总保持在一定水平内，极值点的差值仅与电流的噪声相关。当分子进入孔道时，会引起电流瞬时下降，极值点偏离原本基线噪声的范围，因此可以根据极值点的差值寻找这些跳跃的极值点，进而提取出单分子阻断信号，该方法称为基于极值跃迁的纳米孔道信号提取方法。如图6-13所示，蓝色线是原始的离子电流曲线，橙色点标注的是原始信号的

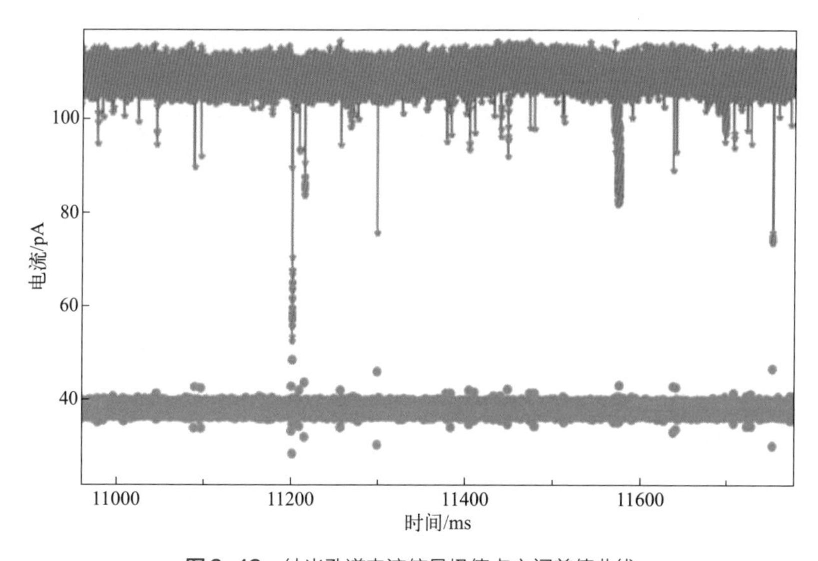

图6-13 纳米孔道电流信号极值点之间差值曲线

所有极值点，包括极大值和极小值，绿色部分显示的是所有相邻极值点之间的差值的散点图。从图中可以看出，电流处于基线状态时，极值点的差值集中在一个极窄的范围内，只有在原始电流中有阻断信号的地方才会出现离群点，因此只需要标注出这些离群点就可以找到纳米孔道信号的位置。

6.2.4.2　基于极值跃迁算法的电流信号提取

在使用极值跃迁算法获取原始数据信号的位置，并标注出信号大概的起止位置后，根据信号的噪声大小分别向前向后搜索得到信号精确的起始和终止点，这样即可获得信号时间（图6-14，蓝色为原始数据，绿色为数据极值点），然后计算信号起始到终止点的电流平均值并得到阻断电流的大小，最后通过积分得到阻断信号的电荷量。如图6-15所示，蓝色线是原始数据，橙色线是拟合的结果。其中信号初始位置的一段横线代表了该信号的基线，第二段横线代表了阻断电流的大小和时间的长短，从图中可以看出该方法可以实现纳米孔道离子电流单台阶信号的良好拟合。

固体纳米孔道相较于生物纳米孔道噪声较大，同时基线波动很大，无法保持在同一水平范围内。现有的分析方法通常需要采用多次设定基线等方法进行分析。通过计算极值点的差值，可以将这些波动和漂移消除掉，得到稳定的差值曲线，然后从中获得跃迁的极值点来定位特征信号，因此该方法可以用于非平稳信号的分析，且无需设置任何复杂和烦琐的参数。从图6-16中的拟合结果可以看出，该方法可以很好地拟合单台阶的数据，并且不受原始电流中严重的背景噪声和基线漂移的影响。其中，蓝色为原始信号，橙色为极值跃迁算法的拟合结果。

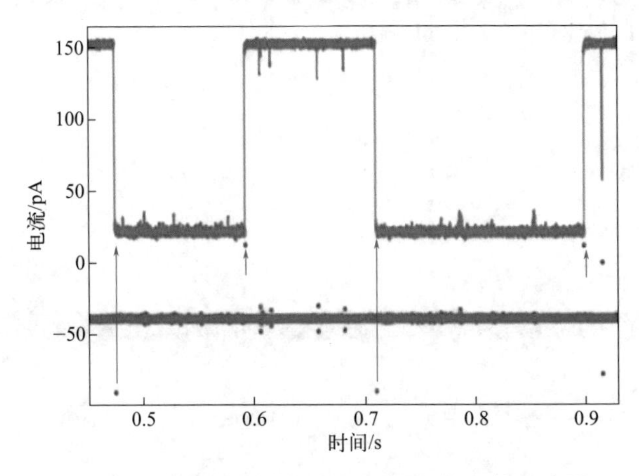

图6-14　极值跃迁法定位纳米孔道阻断信号时间示意图

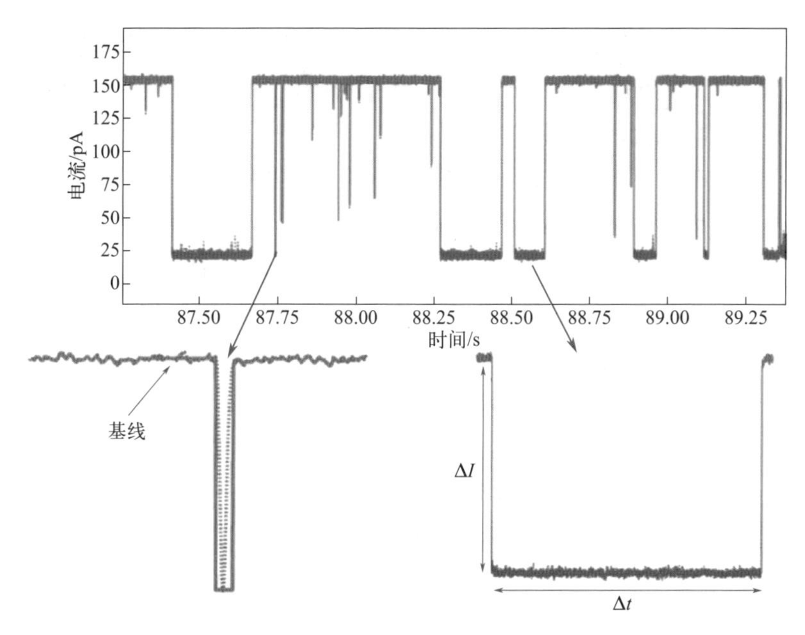

图6-15　基于极值跃迁法的纳米孔道单台阶信号分析

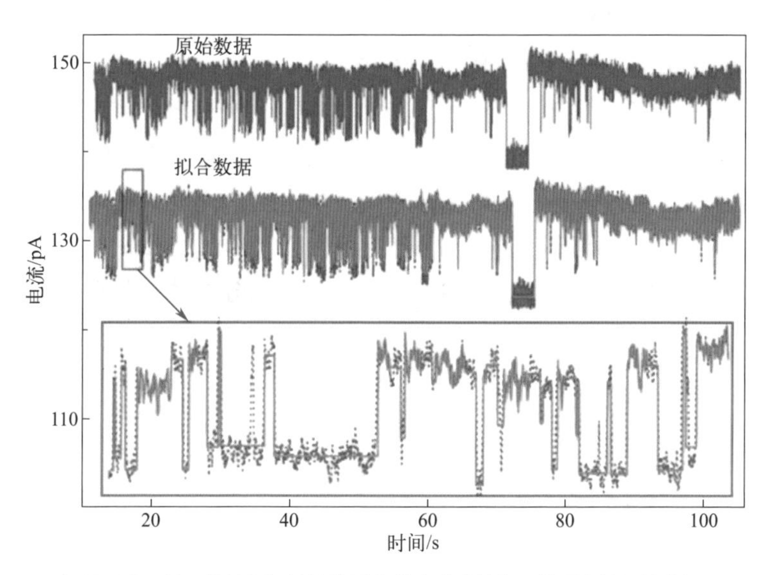

图6-16　基于极值跃迁算法的固体纳米孔道单分子非平稳信号的分析

6.2.4.3　基于极值跃迁和聚类算法的纳米孔道多台阶信号分析

当分子在纳米孔道内的不同位置停留时，或分子在孔道内产生构象变化时，会产生多台阶信号的现象。因此，提取多台阶信号中每个台阶的阻断电流大小和阻断时间可以分析单分子在不同状态下的行为，如DNA解链、蛋白质折叠和分子间相互作用等。在多台阶信号的分析中，通常存在两个需求，一个是得到各个台阶的电流值、时间以及台阶出现的先后顺序，即时间相关台阶序列；另一个是统计台阶的电流分布。第一种需求可采用极值跃迁算法实现，该方法可以获取每一个台阶出现的先后顺序。对于第二种只需要获取台阶分布的信号，可以结合聚类算法进行分析。首先使用极值跃迁获取信号大致的分类数，将信号归一化后进行聚类分析，然后根据电流的RMS值对相近类进行合并，最终获得多台阶的电流分布。

以固体纳米孔道的多肽折叠研究为例[23]，单个多肽在纳米孔道内动态构象变换产生一个长阻断、多台阶、多时间尺度的信号。该信号有多个台阶，其中有的台阶阻断时间很长达到了几百毫秒甚至几秒，有的台阶只持续几微秒。一些台阶电流的噪声和基线处于同一水平，而另一些台阶噪声的水平是基线噪声水平的几倍之大。这些都增加了该多台阶信号处理的难度，现有的方法难以分析该类型信号。为实现多台阶电流信号的精准分析，首先可以使用极值跃迁法将信号单独取出，然后再对单个信号进行分析。在逐一分析中，首先评估电流噪声水平，当电流台阶的波动超过基线电流噪声水平时，则认为在孔内有新的状态产生，该电流台阶代表一个新的状态。基于此原理，通过极值跃迁算法，从基线开始标注出每一个状态变化时的起始位置，然后计算出相邻起始位置之间电流的平均值作为该电流台阶的大小，最后使用方波将这些台阶连接并得到多台阶信号的拟合曲线。如图6-17所示的多台阶信号分析示意图，蓝色为原始信号，橙色为该算法获取的拟合特征电流值。因此，使用极值跃迁法可以快速地拟合出每个电流台阶，并获取相应台阶的电流值和状态的持续时间。

同时，极值跃迁算法可以和聚类算法结合用以分析多台阶阻断信号。其步

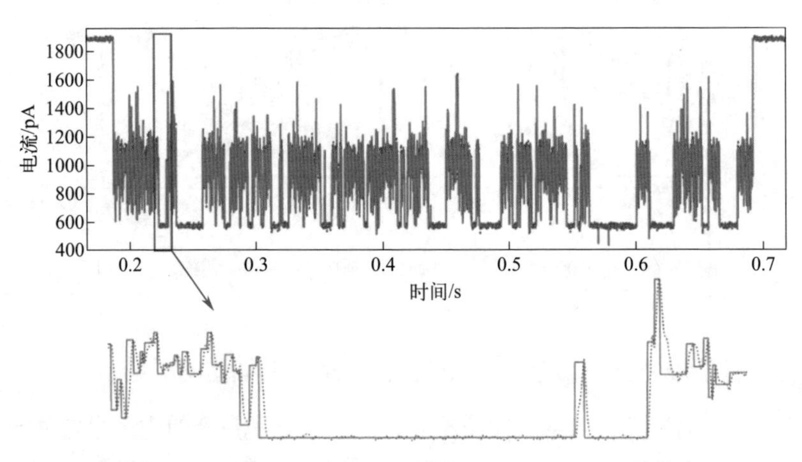

图6-17 基于极值跃迁算法分析纳米孔道多台阶信号示意图

骤是，首先使用极值跃迁搜索到每一个阻断电流的起止位置，然后对每一个信号再进行多台阶分析。通过对信号极值点进行密度聚类，合并相同电流状态，即可获取台阶信号的特征信息。

6.3　纳米孔道信号频域分析方法

除了对典型信号的阻断电流、阻断时间、捕获率等常规特征进行统计和分析外，对纳米孔道噪声的研究为纳米孔道信号分析提供了新思路[24-28]。对噪声的分析通常有两种方法，一种为直接计算时域中的电流波动，如阻断电流的标准偏差，可将其作为除阻断电流、阻断时间的第三个特征参数，对单分子电信号进行区分[29]；另一种为时频变换的方法，如将电流随时间变化的时域信号变换为包含频率、振幅等的频域信号[30]。功率密度谱常被用于分析纳米孔道内的电流噪声（图6-18），该方法采用快速傅里叶变换获取功率密度在频域内的分布。例如，有研究报道了α-HL纳米孔道的电流噪声与检测pH的相关性，如图6-18（c），其可用于评估孔道内氨基酸残基质子化动力学以及质子化位点的数量[31-33]。

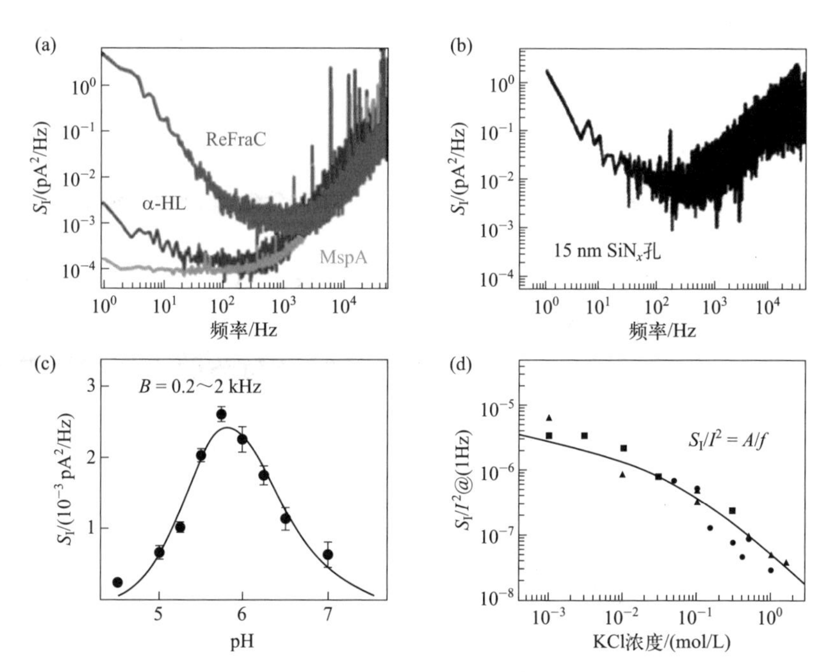

图6-18　生物纳米孔道和固体纳米孔道记录的电流信号噪声[24]：（a）三种生物纳米孔道的电流信号的功率密度谱，包括ReFraC（红色）、α-HL（蓝色）、MspA（绿色）；（b）15 nm SiN_x固体纳米孔道电流信号的功率密度谱；（c）α-HL纳米孔道低频质子化噪声与pH之间的关系；（d）相对低频噪声 S_I/I^2 与盐浓度的关系，实线与Hooge方程相吻合

被记录在时间序列中的微弱、瞬态的离子流波动信号反映了孔道内的离子数目和离子迁移率的变化[34]。对时间序列进行时频域分析的方法有快速傅里叶变换（FFT）、小波变换（WT）[3]、希尔伯特-黄变换（HHT）、维格纳分布等。傅里叶变换是指将满足一定条件的某个函数表示成三角函数或者它们的积分的线性组合，适用于分析线性信号。快速傅里叶变换能够快速地计算序列的离散傅里叶变换，降低计算复杂度。小波变换将时域信号转换到小波域，基本函数是小波，即被称为母小波的有限长度振荡波形的缩放和转换。例如使用连续小波变换（CWT）获得测序信号的频谱来表征信号模拟器产生的测序信号与真实测序信号是否一致。希尔伯特-黄变换不受海森堡不确定性原理的限制，通过对相位函数求导获得瞬时频率，适于分析非线性、非稳态的数据。希尔伯特-黄变换结合了希尔伯特谱分析（HSA）和经验模态分解（EMD）[35]。经验模态分解将复杂的纳米孔道信号分解为有限固有模态函数（IMF），再经希尔伯特变换，即可获得信号在整个频域范围内的时频谱。结合希尔伯特-黄变换的方法来测量野生型气溶素和K238E型突变型气溶素纳米孔道传感poly(dA)$_4$时产生的信号的频率响应，238位点突变成的相反电荷氨基酸（E）改变了孔道与分析物的相互作用，因此，DNA分子在这两种孔道的频谱展示了较大差异，这表明纳米孔道“单分子指纹频谱”反映了孔道内的相互作用以及孔内的离子运动（图6-19）[37, 40]。

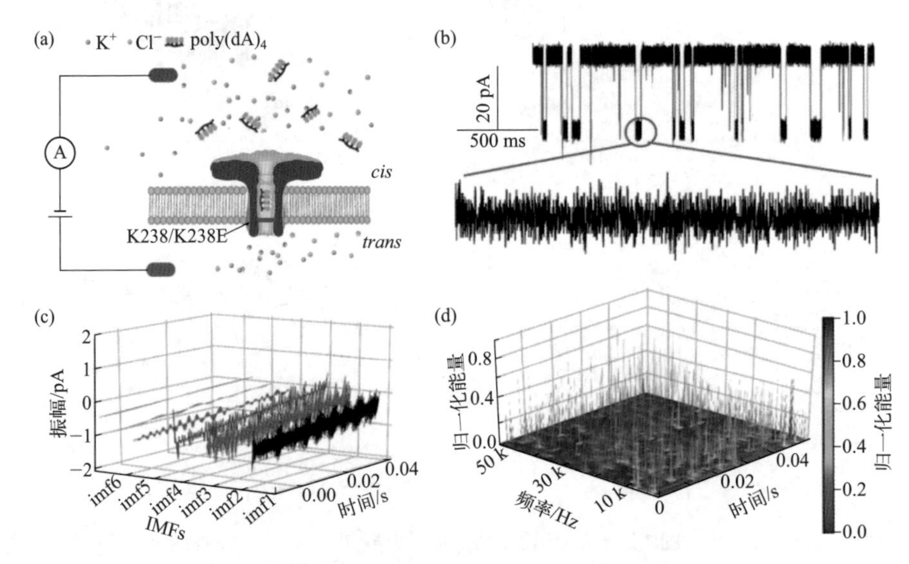

图6-19 野生型气溶素和K238E突变气溶素离子流响应的HHT分析示意图[37]；（a）检测示意图；（b）poly(dA)$_4$穿过野生型气溶素纳米孔道的原始电流信号；（c）经验模态分解得到的固有模态函数；（d）希尔伯特谱能量-频率-时间分布

6.4 其他纳米孔道信号分析方法

6.4.1 基于形状的信号识别与数据分类

采用学习时间序列形状算法（LTS）从阻断电流信号的时间序列数据集上获取S_1和S_2两种形状，然后通过计算形状与原始信号之间的最小距离得到信号的形状变换展示，用简单的逻辑分类器对5′-AAAA-3′和5′-GAAA-3′混合物进行分类，如图6-20，F1分值可达0.933[38]。与用阻断时间和阻断电流进行统计分析的方法相比，形状转换表示法可清晰区分DNA混合物。利用LTS算法，可进行纳米孔道信号的实时分析和预测，直接识别和定量复杂真实样本中的多种生物分子。

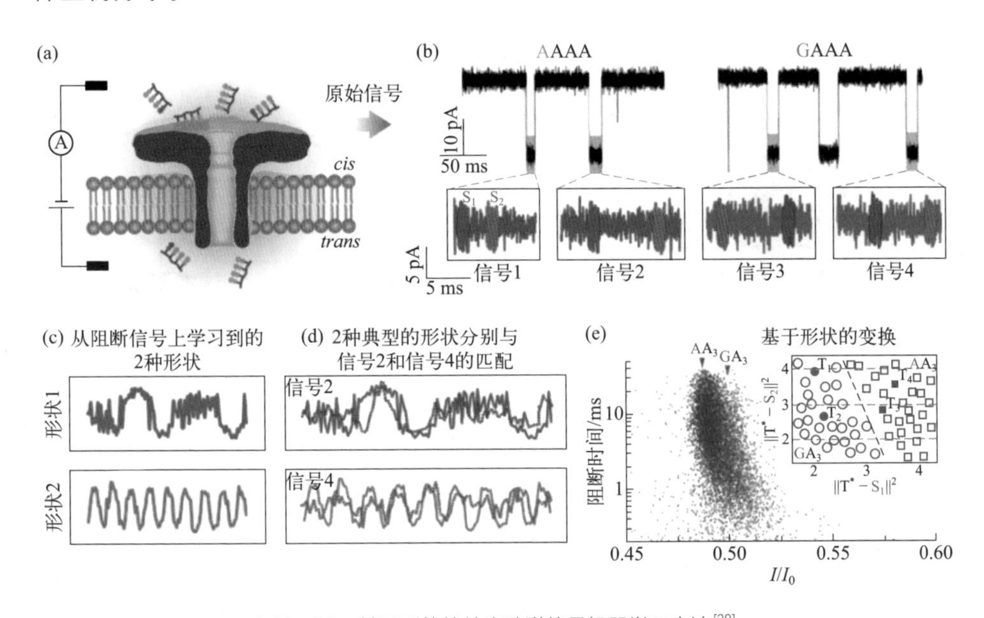

图6-20 基于形状的纳米孔道信号机器学习方法[38]

LTS算法由形状变换层和分类器构成，该算法由三个部分组成：学习、转化和预测。在纳米孔道数据分析中，学习就是从分析物当前的每个阻断电流信号T_m提取公共段S_n作为分类的形状。然后将每个形状与相同长度的T_m的子片段进行比较。为表示形状与原始序列的相似度，计算欧几里得距离$\|T_m-S_n\|^2$，把所有的子片段集中在一起，得到最小距离$\|T^*-S_n\|^2$，即表示形状S_n和最优片段T^*的最近匹配。欧几里得距离具有鲁棒性，可保证该方法适用于低信噪比混合物的信号测量。随后，$\|T^*-S_n\|^2$作为一个特征将时间序列转换到n维空间。例如，假设从原始数据中学习到两种形状，子片段到形状的最短距离可以最优

地将原始信号转换为二维空间。为了实现对每个事件的精确识别，进一步使用分类算法对n维空间中的事件进行分类。在这里使用了逻辑函数，它是一个典型的线性分类器，将纳米孔道信号分为n维空间，结果证明了$\|T^{*}-S_{n}\|^{2}$的变换值在n维空间是线性可分的。

6.4.2 基于HMM的机器学习算法识别信号

马尔可夫模型是一种典型的机器学习算法，已经成功地应用于电生理和纳米孔道数据分析领域。采用改进的隐马尔可夫模型（MHMM）对未滤波的原始纳米孔道信号进行分析，可显著降低由滤波引起的纳米孔道信号的失真。如图6-21，用模糊c均值（FCM）算法自动初始化马尔可夫模型（HMM）参数，然后使用维特比训练算法优化HMM，模拟和仿真的结果验证了该方法的可行性[39]。

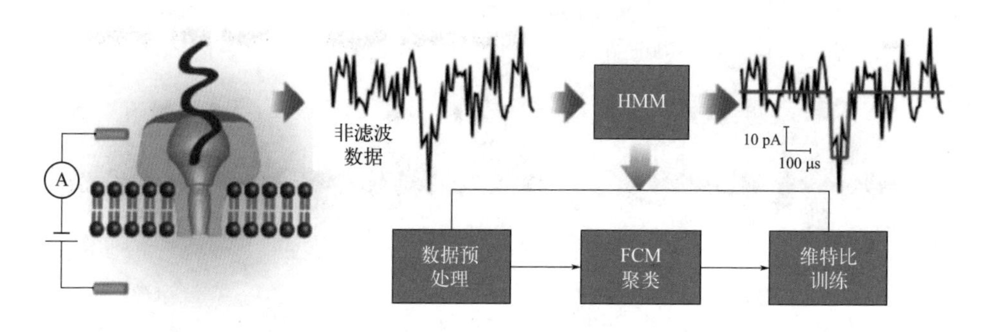

图6-21 HMM识别纳米孔道信号的步骤[39]

未滤波的纳米孔道数据经预处理、FCM聚类和维特比训练算法，获得每个信号的时间和电流值

在纳米孔道数据分析中，观察到的O_1，O_2，…，O_t，对应于电流样本数据，隐藏状态$S=\{S_1, S_2, \cdots, S_N\}$对应于当前阻断信号（台阶），$N$表示当前阻断信号的个数，跃迁概率$A=\{a_{ij}\}$是从$S_i$跃迁到$S_j$的概率，而观察到的$O_t$属于状态$S_i$的概率分布$B=\{b_i(O_t)\}$，被假设成高斯分布$N(\mu_i, \sigma_i^2)$，其中$\mu_i$为样本所属的平均值$S_i$，$\sigma_i^2$为方差。使用维特比算法优化HMM参数，设置一系列初始参数，包括初始状态分布的概率向量$\boldsymbol{\pi}$，状态转移概率矩阵$\boldsymbol{A}$，以及由均值和方差组成的观测矩阵$\boldsymbol{B}$。使用模糊c均值（FCM）算法进行数据分类，每个数据点属于每个类的概率在0～1之间。首先利用FCM算法对观测数据进行标记，然后根据聚类结果初始化$\boldsymbol{\pi}$、$\boldsymbol{A}$和$\boldsymbol{B}$的值。FCM对一组观测数据O_1，O_2，…，O_t通过最小化目标函数进行分类。如图6-22，该方法适用于噪声水平高达σ=0.5 pA，信噪比低，$i/6=2$的数据。当$\sigma>0.3$ pA时，存在半宽和半宽DBC（二阶差分校准）方法共28种，现有的半峰全宽（FWHM）分析方法和DBC方法很难从噪声中

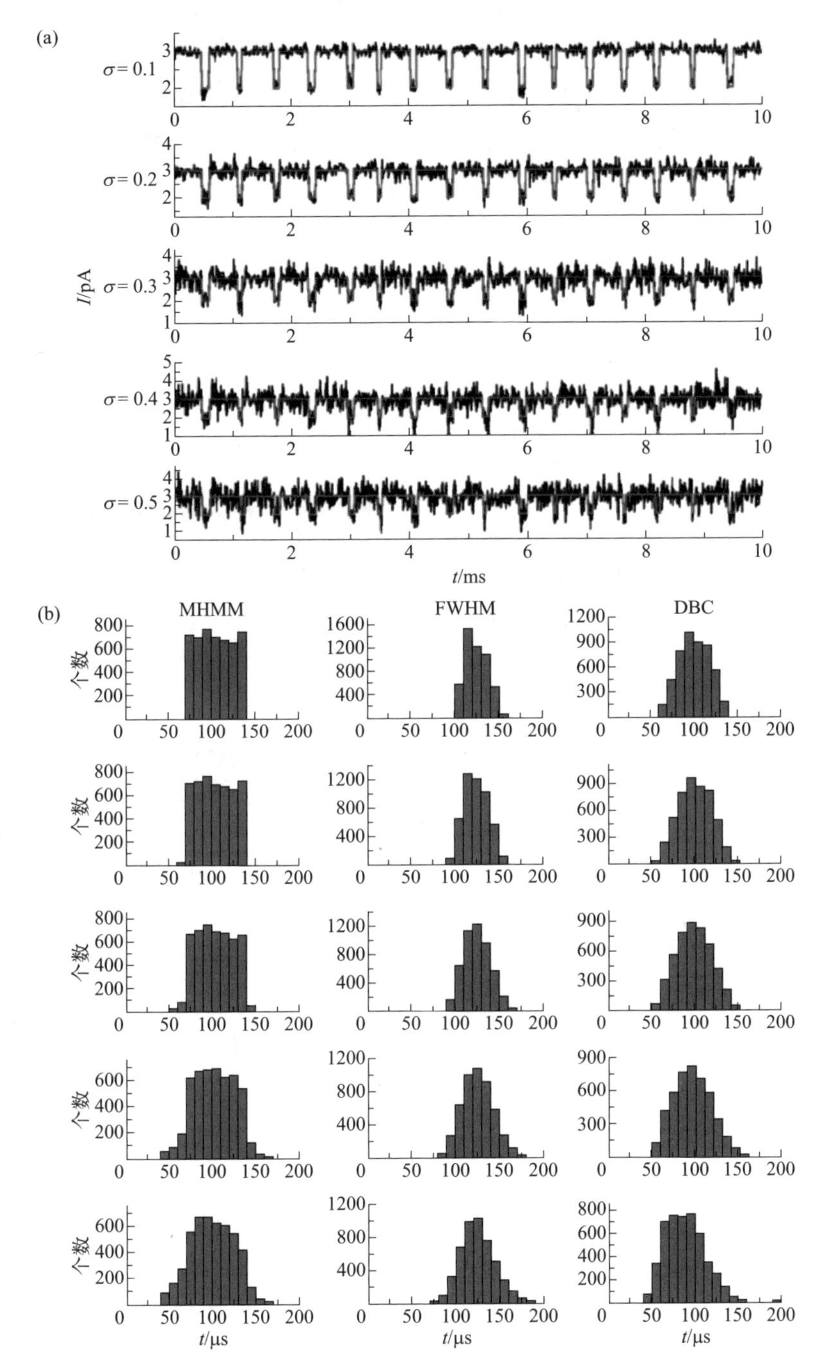

图6-22　（a）利用MHMM算法识别不同噪声水平的信号；（b）分别用MHMM、FWHM和DBC方法识别信号的阻断信号直方图

分辨出信号。随着噪声水平的增加，由FWHM和DBC方法得到数据的阻断时间被延长，而MHMM方法处理得到的阻断时间则更接近真实值（70～130 μs）。

模糊聚类算法（FCM）可以对HMM的参数进行初始化，在低信噪比下检测短信号，该方法不适用于处理多台阶电流信号。结合改进的密度聚类算法（DBSCAN）与隐马尔可夫模型的维特比训练算法可以分析多台阶信号，实现结肠癌患者血清中microRNA21的检测[41]，如图6-23。DBSCAN算法通过密度对数据进行聚类，密度定义为特征空间中某一区域的数据点数。它以高或低密度样本区域为目标集群。该方法在检测多台阶信号时具有良好的性能和较高的准确性。

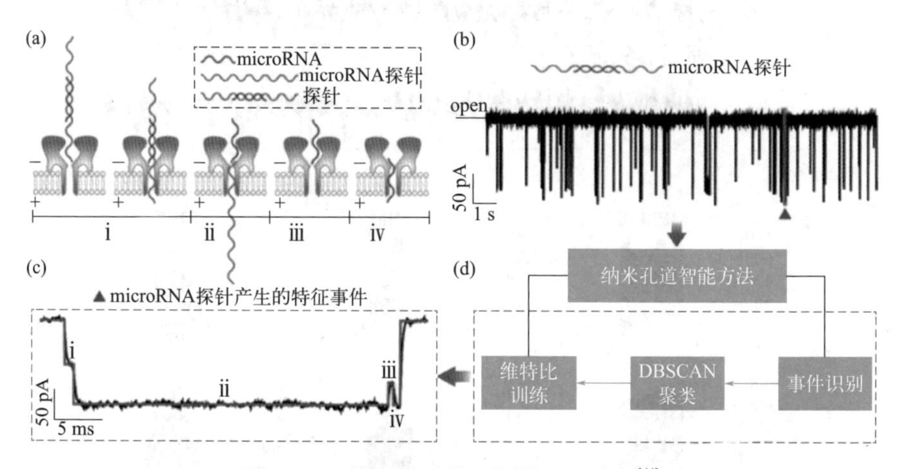

图6-23 多台阶电流信号的数据处理步骤[41]

6.4.3 DNA数据存储

纳米孔道具有无标记地传感纳米尺度单分子的优势，可用于新纳米结构分子的设计与制造。纳米孔道DNA存储技术作为可重写的分子记忆系统，能在可变的DNA三维结构中存储、操作和读取数据[42-43]。具体地通过可控吸附和移除长链DNA上的分子实现数据的写入和擦除，随即利用纳米孔道在毫秒时间尺度上进行单分子检测完成数据读取。例如，退火7228nt线型M13mp ssDNA骨架和互补寡核苷酸，在寡核苷酸设计的位置引入DNA哑铃式发夹或悬臂结构，从而将分子结构信息转换为可直接读取的离子流信号。由于DNA分子的穿孔速度近似恒定，所以单分子信号中尖峰出现的位置与ssDNA骨架上的纳米结构位置相对应。使用哑铃作为参照来标定信息读取的起始和终止位置，以及确定分子穿孔的方向性，沿着DNA骨架依次读取数据：0（悬臂DNA没有结合链霉亲和素）或1（结合了链霉亲和素）（图6-24）[44]。

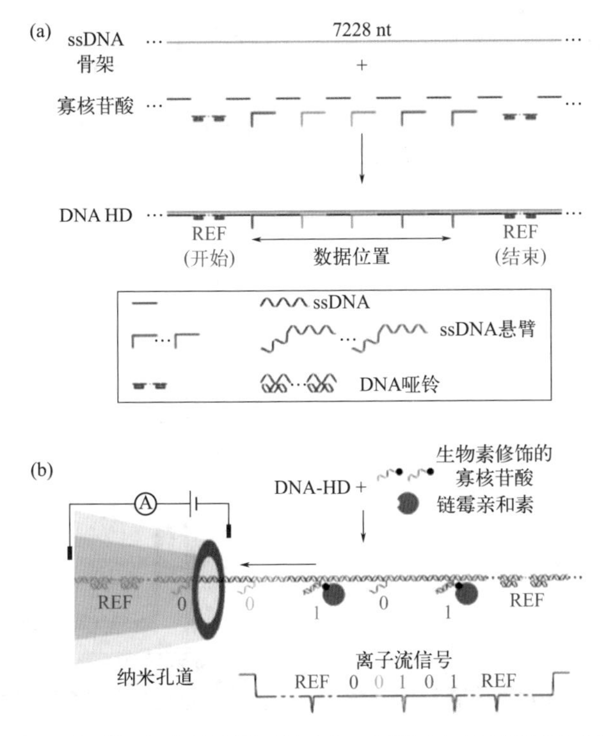

图6-24　DNA硬盘示意图[44]：（a）从单链DNA支架和短链DNA寡核苷酸形成数据单位的DNA硬盘的设计；（b）用纳米孔道获取DNA硬盘的信息

6.5　纳米孔道数据处理基础操作

6.5.1　MOSAIC

MOSAIC具体操作如下：首先，将去除电压通道数据的abf格式文件放入新建文件夹，在Path选项选择文件所在路径。然后，根据从Clampfit中读出的数据确定基线电流i_0、电流噪声宽度的一半σ_{i0}、阈值Threshold，Event Processing选择ADEPT2-state处理单台阶信号。可以选择勾选Event Fits和Blockade Depth Histogram，查看每个信号的拟合结果和直方图。设定好以上参数后，点击Start Analysis。分析完成后，Progress显示为100%，如图6-25所示。点击File-Export to csv，将处理好的数据导出为表格。

导出的Excel表格如图6-26所示，可得到开孔电流（I_0）、阻断电流（I）、阻断程度（I/I_0）、阻断时间、信号绝对起始时间等参数。根据上述数值作阻断时间-阻断程度散点图、阻断程度的拟合直方图、阻断时间的拟合直方图、间隔时间的拟合直方图，可以对纳米孔道信号进行统计处理。

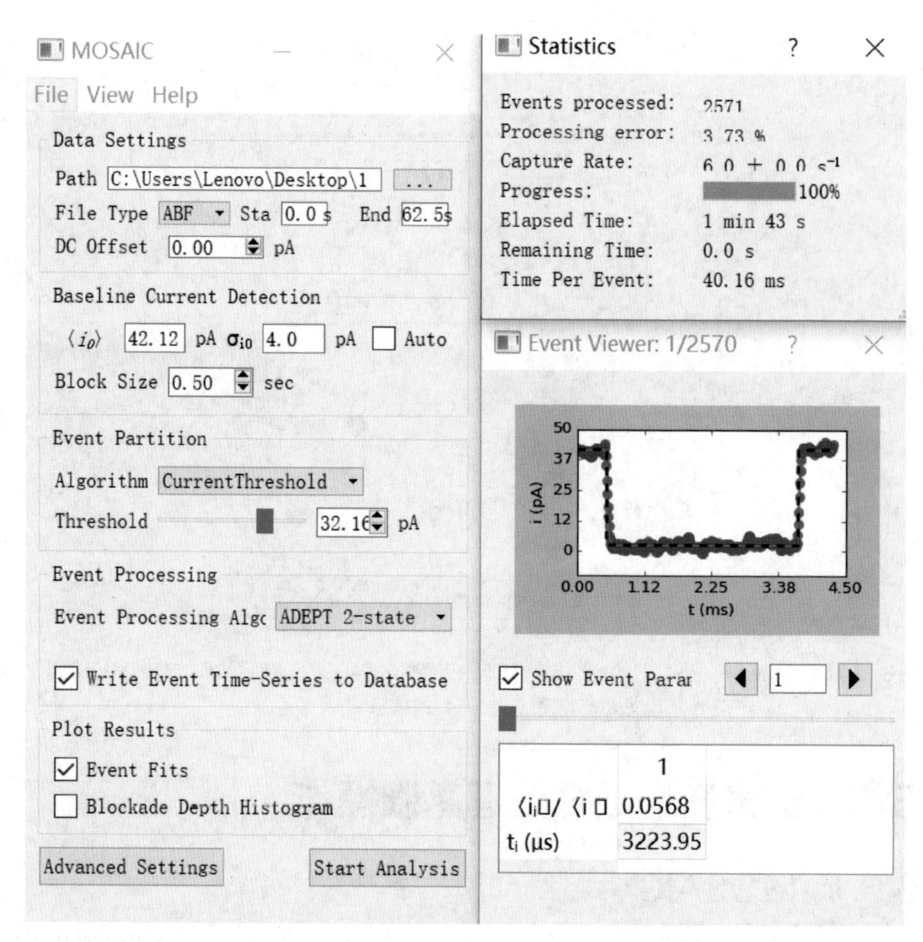

图6-25　MOSAIC处理数据纳米孔道信号示意图

			开孔电流	阻断电流			阻断程度	阻断时间			信号绝对起始时间
	recIDX	ProcessingStatus	OpenChCurrent	BlockedCurrent	EventStart	EventEnd	BlockDepth	ResTime	RCConstant1	RCConstant2	AbsEventStart
0	1	normal	61.63721142	33.53610152	0.48377613	4.232287	0.54408856	3.74851	0.01092129	0.01092129	9.373776129
1	2	normal	61.46460966	34.19576169	0.490125	1.692121	0.5563488	1.201996	0.01227347	0.01227347	33.610125
2	3	normal	61.8461411	33.72071339	0.46664152	4.753107	0.54523553	4.286465	0.02534139	0.02534139	191.1466415
3	4	normal	61.70074396	15.31235648	0.48262764	0.590973	0.24817134	0.108345	0.02067831	0.02067831	200.8026276
4	5	normal	61.62952202	42.76170198	0.45137637	0.507266	0.69385094	0.055889	0.04154508	0.04154508	212.4213764
5	6	normal	61.63867191	34.00669638	0.47426183	1.97111	0.5517104	1.496848	0.02417787	0.02417787	253.3342618
6	7	normal	61.92700362	33.85846796	0.46344739	6.173076	0.54674804	5.709629	0.03323729	0.03323729	278.8234474
7	8	normal	61.73922783	33.5713861	0.4737706	1.192777	0.54376103	0.719007	0.01372873	0.01372873	292.2637706
8	9	normal	61.88617285	33.81078676	0.47424475	2.451684	0.5463383	1.977439	0.02410233	0.02410233	334.8942447
9	10	normal	61.32118852	33.88190959	0.47128009	1.721806	0.55253185	1.250526	0.02271236	0.02271236	362.1812801
10	11	normal	61.96804894	33.66675783	0.47244377	5.242813	0.5432922	4.77037	0.02514974	0.02514974	375.3924438

图6-26　由MOSAIC软件处理后得到的数据表格

6.5.2 Nanopore Analysis

Nanopore Analysis软件的具体操作方法如下：首先，在分析之前，将实验数据导入Matlab软件分割成小片段，切成的所有片段都显示在“Data list”数据列表框里。然后，如图6-27，选中一个小片段在坐标轴上显示出来，在“Analysis”数据分析面板上，用户需要设置三个参数：窗口宽度“Window width”(w)、恒定阈值u_0和低通滤波的截止频率“low-pass filter”(f_c)。窗口宽度w用于根据噪声级别调整移动窗口平均效率；恒定阈值u_0会影响阻断信号定位的灵敏度，不会影响对阻断时间和阻断电流幅值的评估；低通滤波的截止频率f_c用于计算上升时间。运行程序后，如图6-28，“Results”分析结果面板中列出当前片段轨迹中所有检测出来的阻断信号，选中一个信号的放大视图显示在上方窗口。完成数据的检测后，可以使用此软件提供的统计工具进一步分析阻断信号的阻断时间和电流大小。

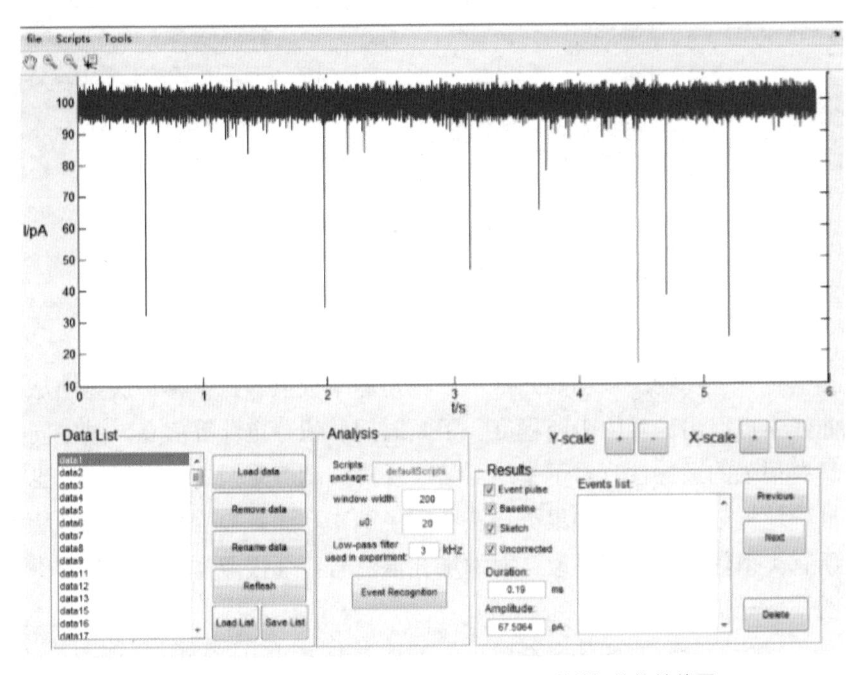

图6-27 Nanopore Analysis处理纳米孔道数据的软件截图

上面窗口中蓝色轨迹为原始数据的一部分

6.5.3 PyNanoLab

PyNanoLab是一款依托于python编写并用于纳米孔道数据分析的一体化GUI软件，主要有采样信号分析、数据处理和数据可视化三种功能，本节主要

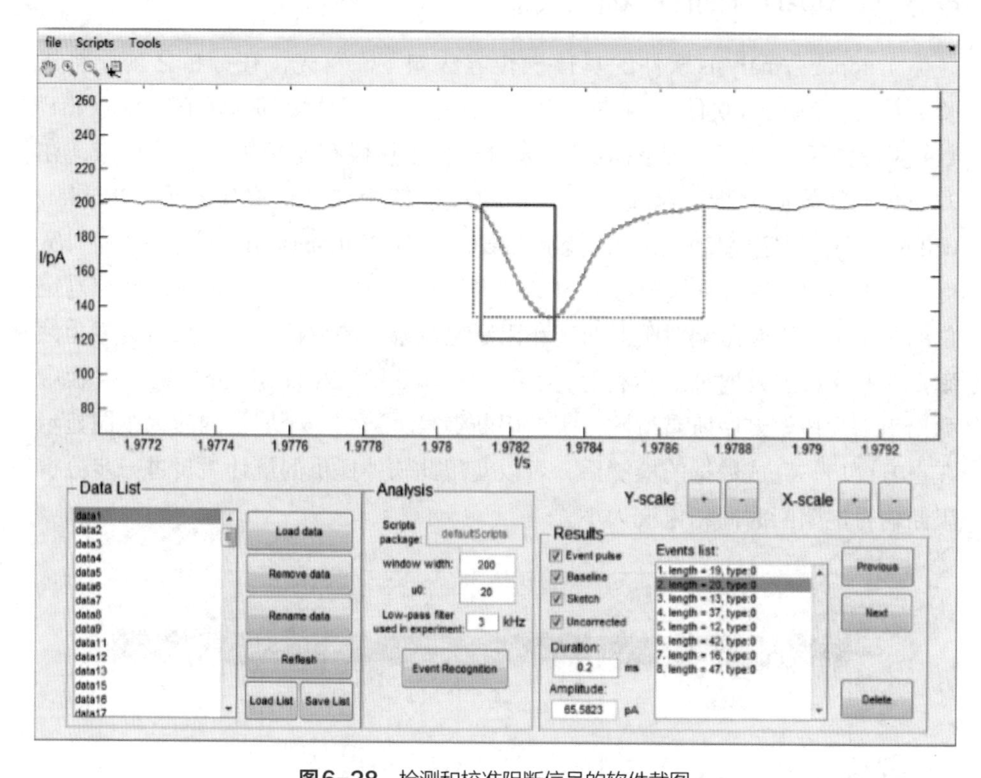

图6-28 检测和校准阻断信号的软件截图

红色实线标出了阻断信号的时间和电流大小；红色虚线表示恢复的时间；

绿色曲线为傅里叶级数拟合的结果

讲采样信号分析功能。该功能的基本原理是基于极值跃迁等算法快速地从离子电流曲线中提取出信号的阻断程度、阻断时间、积分电荷等信息，对不同类型信号具有很强的适应性，对于基线漂移、噪声波动等复杂的不平稳信号也可以高效准确地提取。结合多种聚类算法实现了纳米孔道脉冲信号、单台阶和多台阶等所有类型信号的快速提取，为纳米孔道信号特征提取与可视化等提供了一种新的快速分析方法。

6.5.3.1 PyNanoLab的安装与运行界面

首先登录PyNanoLab的官方网站下载PyNanoLab安装包并安装。

运行软件后，出现如图6-29的界面。界面主要分为树型管理、表格式管理、图形式管理，分文件夹为“Data”“Table”和“Figure”。数据文件夹用于管理其他设备采集到的采样数据。表文件夹用于管理分析结果或外部导入的文件（csv、txt、excel等）。图文件夹用于管理matplotlib绘制的图形。

图6-29　PyNanoLab加载的初始界面

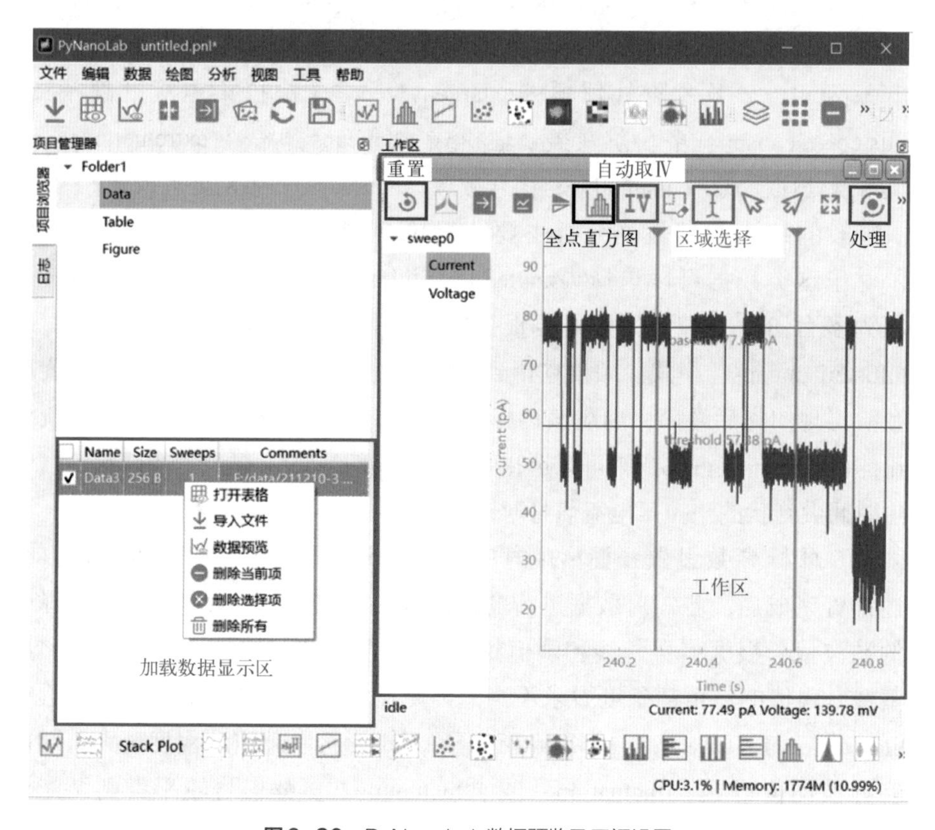

图6-30　PyNanoLab数据预览及区间设置

6.5.3.2 PyNanoLab的具体操作

（1）数据加载　点击图6-29中所示的“加载数据”按钮，弹出数据选择对话框，选择所需处理的abf、tdms或xdat格式的文件。

（2）数据预览和预处理　如图6-30，在“加载数据显示区”勾选预览的数据，右键—“数据预览”选择预览数据。在工作区-Sweep0通道可选择对该预览数据的电流或电压数据进行预览和预处理。鼠标置于横轴或竖轴时，滚轮操作可实现横轴或竖轴的放大或缩小，鼠标置于图像操作滚轮可实现图像整体的放大或缩小。鼠标拖动Baseline红色线至基线位置，拖动Threshold至合适的阈值；点击区域选择按钮，拖动tag1、tag2选择信号处理起始时间和结束时间。点击“处理”按钮进行处理。

PyNanoLab软件还具有基线校正、数据翻转等功能，读者可通过工作区其他功能按钮和帮助选项获取相应的功能及操作指导。

（3）分析模式选择　singleStepOriginal——单台阶处理模式（信号拟合为原始数据类型）；singleStepReduced——单台阶处理模式（信号拟合为还原处理法）；singleStepAdept2——单台阶处理模式（信号拟合为极值处理法）；multistepspnl——多台阶处理模式；faradayStep——法拉第电流处理模式；multistepKmeans——多台阶聚类处理模式（Kmeans算法）；extremejump——极值跳跃处理模式；cutsignal——信号截取；manual——手动处理模式。

一般的纳米孔道数据分析主要获得单台阶信号的时间及阻断电流信息，对于这类数据可以选择“singleStepOriginal”模式。如果该数据的信号特征为多台阶信号较多，则需要根据实验具体目的选择“multistepspnl”或“multistepKmeans”模式。如果在得到台阶的分布位置和时间的同时也需要获取台阶出现的先后顺序，则应该选择“multistepspnl”模式。如果只需要统计电流的台阶分布及占比，则可以选择“multistepKmeans”模式。当采集的信号为短时间尖刺状的法拉第电流信号时，可选择“faradayStep”模式。

（4）分析参数设置　图6-31为PyNanoLab数据处理参数设置界面。在上述设置完成后，若需对数据进行滤波处理，勾选“Lowpass Filter”选择合适的滤波值；根据信号基线和阈值精准设置“Baseline”和“Threshold”，如对基线、阈值的数值精确度要求不高，则无需调整。根据实际信号方向选择“Direction”为“Upward”或“Downward”，如信号内部波动程度较大，可根据实际波动值设置“fluctuation”或“fluctuation2”，如信号较平稳则无需设置。点击“OK”后，软件开始对数据进行分析处理。

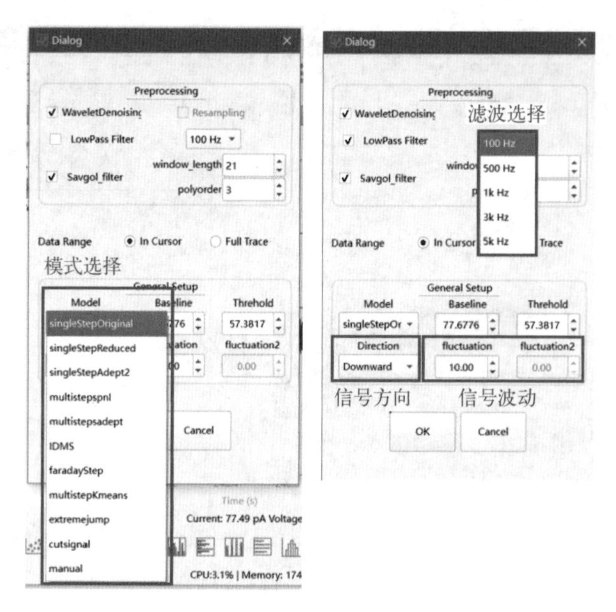

图6-31　PyNanoLab数据处理模式选择及参数设置

（5）拟合数据预览　分析结束后，工作区弹出该数据处理后的表格，表示分析完成。勾选该表格，点击右键并选择“预览拟合信号”可对处理后的信号进行预览；点击右键选择“打开表格”可获取处理后的基线电流值、信号电流值和信号时长等信息。

（6）导出结果　确定数据处理无误后，可点击右键选择“导出结果”导出处理后的表格。如果在相同处理模式下处理得到多个表格，可选择要合并的表格点击右键选择“合并结果”对表格进行合并。

（7）作图　PyNanoLab具有丰富强大的图像处理功能，可对处理后的数据表格或导入的数据表格进行数据作图和图像处理。如图6-32，在表格中对数据进行筛选、升降序等操作后，可直接在软件下方的图像处理工具栏选择合适的作图模式进行作图。图像的具体设置及参数调整与作图软件Origin操作相同，读者可根据Origin操作手册进行学习和使用。

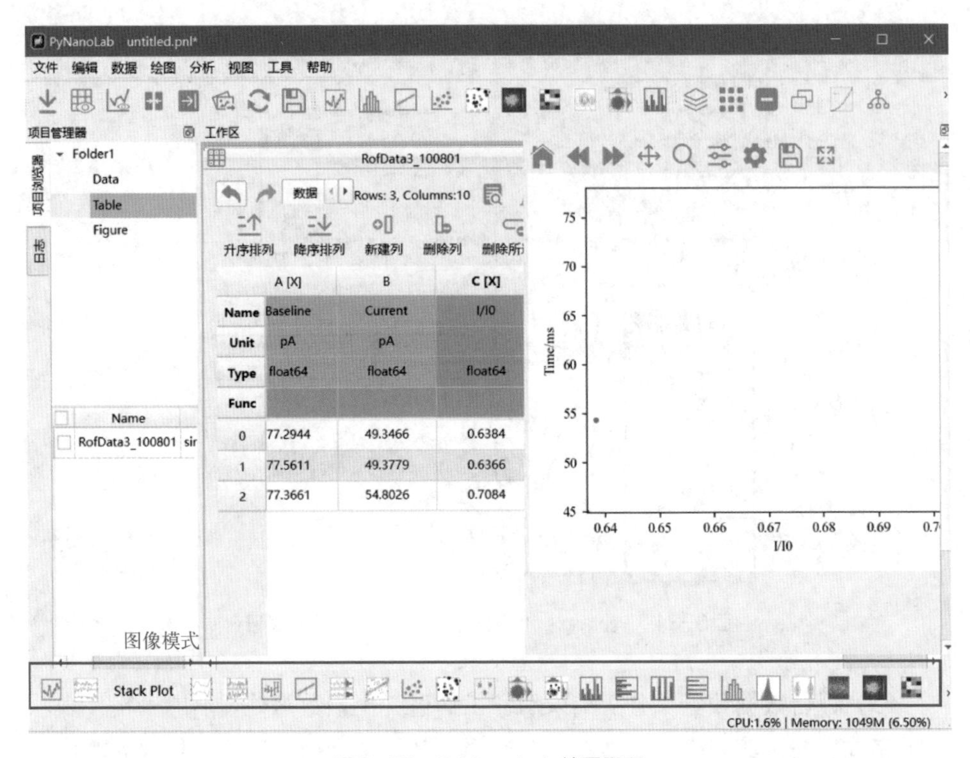

图6-32 PyNanoLab 绘图界面

参考文献

[1] Shekar S, Chien C C, Hartel A, Ong P, Clarke O B, Marks A, Drndic M, Shepard K L. Wavelet denoising of high bandwidth nanopore and ion-channel signals[J]. *Nano Letters*, 2019, 19(2): 1090-1097.

[2] Mallat S G A. Theory for multiresolution signal decomposition: The wavelet representation[J]. *IEEE Transactions on Pattern Analysis and Machine Intelligence*, 1989, 11(7): 674-693.

[3] Strang G. Wavelet transforms versus Fourier transforms[J]. *Bulletin of the American Mathematical Society*, 1993, 28(2): 288-305.

[4] Donoho D L, Johnstone I M. Ideal spatial adaptation by wavelet shrinkage[J]. *Biometrika*, 1994, 81: 425-455.

[5] Cao C, Long Y T. Biological nanopores: confined spaces for electrochemical single-molecule analysis[J]. *Accounts of Chemical Research*, 2018, 51(2): 331-341.

[6] Plesa C, Dekker C. Data analysis methods for solid-state nanopores[J]. *Nanotechnology*, 2015, 26(8): 084003.

[7] Plesa C, Ananth A N, Linko V, Gülcher C, Katan A J, Dietz H, Dekker C. Ionic permeability and mechanical properties of DNA origami nanoplates on solid-state nanopores[J]. *ACS Nano*, 2014, 8(1): 35-43.

[8] Plesa C, Cornelissen L, Tuijtel M W, Dekker C. Non-equilibrium folding of individual DNA molecules recaptured up to 1000 times in a solid state nanopore[J]. *Nanotechnology*, 2013, 24(47): 475101.

[9] Plesa C, Kowalczyk S W, Zinsmeester R, Grosberg A Y, Rabin Y, Dekker C. Fast translocation of proteins through solid state nanopores[J]. *Nano Letters*, 2013, 13(2): 658-663.

[10] Carlsen A T, Zahid O K, Ruzicka J, Taylor E W, Hall A R. Interpreting the conductance blockades of DNA translocations through solid-state nanopores[J]. *ACS Nano*, 2014, 8(5): 4754-4760.

[11] Rosenstein J K, Wanunu M, Merchant C A, Drndic M, Shepard K L. Integrated nanopore sensing platform with sub-microsecond temporal resolution[J]. *Nature Methods*, 2012, 9(5): 487-492.

[12] Wei R, Martin T G, Rant U, Dietz H. DNA origami gatekeepers for solid-state nanopores[J]. *Angewandte Chemie International Edition*, 2012, 51(20): 4864-4867.

[13] Rosa A, di Ventra M, Micheletti C. Topological jamming of spontaneously knotted polyelectrolyte chains driven through a nanopore[J]. *Physical Review Letters*, 2012, 109(11): 118301.

[14] Hout M V D, Hall A R, Wu M Y, Zandbergen H W, Dekker C, Dekker N H. Controlling nanopore size, shape and stability[J]. *Nanotechnology*, 2010, 21(11): 115304.

[15] Arvind B, Jessica E, Andrew T C, Robertson J W F, Cheung K P, Kasianowicz J J, Vaz C. Quantifying short-lived events in multistate ionic current measurements[J]. *ACS Nano*, 2014, 8(2): 1547-1553.

[16] Daniel P, Matthias F, Ulrich R. Data analysis of translocation events in nanopore experiments[J]. *Analytical Chemistry*, 2009, 81(23): 9689-9694.

[17] Dimitrov V, Mirsaidov U, Wang D, Sorsch T, Manfield W, Miner J, Klemens F, Cirelli R, Yemenicioglu S, Timp G. Nanopores in solid-state membranes engineered for single molecule detection[J]. *Nanotechnology*, 2010, 21(6): 065502.

[18] Krems M, Pershin Y V, di Ventra M. Ionic memcapacitive effects in nanopores[J]. *Nano Letters*, 2010, 10(7): 2674-2678.

[19] Tim A. How to understand and interpret current flow in nanopore/electrode devices[J]. *ACS Nano*, 2011, 5(8): 6714-6725.

[20] Forstater J H, Briggs K, Robertson J W, Ettedgui J, Marie-Rose O, Vaz C, Kasianowicz J J, Tabard-Cossa V, Balijepalli A. MOSAIC: A modular single-molecule analysis interface for decoding multistate nanopore data[J]. *Analytical Chemistry*, 2016, 88(23): 11900-11907.

[21] Raillon C, Granjon P, Graf M, Steinbocka L J, Radenovic A. Fast and automatic processing of multi-level events in nanopore translocation experiments[J]. *Nanoscale*, 2012,4(16): 4916-4924.

[22] Gu Z, Ying Y L, Cao C, He P, Long Y T. Accurate data process for nanopore analysis[J]. *Analytical Chemistry*, 2015, 87(2): 907-913.

[23] Liu S C, Ying Y L, Li W H, Wan Y J, Long Y T. Snapshotting the transient conformations and tracing the multiple pathways of single peptide folding using a solid-state nanopore[J]. *Chemical Science*, 2021, 12(9): 3282-3289.

[24] Fragasso A, Schmid S, Dekker C. Comparing current noise in biological and solid-state nanopores[J]. *ACS Nano*, 2020, 14(2): 1338-1349.

[25] Liang S, Xiang F, Tang Z, Nouri R, He X, Dong M, Guan W. Noise in nanopore sensors: Sources, models, reduction, and benchmarking[J]. *Nanotechnology and Precision Engineering*, 2020, 3(1): 9-17.

[26] Smeets R M, Dekker N H, Dekker C. Low-frequency noise in solid-state nanopores[J]. *Nanotechnology*, 2009, 20(9): 095501.

[27] Smeets R M, Keyser U F, Dekker N H. Noise in solid-state nanopores[J]. *Proceedings of the National Academy of Sciences of the United States of America*, 2008, 105(2): 417-421.

[28] Wohnsland F, Benz R. 1/f-Noise of open bacterial porin channels[J]. *The Journal of Membrane Biology*, 1997, 158: 77-85.

[29] Xin K L, Hu Z L, Liu S C, Li X Y, Li J G, Niu H Y, Ying Y L, Long Y T. 3D Blockage mapping for identifying familial point mutations in single Amyloid-β peptides with a nanopore[J]. *Angewandte Chemie International Edition*, 2022, 61(44): e202209970.

[30] Bertocci U, Huet F, Jaoul B, Rousseau P. Frequency analysis of transients in electrochemical noise: Mathematical relationships and computer simulations[J]. *Corrosion Science*, 2000, 56(7): 675-683.

[31] Bezrukov S M, Kasianowic J J. Current noise reveals protonation kinetics and number of ionizable sites in an open protein ion channel[J]. *Physical Review Letters*, 1993, 70(15): 2352-2355.

[32] Kasianowic J J, Bezrukov S M. Protonation dynamics of the a-toxin ion channel from spectral analysis of pH-dependent current fluctuations[J]. *Biophysical Journal*, 1995, 69(1): 94-105.

[33] Nestorovich E M, Rostovtseva T K, Bezrukov S M. Residue ionization and ion transport through OmpF channels[J]. *Biophysical Journal*, 2003, 85(6): 3718-3729.

[34] Hoogerheide D P, Garaj S, Golovchenko J A. Probing surface charge fluctuations with solid-state nanopores[J]. *Physical Review Letters*, 2009, 102(25): 256804.

[35] Huang N E, Shen Z, Long S R, Wu M C, Shih H H, Zheng Q, Yen N C, Tung C C, Liu H H. The empirical mode decomposition and the Hilbert spectrum for nonlinear and non-stationary time series analysis[J]. *Proceedings of the Royal Society A*, 1998, 454(1971): 903-995.

[36] Wu Z, Huang N E. Ensemble empirical mode decomposition: A noise-assisted data analysis method[J]. *Advances in Adaptive Data Analysis*, 2009, 1(1): 1-41.

[37] Liu S C, Li M X, Li M Y, Wang Y Q, Ying Y L, Wan Y J, Long Y T. Measuring a frequency spectrum for single-molecule interactions with a confined nanopore[J]. *Faraday Discussions*, 2018, 210: 87-99.

[38] Wei Z X, Ying Y L, Li M Y, Yang J, Zhou J L, Wang H F, Yan B Y, Long Y T. Learning shapelets for improving single-molecule nanopore sensing[J]. *Analytical Chemistry*, 2019, 91(15): 10033-10039.

[39] Zhang J, Liu X, Ying Y L, Gu Z, Meng F N, Long Y T. High-bandwidth nanopore data analysis by using a modified hidden Markov model[J]. *Nanoscale*, 2017, 9(10): 3458-3465.

[40] Ying Y L, Long Y T. Nanopore-based single-biomolecule interfaces: From information to knowledge[J]. *Journal of the American Chemical Society*, 2019, 141(40): 15720-15729.

[41] Zhang J H, Liu X L, Hu Z L, Ying Y L, Long Y T. Intelligent identification of multi-level nanopore signatures for accurate detection of cancer biomarkers[J]. *Chemical Communications*, 2017, 53(73): 10176-10179.

[42] Chen K, Kong J, Zhu J, Ermann N, Predki P, Keyser U F. Digital data storage using DNA nanostructures and solid-state nanopores[J]. *Nano Letters*, 2019, 19(2): 1210-1215.

[43] Misiunas K, Ermann N, Keyser U F. QuipuNet: Convolutional neural network for single-molecule nanopore sensing[J]. *Nano Letters*, 2018, 18(6): 4040-4045.

[44] Chen K, Zhu J, Bošković F, Keyser U F. Nanopore-based DNA hard drives for rewritable and secure data storage[J]. *Nano Letters*, 2020, 20(5): 3754-3760.

第 7 章

纳米孔道电化学限域可控单个体分析

7.1 生物纳米孔道应用

7.1.1 生物纳米孔道检测原理

生物纳米孔道可以看成是由单个蛋白质分子翻转卷曲而成且具有纳米尺寸的传感界面，该传感界面为捕获的单个待测物分子提供了一个限域的空间以及合适的传感环境，使单个分子可以在电泳力或电渗流的驱动下依次进入此限域空间，同时生物纳米孔道管腔内多种氨基酸残基可与单个待测物分子产生丰富的相互作用。如“2.3.4 孔道内的基础电化学机制”所述，传感界面检测单分子的能力与界面的电荷、限域空间的几何尺寸以及其与界面之间的相互作用有关。待测物分子在孔道内的排阻体积，以及其和孔道之间的静电相互作用、范德华相互作用、氢键等，共同决定了离子流信号的特征。被捕获分子通过调控孔道内离子的迁移率，改变孔道内未被目标分子占位部分的溶液电导，从而在体积排阻的基础上诱导离子流传感信号的增强。为了实现单分子水平上相互作用的检测，准确分析单分子在生命过程中隐藏的转换路径，可设计和精确构建用于特定生物传感的功能化纳米孔道传感器[1-2]。生物纳米孔道内腔这一单分子界面可以通过基因工程定向可控地改变，如研究人员通过改变生物纳米孔道单分子界面关键位点的氨基酸残基，显著提升对待测物的捕获能力，实现对带电性质不同的待测物的筛选以及对待测物在限域空间内细节行为的高灵敏检测[3]。单个分子的形状、结构、构象、位置和方向在传感界面内随机波动，这些特征使得单个分子能够与纳米孔道传感界面间独特的非共价相互作用，进而调节离子沿着传感界面的动态再分布。利用单分子界面进行分子生命活动的动态分析已经实现，目前已经广泛应用于DNA、多肽、蛋白质等的分析[4-6]。

7.1.2 基于单分子界面的动态分析

由于毒素蛋白在生命活动中要发挥裂解细胞的功能，因此大多数毒素蛋白内腔由亲水性或电中性的氨基酸构成。气溶素纳米孔道的内腔具有丰富的带电荷氨基酸残基，这一富含电荷的单分子界面在核酸检测和多肽识别方面展现出极高的灵敏性[7]，如图7-1所示，DNA穿过气溶素纳米孔道的速率比传统的野生型溶血素（α-HL）纳米孔道降低了3个数量级。均聚腺嘌呤脱氧核糖核苷酸在野生型气溶素界面内展现出较为均一的穿孔行为，产生的阻断电流分布极窄，由此在气溶素单分子界面实现了仅包含一个碱基差异的寡聚核苷酸的分辨，可实时监测核酸外切酶 I 对寡聚核苷酸的逐步剪切过程[8]。

(a) 生物纳米孔道检测待测物实验流程

ⅰ. 磷脂双分子层膜的制备。使用提拉成膜法成膜，在0 mV电压下，向液面滴加磷脂。在成膜的瞬间，电流由正无穷变为0 pA。

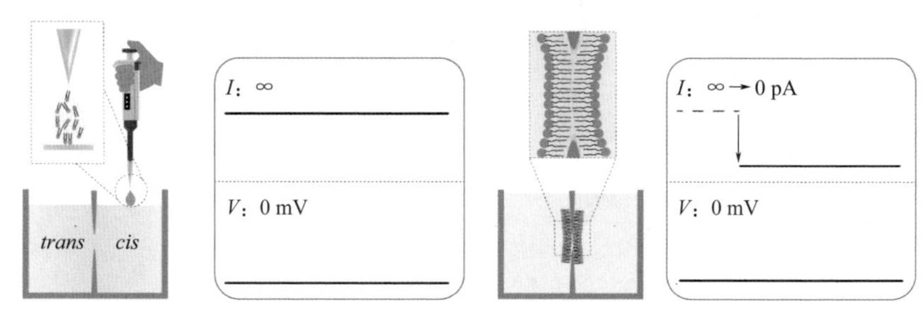

ⅱ. 生物纳米孔道自组装。设置电压为100 mV，向磷脂双分子层膜附近加适量活化了的蛋白溶液。当单个孔道在膜上自组装后，电流由0 pA变为50 pA。

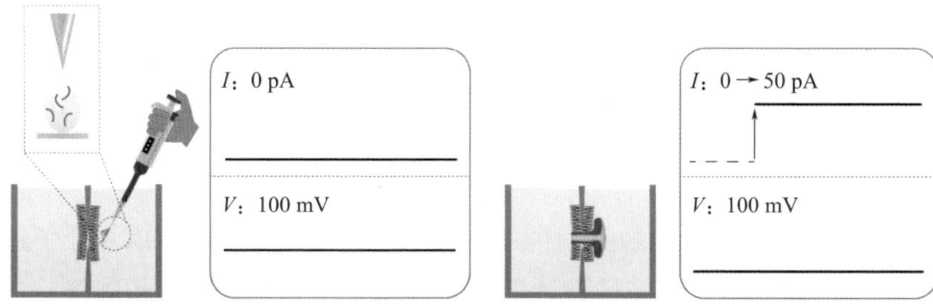

ⅲ. 在*cis*侧加入适量待测物。

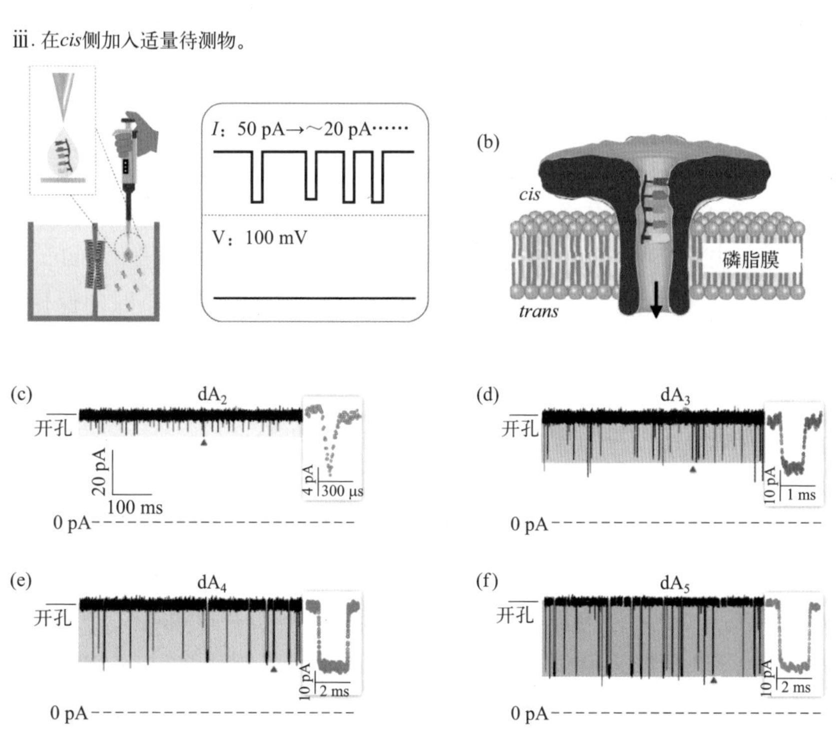

图7-1

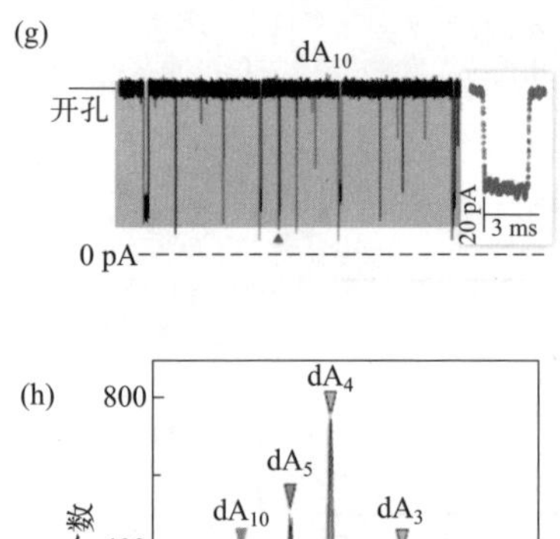

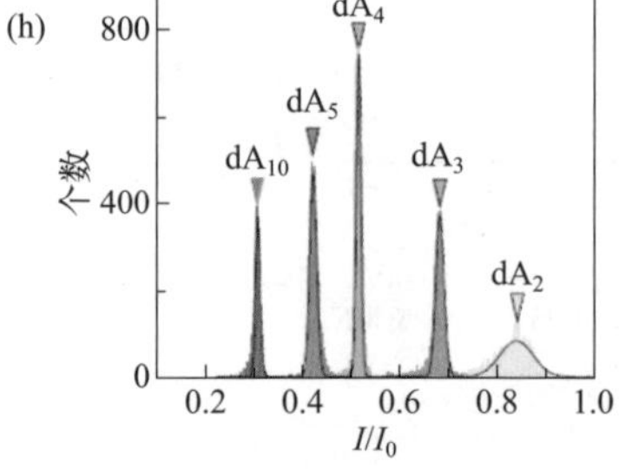

图7-1 生物纳米孔道单分子测量操作示意图，以及dA_2、dA_3、dA_4、dA_5和dA_{10}通过气溶素纳米孔道的原始电流轨迹和电流直方图[8]

由于野生型气溶素纳米孔道能够对包含单个碱基差异的DNA分子进行高灵敏检测，因此无需任何特殊设计即可直接测量甲基化胞嘧啶和胞嘧啶之间的细微差别。在野生型气溶素纳米孔道中，相比于胞嘧啶（I/I_0=0.56），血清中甲基化胞嘧啶的阻断电流程度更大（I/I_0=0.53），且其停留时间延长了1.4倍，气溶素生物纳米孔道可准确鉴别两种寡聚核苷酸。此工作促进了纳米孔道传感的临床应用，加速了对人类疾病诊断的研究[9]。

此外，还可以利用生物纳米孔道的动态单分子测量揭示DNA中C：C错配的质子化/去质子化机制，如图7-2所示，单个双链DNA分子（double-strand DNA, dsDNA）可被限制在野生型α-HL纳米孔道内并在几个小时内保持稳定。结合隐马尔可夫动力学模型发现不同溶液pH值条件下，碱基的翻转发生了变化，质子化/去质子化发生时DNA分子的碱基对处于内螺旋状态，可为隐藏的DNA识别和酶催化相关的酸碱机制提供证据[10]。

对于RNA来说，其化学性质和生物学机制由其三级结构决定，如图7-3所示，结合生物纳米孔道实验以及分子动力学模拟等方法可实现各种折叠中间体的“可视化”，并跟踪中间体的相互转换，推导折叠路径。RNA折叠过程的动态分析结果对于RNA结构及其在细胞中功能的理解具有重要意义[11]。

类似地，单个纳米孔道所构成的单分子界面可用于多肽的分析和检测，如图7-4所示，气溶素纳米孔道内腔作为单分子界面具有极高的灵敏性，能够识别不同长度的均聚精氨酸多肽，使得高效液相色谱（HPLC）纯化后的

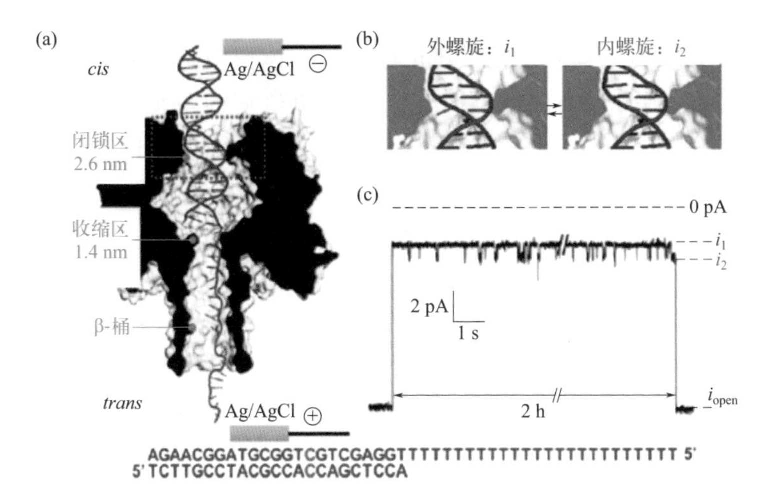

图7-2（a）血清中 α-HL纳米孔道捕获C ：C错配的dsDNA示意图（错配的C ：C碱基用红色表示）;（b）孔道内腔外螺旋（i_1）和内螺旋（i_2）状态C ：C错配放大图;（c）单个dsDNA分子通过蛋白质孔道时的2 h原始电流记录[10]

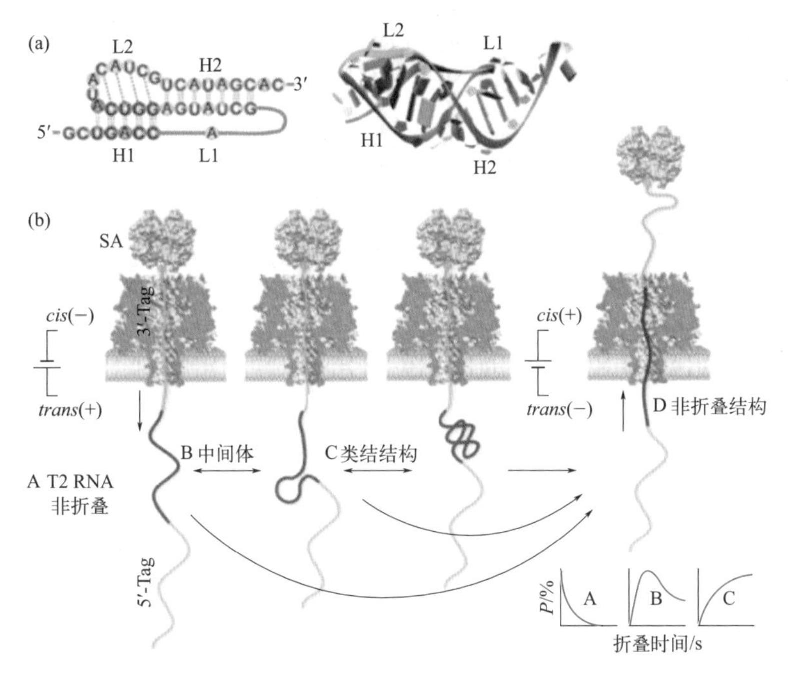

图7-3　蛋白质纳米孔道中RNA折叠过程的单分子检测:（a）从噬菌体T2的5′端基因32信使RNA获得的假结的2D（左）和3D（右）结构，其中包含两个螺旋H1（红色）和H2（蓝色），以及两个环（绿色）L1和L2;（b）利用纳米孔道检测T2 RNA的折叠状态及折叠途径，B和C为折叠状态，A为展开状态[11]

多肽样品中微量杂质的检测成为可能[12]。气溶素纳米孔道单分子界面入口处电荷分布决定多肽的捕获。在恒定正电压下，体积和质量相同的带正电荷的多肽（YEQ）$_3$（序列为YEQYEQYEQ）比带负电荷的多肽（YKQ）$_3$（序列为YKQYKQYKQ）更容易被气溶素纳米孔道捕获。与短肽相比，较长的肽链产生的阻断电流具有较大的阻断程度和较长的持续时间，因此，多肽的电荷和长度对多肽穿过纳米孔道都有影响，同时证明了气溶素纳米孔道可在无需标记或修饰的条件下实现短至6个氨基酸长度多肽的直接检测[13]。

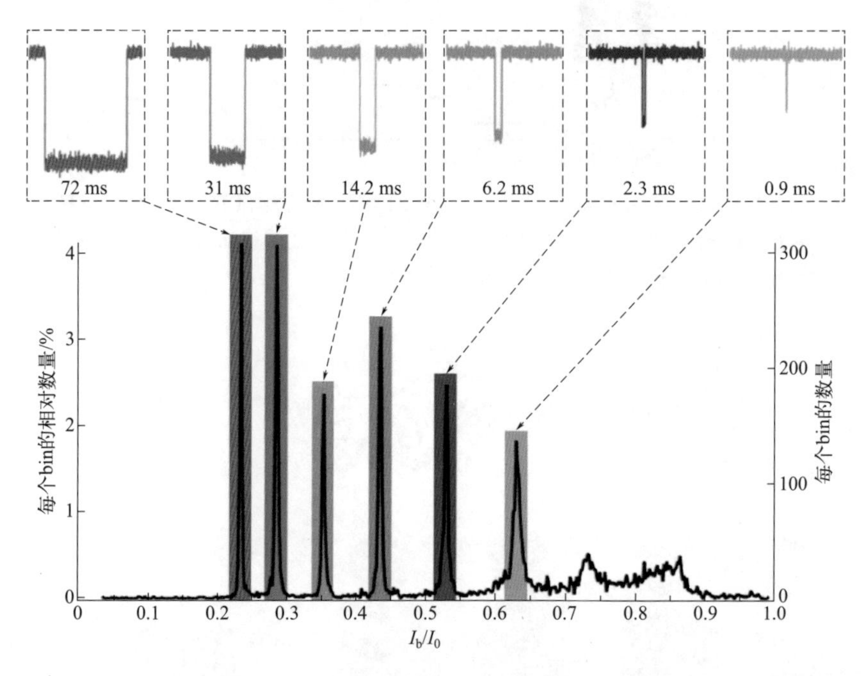

图7-4 不同长度的均聚精氨酸多肽穿过气溶素纳米孔道的原始电流轨迹以及相应的电流统计直方图[12]

如图7-5，纳米孔道技术以其单分子、高通量、无标记的特征，从单分子层面阐明了血管紧张素多肽（Ang系列多肽）的动态演化过程，揭示了肾素-血管紧张素系统中血管紧张素转化酶（ACE）和血管紧张素转化酶2（ACE2）之间的串扰效应[14]。由于具备可以在无标记或无修饰的状态下逐个、高效地读取单个分子，并从单分子水平高通量读取体系内各类分子特征信息的优势，纳米孔道测量技术有望成为一种单分子组学研究的新方法，赋予组学分析一个全新的解析层面，同现有的组学方法结合以获取对复杂体系更为细致且全面的理解。

利用双突变的ClyA-AS生物纳米孔道单分子传感界面可以实现对二氢叶

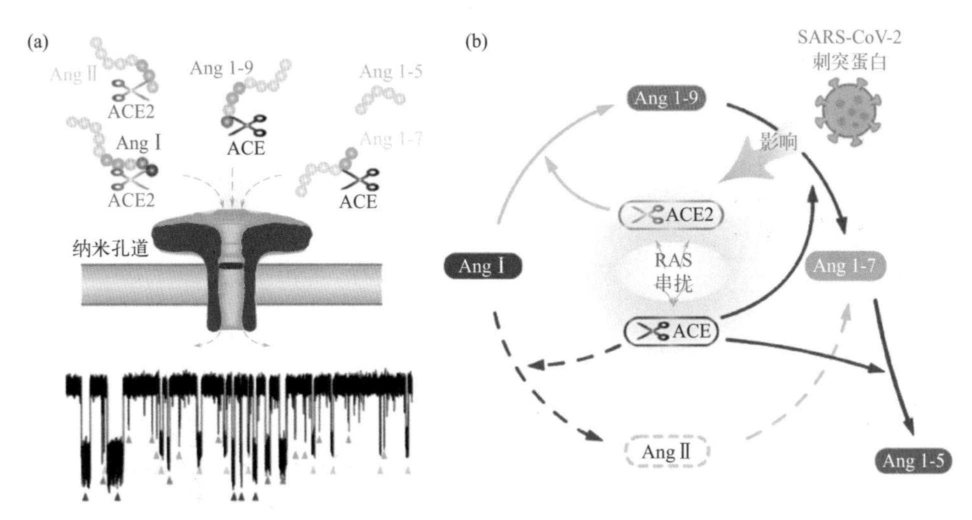

图7-5 （a）利用纳米孔道技术检测血管紧张素多肽的示意图以及检测得到的离子流电信号轨迹图；（b）Ang系列多肽转化路径图[14]

酸还原酶（DHFR）在催化还原反应中的动态检测。如图7-6所示，通过在DHFR的N末端引入富含Lys的多肽标签，构建酶催化体系，利用还原型辅酶Ⅱ（NADPH）作为辅酶因子还原二氢叶酸（DHF），可以得到四种典型的离子流阻断信号，分别对应与配体结合的酶的不同构象，还可获得酶的催化活性构象等信息，实现在单酶水平上检测配体诱导的纳米孔道内DHFR分子构象变化[15]。大多数蛋白质的功能特性受特定残基翻译后修饰的调控，通过采用α-HL生物纳米孔道可以实现未磷酸化、单磷酸化和二磷酸化的硫氧还蛋白（Trx）变体区分，不同变体可产生不同的离子电流振幅和噪声[16]。生物纳米孔道对于多肽、蛋白质结构的动态检测将进一步指导蛋白质组学的发展。

其他生物纳米孔道，如来自大肠杆菌外膜通道的OmpF蛋白，同样可用于小分子分析物的动态监测。通过在孔道收缩区下方的181位点引入半胱氨酸，共价结合阻滞剂甲烷硫代磺酸盐（MTSES）或谷胱甘肽（GSH），可延长分析物在穿过孔道时的停留时间，实现抗生素药物诺氟沙星的检测，该方法提供了一种利用OmpF检测诺氟沙星穿过细菌外膜的潜在途径[17]。

OmpF孔道内天然多肽的折叠结构可以形成“非对称立体限域空间”，如图7-7所示，进而构成了横向不对称静电场，从而在限域空间内诱导单个多肽分子上每一个氨基酸侧链翻转，形成可测量的特征离子流电信号，建立了单个多肽分子差向异构体序列分辨新方法[18]。

如图7-8所示，气溶素纳米孔道还可在高跨膜电压下可与聚乙二醇（PEG）

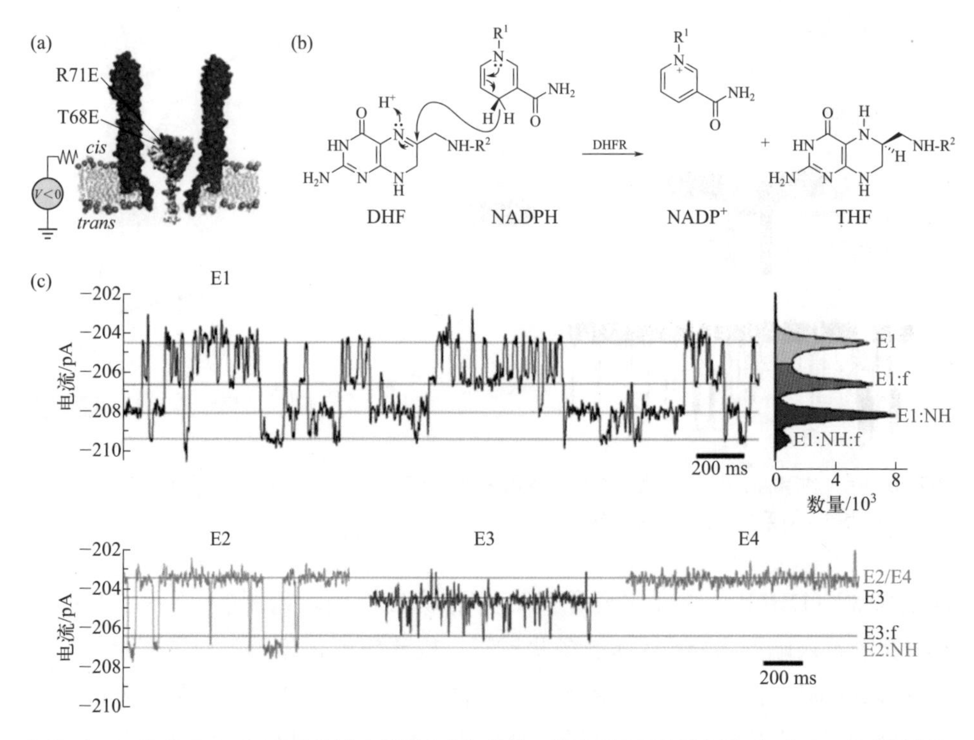

图7-6 （a）在ClyA-AS纳米孔道中检测含有标签的二氢叶酸还原酶示意图；（b）DHFR催化还原反应；（c）四种不同二氢叶酸还原酶构象原始电流轨迹记录[15]

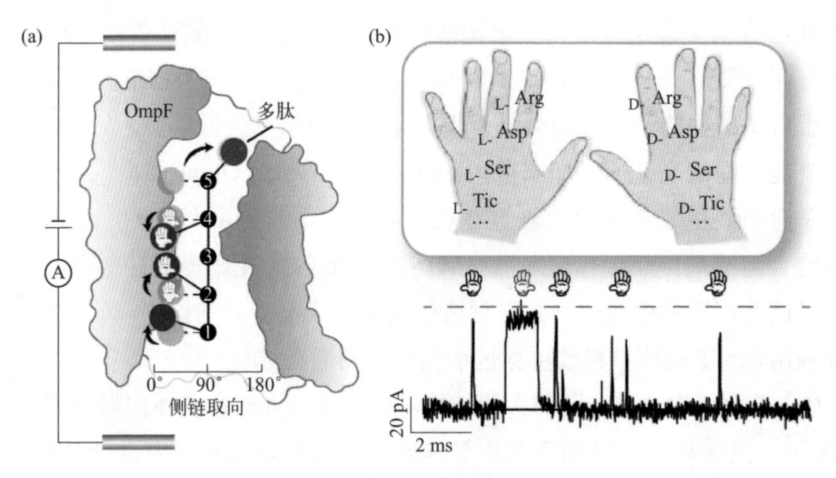

图7-7 （a）利用OmpF孔道分辨单个多肽分子差向异构体的示意图；（b）多肽分子差向异构体的原始电流轨迹图[18]

结合。较强的驱动力使得气溶素纳米孔道检测PEG时信噪比增大、分子质量-阻断电流关系增强、信号阻断时间增长，这些特性不仅增强了气溶素纳米孔道对质量不同的PEG分子的分辨能力，而且拓宽了PEG质量的检测范围[19]。

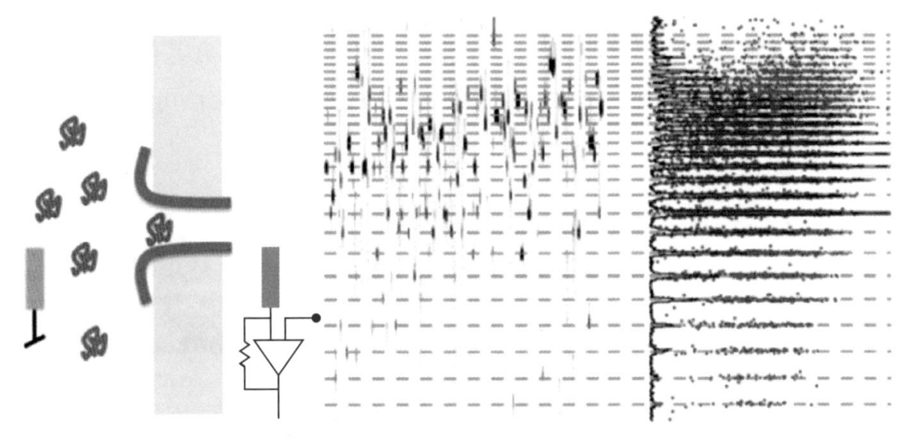

图7-8　气溶素纳米孔道检测不同分子量的PEG[19]

7.1.3　单分子反应

生物纳米孔道孔径通常为纳米尺度，一次只能容许单个待测物分子通过，从而实现在单分子水平上研究生物过程中低概率事件和瞬态变化，并避免溶液中反应物分子随机碰撞所带来的平均效应[1]。通过纳米孔道可以实现单分子水平的共价化学反应研究，生物纳米孔道作为单分子“纳米反应器”（nanoreactor）已经逐渐发展起来[20]，可以实现对单分子化学反应中的构象变化[21]、动力学过程[22]、反应路径以及反应过程中的中间体等的研究[21]。

半胱氨酸具有独特的化学性质，包括强的亲核性、高的金属亲和力和形成二硫键的能力。生命体内的半胱氨酸残基参与多种反应，对于促进蛋白翻译后修饰，维持蛋白质的结构、功能稳定性以及细胞的分布等方面产生重要影响。如二硫键可以作为可逆开关调节蛋白质结构与功能和保护细菌；生命体可通过多个系统协同调节硫醇-二硫键的稳态等[23]。因此，研究巯基参与的共价化学反应对于解析生命过程具有重要意义[24]，由单分子水平的二硫键形成和断裂的研究拉开了生物纳米孔道单分子反应的序幕[25]。

将生物纳米孔道内部特定位点突变为半胱氨酸、组氨酸等天然氨基酸，可以制备工程化纳米孔道反应器，用于研究单分子反应。利用定点突变技术在α-HL纳米孔道中将特定位点的氨基酸替换为侧链基团含有巯基的半胱氨酸[26]，制备了单突变α-HL纳米孔道P_{SH}，用于研究有机砷化合物与硫醇配体的共价化学反应，实现在动态平衡条件下反应动力学常数的测定。同样，采用定点突变技术也可以实现将野生型气溶素孔道的238位点赖氨酸（Lys, K）突变为半胱氨酸（Cys, C）制备K238C纳米孔道反应器[27]，如图7-9，利用构建的单分子反应界面，无需标记即可通过观测离子流的动态变化来监测单分子水平上5,5′-二硫双(2-硝基苯甲酸)（DTNB）分子和纳米孔道内部Cys残基的可逆化学反应，提取化学键分辨率水平上的动态信息，如K238C反应位点可与三个DTNB分子同时反应。

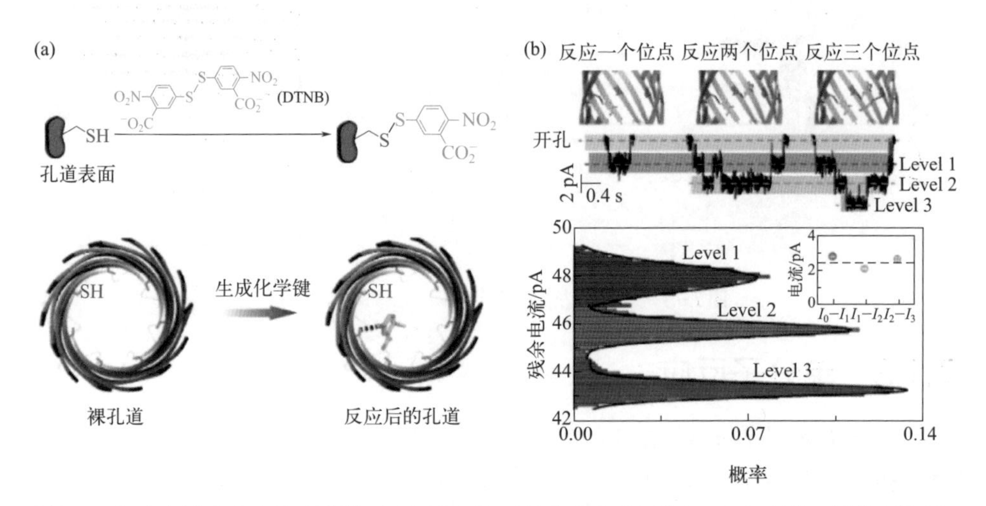

图7-9 （a）气溶素突变纳米孔道K238C界面238位点处半胱氨酸与DTNB共价反应的示意图；（b）单分子反应产生的阻断电流特征事件及其阻断电流柱状分布图[27]

近年来研究人员还尝试将非天然氨基酸引入生物纳米孔道内部来探究单分子化学反应，进一步拓展了纳米反应器研究单分子化学反应的类型。利用化学合成的方法将α-HL单体序列分成三个片段，在其中一个片段上修饰非天然氨基酸，然后拼接自组装并筛选得到半合成的α-HL纳米孔道。如图7-10所示，在α-HL纳米孔道内引入具有末端炔烃官能团的氨基酸，利用铜催化在单分子水平上观测点击化学反应，进一步揭示了反应中间态物质的寿命[28]。同样，在另一项工作中采用甲硫氨酸修饰的功能性纳米孔道观察系列叠氮-炔基点击反应，发现在Cu(Ⅰ)催化的叠氮化烷基[3+2]环加成物中存在单分子水平的短寿命中间体[29]。通过分析电流确定参与快速交换平衡的物种数量，对于理解铜催化的叠氮和炔的环加成反应（CuAAC）的反应机制中几个瞬态中间体具有重要意义，此类反应性连接物的引入促进了纳米孔道与一系列小分子、核苷酸和核酸分子的生物正交点击反应多样化。

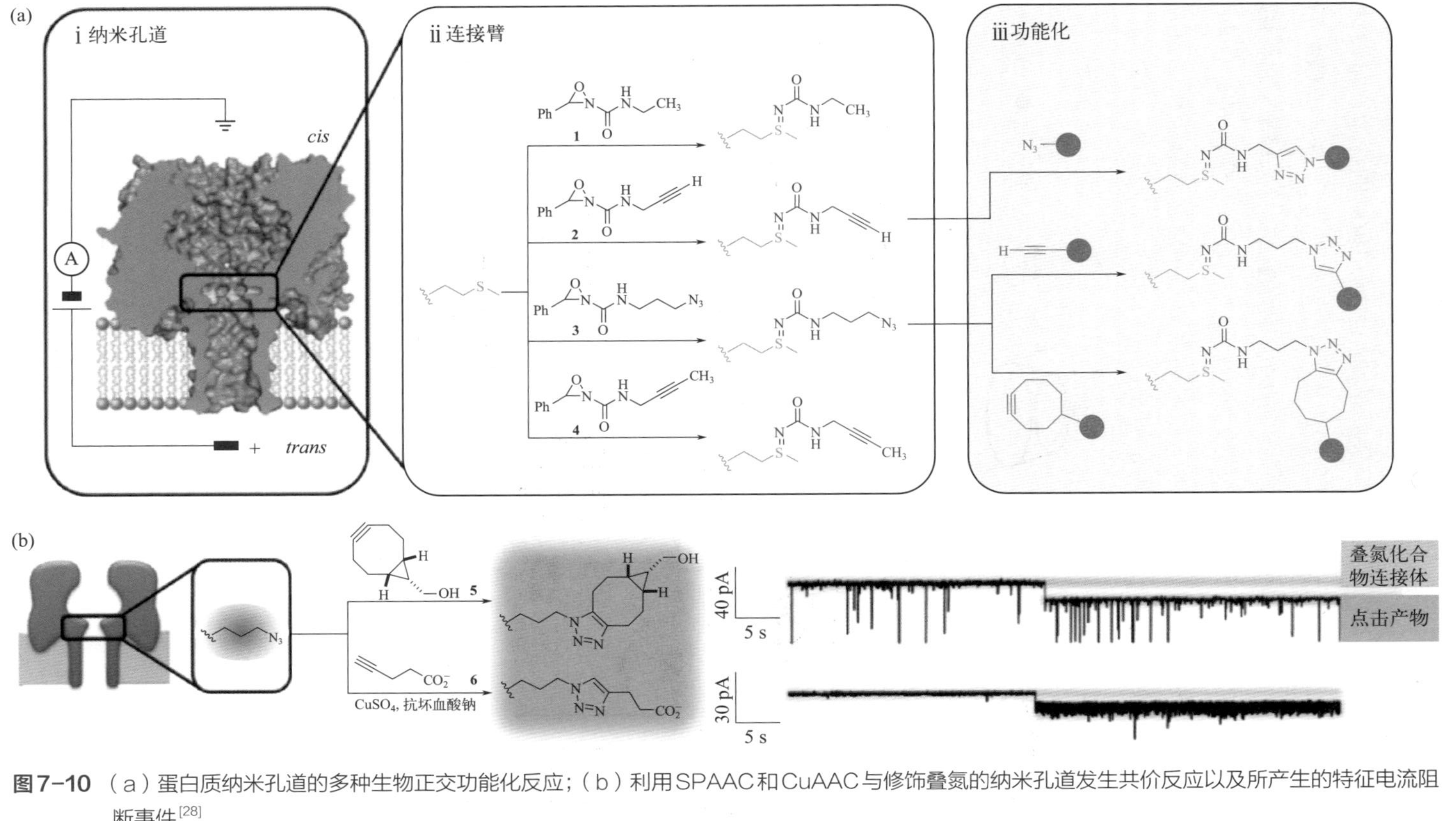

图 7–10（a）蛋白质纳米孔道的多种生物正交功能化反应；（b）利用 SPAAC 和 CuAAC 与修饰叠氮的纳米孔道发生共价反应以及所产生的特征电流阻断事件[28]

随着研究的进一步深入，生物纳米孔道内部可逆化学键的形成和断裂引起了研究人员对于孔道内部单个分子间相互作用机制的极大兴趣。适当的研究体系可实现利用生物纳米孔道对单个离子间相互作用机制的探索，可设计合理的离子-氨基酸配位或者离子-螯合剂的相互作用实现Co^{2+}、Ag^{+}或Cd^{2+}等离子的直接传感[30]。如图7-11中，在突变型α-HL纳米孔道（M113N)$_7$中利用羧甲基-β-环糊精（CMβCD）和Cu^{2+}之间较强的亲和力实现有毒金属的安全清除[31]，利用离子流电信号研究单分子水平的热力学和动力学信息，对于开发高灵敏检测金属离子的纳米孔道传感器具有重要意义。

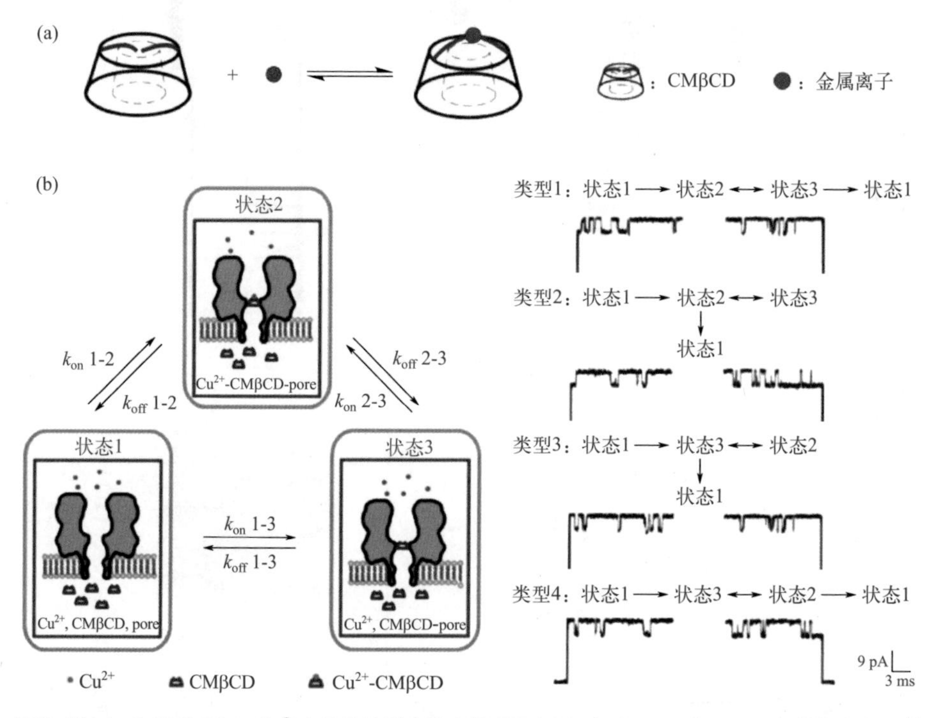

图7-11 （a）CMβCD与Cu^{2+}在纳米孔道中络合机理示意图；（b）α-HL（M113N)$_7$突变孔中Cu^{2+}和CMβCD相互作用的三个状态（左）和四个典型事件离子流信号（右）[31]

此外，前庭开阔的MspA生物纳米孔道可以引入更多的离子从而放大检测信号，如图7-12，在具有锥形识别位点的MspA纳米孔道内腔中引入甲硫氨酸，通过可逆的Au(Ⅲ)-硫醚配位作用可在敏感识别位点处观测到相应的单分子反应信号[32]。

近年来，分子机器的研究引起了科研工作者的广泛关注，其构成部件主要是蛋白质等生物小分子，该机器仅依靠化学能、热能等驱动，因此开发分子机器对于促进仿生学发展具有重要意义。研究者们已尝试将生物纳米孔道

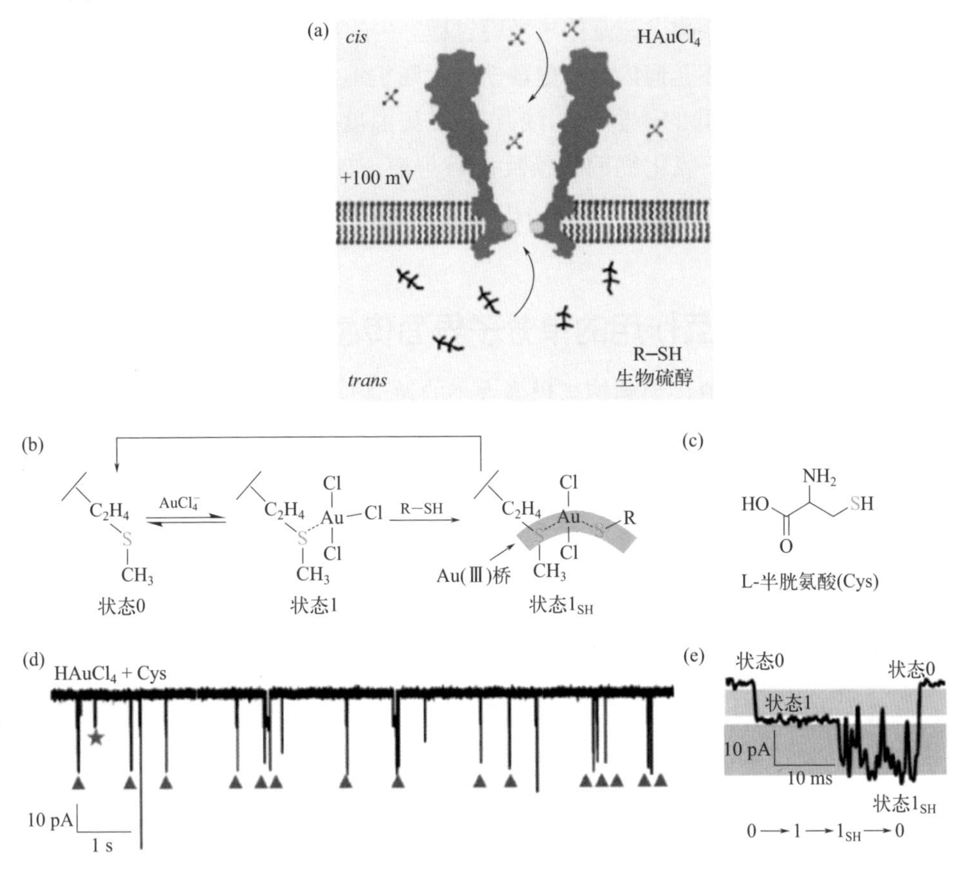

图7-12　（a）MspA生物硫醇传感示意图；（b）生物硫醇传感的分子模型（状态0和1分别表示无修饰以及修饰$[AuCl_4]^-$的甲硫氨酸残基）；（c）L-半胱氨酸（Cys）的化学结构；（d）Cys通过$[AuCl_4]^-$修饰的MspA纳米孔道原始电流轨迹（红色三角形标记来自Cys产生的事件，灰色的星形标记来自$[AuCl_4]^-$产生的事件，其他未标记的事件为背景信号）；（e）典型的Cys堵塞事件离子流信号［由（b）中描述的三种状态组成］[32]

单分子技术与分子机器相结合，设计了一种由几个功能分子组成的自组装人工分子机器。该分子机器利用气溶素纳米孔道界面作为分子机器，读取了偶氮苯驱动DNA序列的实时光控制运动，在交替的紫外线和可见光照射下，每个DNA序列分别以1.9碱基/秒和6.3碱基/秒的速度运动，纳米孔道界面较高的时空分辨率可以精确地进行单分子机器行为的研究，并可在分子运动过程中检测到非稳态事件，为提高分子机器的精确操作提供了指导[33-34]。通过将半胱氨酸引入到α-HL纳米孔道内其中一个单体的113、115、117、119和121位点，该单体仍可与六个野生型单体结合形成七聚体α-HL多突变孔道。基于有机砷化合物与硫醇配体的共价反应设计带有机砷的反应物小分子，通过记录反应物与孔道内半胱氨酸上巯基的成断键过程产生的电流轨迹，实现单分子水平上实时监测小分子在孔道内半胱氨酸轨道上随机地纵向运动[35-36]。步行器的速度可以通过使用不同的硫醇配体或改变pH和温度等条件进行调控。2018年，基于连续的硫醇-二硫化物的交换反应被报道，如图7-13所示，通过外加电压可实时调控分子“hopper”在α-HL孔道内五个半胱氨酸轨道上的定向往返运动[37]。

7.1.4 基于相互作用的单分子界面传感性能的精准调控

人们已经清楚地认识到纳米尺度大小的通道为超灵敏生物传感器的发展、生物分子的折叠和展开以及共价键和非共价键相互作用的研究提供了潜在可能。每个生物纳米孔道的孔隙和分析物之间存在不同的非共价相互作用，用来实现目标分析物的捕获和转移。在生命体特别是细胞内，生物分子例如蛋白质、DNA和RNA等通过分子间的相互作用来实现特定的生理功能，而这种相互作用通常是单分子水平上的弱相互作用，包括静电相互作用、范德华力、氢键作用以及亲疏水作用等。精确地测量这一类相互作用对于理解单分子结构和功能至关重要，可以帮助我们更深入地理解酶的作用机制、蛋白质的作用位点和分子间的通信原理等与生命活动息息相关的微观现象。

气溶素对于分析生命体内单个分子如单核苷酸、鉴定DNA碱基修饰和分析DNA的结构转变等方面具有显著优势，其最窄处的孔径小于1 nm，与其他成孔毒素蛋白相比，具有较高的时间和空间分辨率[7]。采用全原子模拟方法研究气溶素纳米孔道发现孔内腔静电势分布呈现出两个明显的变化，两个重要的带正电的氨基酸220（R1区域）和238（R2区域）位点分别位于孔隙的入口和管腔的底部，可产生较强的静电相互作用[3]。此外孔道内部大量的带电荷氨基酸残基使得待测物分子可与孔壁产生多种相互作用，包括质子转移、氢键、静电作用等，因此，通过调节气溶素内腔的电荷分布或密度可以提高生物传感性能[38]。

相比于野生型气溶素纳米孔道，设计的238位点取代为苯丙氨酸（K238F）和甘氨酸（K238G）的aerolysin纳米孔道显示了良好的性能，poly(dA)$_4$通过K238G时观察到延长7倍的停留时间，这为甲基化胞嘧啶的识别提供了高的分辨率[3]。进一步通过带负电荷的谷氨酸代替气溶素孔隙入口处的带正电荷的精氨酸得到R220E突变型气溶素纳米孔道[39]，负电荷的寡核苷酸poly(dA)$_4$通过时并未观察到明显的电流阻断信号，而突变孔道K238E相比于野生型孔道，在外加电压为140 mV时观察到停留时间延长20倍的阻断电流信

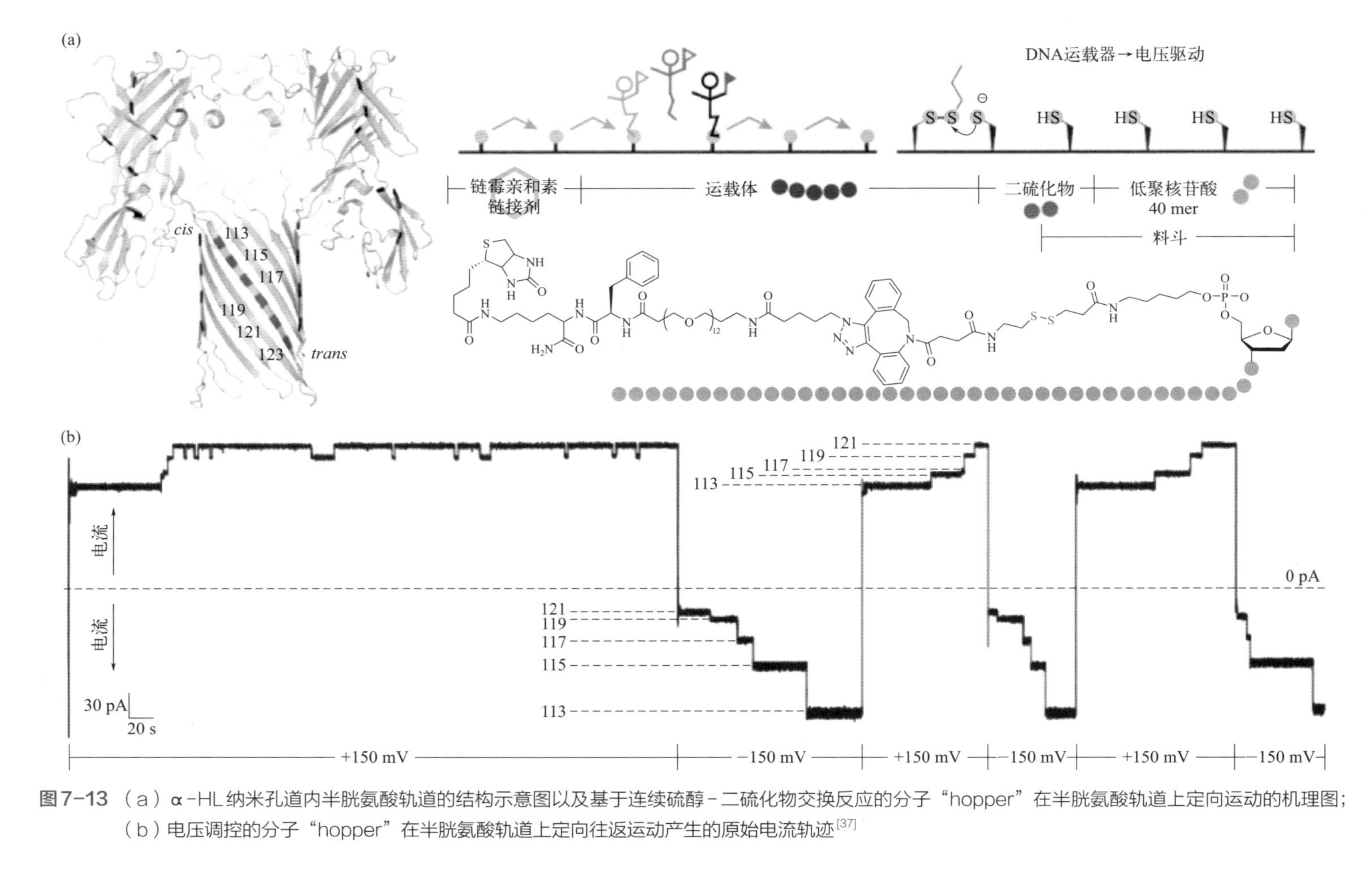

图 7-13　（a）α-HL 纳米孔道内半胱氨酸轨道的结构示意图以及基于连续硫醇-二硫化物交换反应的分子“hopper”在半胱氨酸轨道上定向运动的机理图；（b）电压调控的分子“hopper”在半胱氨酸轨道上定向往返运动产生的原始电流轨迹[37]

号，孔隙和分析物之间的相互作用变得更强，灵敏度也更高。通过调节氢键相互作用，构筑半胱氨酸取代的K238C和酪氨酸取代的K238Y孔道，poly(dA)$_4$穿过K238C产生了约延长6倍的阻断时间，而K238Y缩短了停留时间[40]。此外，通过调控单分子界面上的电荷和工程化生物纳米孔道可提高单分子界面的传感能力。如将野生型气溶素生物纳米孔道的K238位点突变为谷氨酰胺残基Q，制备工程化K238Q纳米孔道，将DNA探针AHA4分别连接在半胱氨酸（Cys）和同型半胱氨酸（Hcy）上，可获得差异显著的电流阻断，实现单分子水平上半胱氨酸和同型半胱氨酸异构体的区分[23]。K238Q纳米孔道单分子界面还可以进行微小碱基损伤的电化学检测，以较高的时间分辨率直接鉴别甲基化胞嘧啶（mC）、氧化鸟嘌呤（OG）、肌苷（I）等DNA损伤引起的遗传性疾病[41]，无需标记和量化，突破了现有的DNA损伤快速检测瓶颈。

位于气溶素帽子区域的氨基酸更倾向于负责捕获核苷酸，而β-barrel区域的氨基酸则与分子通过孔道的过程密切相关，这两个位点分别影响了孔道对待测物的选择性和灵敏性。通过设计高分辨率的特异性生物纳米孔道传感器，优化实验条件，根据和传感界面的相互作用可实现单核苷酸构象变化、表观遗传修饰、DNA损伤和核酸酶活性的直接检测。如图7-14，通过构建的T232K/K238Q双突变型气溶素生物纳米孔道可在纳米水平化学环境中形成一个独特的静电捕集器，协同T232K突变位点增强的静电相互作用以及K238Q位点的高能量屏障，相比于野生型孔道，9氨基酸多肽在此双突变孔的过孔时间可延长两个数量级，且此纳米孔道对于带有两个负电荷的磷酸化多肽pS262-tau和pT263-tau展现出良好的传感能力[42]，实现了从单个多肽中区分多个或相邻的多肽磷酸化位点，进一步促进了生物纳米孔道多肽检测的发展。

在分子进入纳米孔道限域空间时，会与孔道界面产生相互作用，引起分子构象的调整以及孔内电荷分布的变化。离子与带电界面间的距离可能影响离子的迁移率，因此孔道内部电荷分布的改变将引起孔道内离子流迁移率的改变，这一改变被记录在离子电流中[38]。基于频谱分析原理，将时间序列的频谱分析方法引入纳米孔道单分子检测分析中。通过希尔伯特-黄变换（Hilbert–Huang Transform, HHT）可研究单个DNA分子在纳米孔道中与纳米孔道的弱相互作用[43]。

此外，研究其他种类的分子和生物纳米孔道间的相互作用对于理解孔道内部限域空间的单分子反应动力学和平衡具有重要意义，在拥挤的分子环境中多肽与孔道相互作用的动力学受到高浓度低穿透性的聚乙二醇（PEG）的

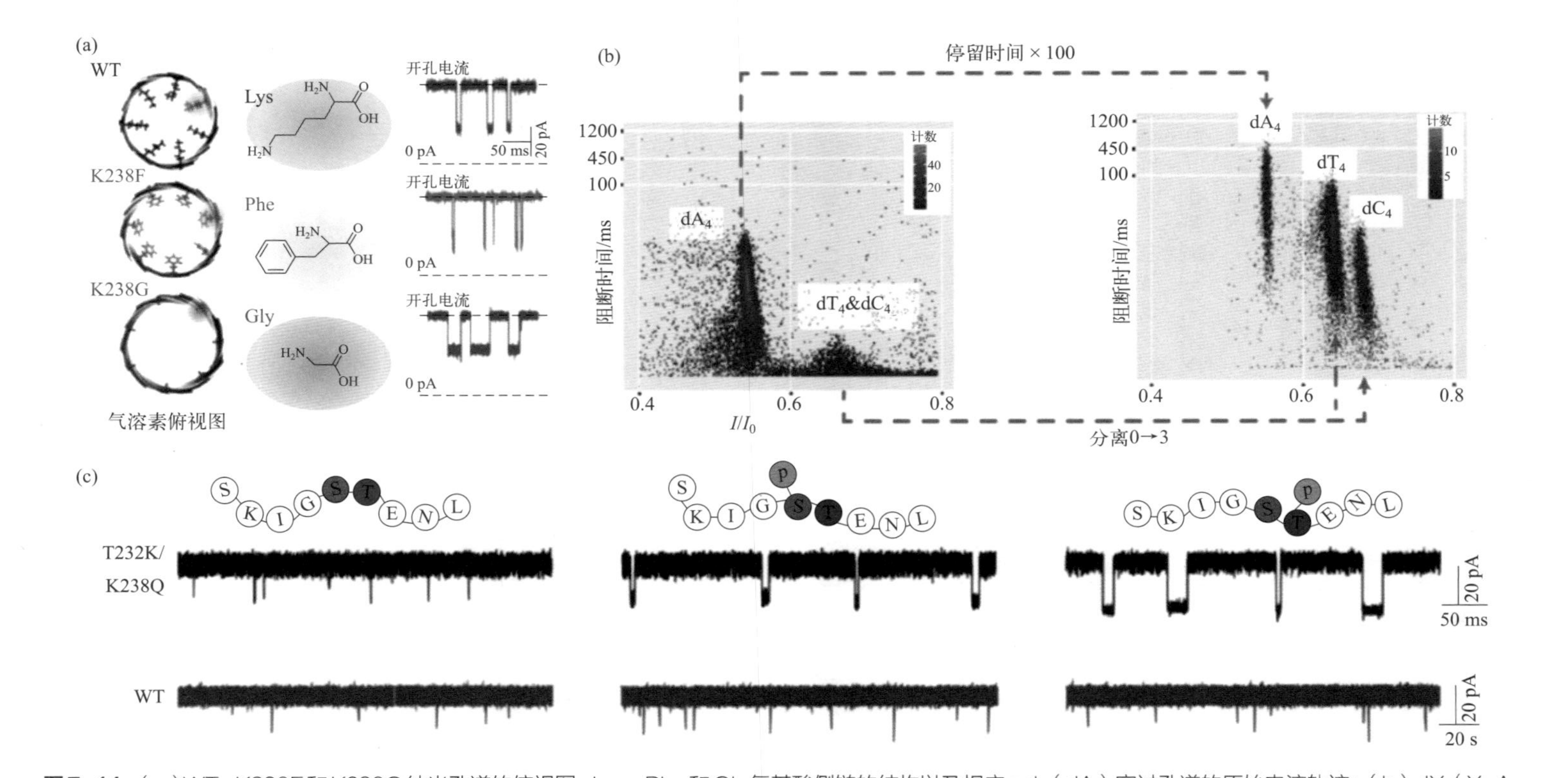

图7-14　(a)WT、K238F和K238G纳米孔道的俯视图，Lys、Phe和Gly氨基酸侧链的结构以及相应poly(dA)$_4$穿过孔道的原始电流轨迹；(b) dX$_4$(X=A，C,T)通过WT（左）和K238Q（右）纳米孔道的散点图分布，突变孔道提高了检测能力；(c) 分别采用WT和T232K/K238Q 气溶素纳米孔道检测Tau多肽磷酸化位点原始电流轨迹[42]

显著影响[44]。蛋白质-蛋白质相互作用（PPIs）是许多细胞过程所必需的，设计包括蛋白受体和多肽适配器的蛋白质传感器，可实现具有单分子分辨率的PPIs实时采样。在含有胎牛血清的复杂样品中，可以明确区分蛋白质配体与受体的结合和释放，构建选择性纳米孔道传感器用于单分子蛋白质检测，同时也可发展蛋白质分析和生物标志物检测工具。通过配体诱导可实现二氢叶酸还原酶（DHFR）构象变化的实时监测，长时间观测能够探测到集成测量中隐藏的构象改变，DHFR至少存在四种基态构象，不同亲和力的配体，其配体具有不同亲和力的异构体，通过反应降低构象交换的能量壁垒，促进产物的释放，为受产物抑制或产物释放为限速步骤的酶反应提供一种可能普遍存在的机理[15]。通过将不同氨基酸阻断电流的差异归结为待测物如多肽的体积或质量的影响有望实现氨基酸序列的检测，由七个精氨酸阳离子载体连接的20种不同氨基酸可通过气溶素生物纳米孔道进行识别[45]，FraC纳米孔道可以在44道尔顿分辨率下识别多肽的质量差异[46]，依据分子间相互作用的巨大差异提供多肽氨基酸序列的信息同样有着巨大的发展潜力，利用气溶素纳米孔道可以实现具有相同氨基酸组成但序列不同的多肽检测，与多肽Q_3YEQ_2（序列为QDDDRQQQYE）相比，YEQ_2Q_3（序列为YEQYEQQDDDR）具有更少的氢键和更广泛的构象。两种多肽以不同折叠方式进入气溶素纳米孔道，表现出明显的与质量无关的电流阻断和特征阻断时间[47]。

基于纳米孔道技术的无标记、高通量、单分子检测和高分辨的优势，未来有望构建基于纳米孔道的“单分子时间组学”，即通过设计孔道内物理和化学精准可控的限域空间，结合多通道并行检测芯片和多维数据处理算法，拓展检测范围、提升检测通量、增强信号特异性，实现从单分子层面定量阐明复杂体系中组学水平的多种分子以及同种分子多种状态的时序演化图谱，揭示分子间的动态相互影响网络及其调控机制，从而指导相关疾病的早期、快速、针对性诊断，并寻找副作用最小的干预及治疗方法[48]。此外，纳米孔道在小分子多肽氨基酸序列的实时鉴定方面存在巨大的潜力[49]，有助于从时间层面解析生命体内各个系统间的动态调控网络，更全面地理解诸多疾病，如肿瘤的时序性发展特征。

7.2 固态纳米孔道应用

固态纳米孔道因其制备工艺简单、尺寸可控、力学强度高、稳定性好等优点而受到广泛的关注，同时，易于集成的特点使其易与其他单分子技术联用，从而拓宽纳米孔道的应用范围。在本节中，我们主要讨论固态纳米孔道作为传感器在单分子检测方面的相关工作。

7.2.1 固态纳米孔道的表面修饰

化学改性赋予固态纳米孔道多种功能。比如利用硫醇封端的自组装单层（SAM）固定单个蛋白质受体，用于探测生物化学结合动力学[33]，固定单链DNA（single-strand DNA, ssDNA）通过互补杂交来区分靶序列[34]及引入流体脂质涂层检测丝蛾触角的纳米孢子。下面将更详细地讨论这些表面改性方法。

7.2.1.1 基于硫醇和硅烷的固态纳米孔道改性

因有机硅烷试剂可与固态纳米孔道表面形成稳固的共价连接，并提供各种功能基团，所以很多研究使用此类试剂对固态纳米孔道进行改性。值得注意的是，此处的硅烷涂层并不是所谓的自组装单层膜，因为硅烷和表面羟基之间共价键的形成是不可逆过程，因此不能像金-硫醇键一样进行自组装。

气相沉积或液相沉积（甲苯、甲醇等有机溶剂处理）是在纳米孔道表面实现硅烷化修饰的简便方法。将固态纳米孔道芯片置于水虎鱼溶液中孵育以制备羟基修饰的基底，有机硅烷末端的硅羟基基团以共价键的形式结合到基底上。在此过程中使用到的水虎鱼溶液还具有去除固态纳米孔道表面有机污染物和改善纳米孔道润湿性的优点。硅烷具有多种类型，通常由硅原子连接头部基团与尾部基团，如图7-15所示，常见的头部基团为乙氧基、甲氧基或氯基，尾部通常是具有特殊的官能团。

去除有机硅烷头部基团使硅表面形成硅羟基，从而与固态纳米孔道表面的羟基发生缩合反应而修饰在基底表面。制备稳定、高密度硅烷修饰层最关键步骤是在约100 ℃下将反应后的固态纳米孔道薄膜烘烤16 h[50]。此步骤能将有机硅烷分子交联在任何未反应的烷氧基上，但此时，硅烷尾部活性基团容易失活。值得注意的是，并非所有的固态纳米孔道都适合硅烷化修饰。如图7-15所示，对于已经用金修饰或物理改性的纳米孔道，硫醇封端的自组装是最常见的表面功能化方法[51]。其尾部基团具有多功能性，可用于不同种类分析物的检测。

采用化学修饰将前述的多种不同类型的“尾部基团”修饰在固态纳米孔道的表面，可以通过调节孔道直径、表面电荷和微环境等，构建功能化的纳米孔道限域空间。Meni Wanunu和Amit Meller使用有机硅烷及其各类衍生物对固态纳米孔道进行修饰[52]，制备了含有胺、环氧化物、PEG和羧基的表面涂层。

研究中使用X射线光电子能谱和离子电流来对各类涂层进行表征。他们发现胺涂覆的纳米孔道的离子电导率在低盐浓度条件下具有高度pH依赖性。随后，对光、pH和温度刺激响应的纳米孔道修饰涂层也陆续被开发，引起了研究者的广泛关注。

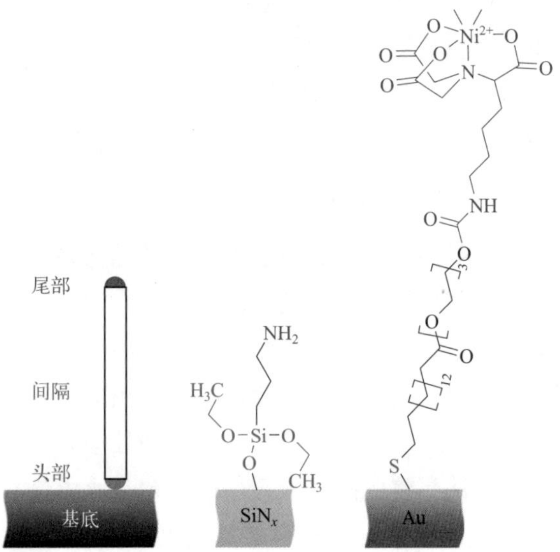

图7-15 使用由尾部、间隔物和头部基团组成的化合物对固态纳米孔道进行表面改性[53-54]

头部基团将分子化学吸附或固定到基底表面，并决定相邻分子之间的横向相互作用，间隔物控制长度并使空间相互作用最小化，并且可以促进分子间相互作用，尾部提供化学功能基团

7.2.1.2 基于生物化学和仿生的固态纳米孔道改性

为了探索生物现象的本质，研究人员希望能够在微观层面上探测目标物质。生物分子和仿生纳米孔道修饰赋予固态纳米孔道一定的生物学功能，该方法依靠纳米孔道表面上修饰的配体对目标分析物的特异性识别，通过观测过孔速度和过孔持续时间的变化，从而实现对目标分析物的高灵敏检测。借助这一机制，我们能够对目标分析物进行随机监测，从而分析相应的生物分子的功能，并将其应用到蛋白质结合动力学和哺乳动物核孔复合物等分子选择性研究中。

近期，研究人员使用烷基硫醇对金层修饰的氮化硅纳米孔道进行了表面改性，并将其应用到了随机传感分析中[55]。将三甘醇烷基硫醇-次氮基三乙酸（NTA）修饰于氮化硅纳米孔道之上，用于捕获图7-16（a）中所示的聚组氨酸标记的蛋白质。此时产生的离子流信号的变化将实时反映His标记的蛋白质A与Ni(Ⅱ)的结合和解离过程，以及后续抗体与蛋白质A的结合过程。目前，该方法已经实现了复杂混合物样品不同亚型类别IgG抗体的区分。

使用仿生手段对固态纳米孔道进行修饰，并将其用于研究复杂的生物相互作用，这引起了人们的广泛关注。Cees Dekker课题组设计了一种仿生核孔复合体，具有蛋白质转运的选择性[54]。使用含有5%（氨基丙基）三乙氧基硅烷（APTES）的甲醇溶液对氮化硅纳米孔道进行硅烷化，使得纳米孔道表面修饰上大量的氨基基团。随后，将这些基团与4-(*N*-马来酰亚胺甲基)环己烷-1-羧酸磺酸基琥珀酰亚胺酯钠盐（sulfo-SMCC）反应，从而在表面修饰上马来酰亚胺基团。最后，将氮化硅薄膜与含有N末端半胱氨酸的核孔蛋白Nup98和Nup193一起温育，使巯基与马来酰亚胺反应，以固定核孔蛋白。sulfo-SMCC是一类末端含有马来酰亚胺（巯基反应性）和NHS-酯（胺反应性）的交联剂，其结构如图7-16（b）所示。修饰的纳米孔道表现出高度的分子选择性，类似于生物核孔复合体，可用于输运Impβ蛋白并抑制非特异性蛋白质如牛血清白蛋白的转运。

Michael Mayer等人将脂质体固定于氮化硅薄膜上模仿蚕丝蛾的嗅觉器官，制备了仿生纳米孔道，如图7-16（c）所示。通过脂质体的组成调控纳米孔道的直径，并将识别元件如生物素引入固态纳米孔道传感系统。待测物与传感界

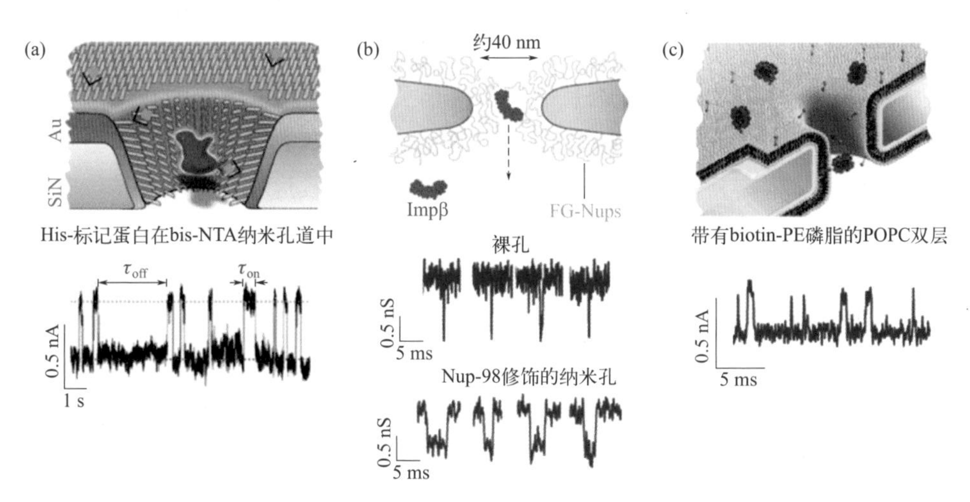

图7-16　固态纳米孔道表面修饰实例：（a）用基质硫醇（SC15EG3）和受体硫醇（NTA）的组合官能化金涂覆的纳米孔道示意图。负载Ni^{2+}（绿色）的NTA受体（黑色）特异性结合His标记的蛋白质（红色）。阻断时间反映了分析物与受体的结合时间（τ_{on}）[54]。（b）用核孔蛋白（FG-Nups）功能化的纳米孔道示意图，以及裸孔和FG-Nups修饰的固态纳米孔道检测转运受体Impβ时的代表性的时间曲线[55]。（c）含有生物素锚（蓝色圆点）的脂质双层（POPC）功能化的纳米孔道的概念图［链霉亲和素（红色圆点）］，以及生物素-链霉亲和素复合物过孔的时间-电流曲线[56]

面的特异性识别将增加其在固态纳米孔道中的停留时间，从而可将该体系应用到链霉亲和素的检测中，此方法对浓度为5 pmol/L的链霉亲和素的时间分辨率可达到每秒30～100个过孔事件[56]。具有磷脂双分子层修饰的固态纳米孔道也可用于对固态纳米孔道造成堵塞的实体待测物的分析，如淀粉样蛋白-β聚集体[57]等。此外，一些具有特殊几何形状的纳米孔道阵列也可通过磷脂双分子层制备[58]。

研究使用3-氨丙基三乙氧基硅烷（APTES）对氮化硅纳米孔道进行硅烷化处理，随后通过胺交联剂1,4-苯二异硫氰酸酯将胺官能化的寡核苷酸偶联到涂层上，制备了能够特异性识别互补寡核苷酸的固态纳米孔道探针。该方法不仅降低了纳米孔道的直径，增加了离子电流阻断的信噪比，还增强了检测的特异性，使孔道能够直接区分具有和不具有靶序列的ssDNA[59]。

7.2.2 固态纳米孔道单分子检测

生物分子的迁移是生命科学中的一个重要过程。在生物系统中，大生物分子通过孔（1～10 nm）的迁移是一种常见的物理行为，通常起着关键的生物学作用。典型的例子包括细胞之间的DNA转导、RNA翻译和蛋白质分泌。研究使用固态纳米孔道作为传感器，对DNA的过孔行为进行了详细研究，能够根据瞬态电流的持续时间测量多核苷酸的长度。经过大量实验发现，离子流阻断的持续时间与核苷酸的聚合长度呈线性相关[60]，自此之后，固态纳米孔道被广泛地应用于区分生物聚合物的长度[61-65]。然而，研究人员发现只有当纳米孔道的尺寸与生物分子尺寸很好地匹配时，生物分子长度和阻断电流持续时间之间的线性关系才成立。一个可能的原因是，分子的长度不仅影响聚合物与孔道壁的有效摩擦，而且孔道的形状和聚合物的状态也影响聚合物通过孔道的时间。研究使用电泳力驱动具有6500～97000碱基对长度范围的DNA分子通过尺寸为10 nm的固态纳米孔道[66]时发现，流体动力驱动和电场驱动都会对聚合物产生作用力。当孔道尺寸远大于聚合物尺寸时，阻断电流和聚合物尺寸之间不存在线性关系；相反，此时可应用指数函数对两者关系进行表征[67]。在这种情况下，作用于多核苷酸上的力是复杂的，其中包括施加的驱动电压、孔道与聚合物之间的相互作用和黏性力等。这些因素都会影响聚合物穿过纳米孔道的时间。此外，研究人员还发现，多核苷酸分子通过纳米孔道的方向对于分子的穿孔行为非常重要[68-69]。实验表明，当DNA从不同方向穿过纳米孔道时，产生的阻断电流不同[70]。如果多核苷酸分子从5′开始进孔，DNA会经历更大的有效摩擦，导致更高的阻断电流程度和更好的信号分辨率[68-69]。

7.2.3 固态纳米孔道DNA测序

迄今为止，纳米孔道最具吸引力的应用方向是DNA测序，预计会在第三代DNA测序技术中得到应用。与以前的方法相比，如Sanger、Illumina和Ion Torrent测序，纳米孔道装置在无标记、无扩增、高通量DNA测序方面显示出巨大的优势，无需将长DNA链切割成片段。

Jiali Li等人2003年使用固态纳米孔道进行了DNA测序实验[71]。如图7-17所示，在两个检测池之间施加偏置电压，负电性的DNA被电压驱动进入纳米孔道，并使得膜孔体系的电导改变。同时，盐浓度也会影响离子流。离子流的变化取决于盐浓度和DNA分子之间的电导差异[72]。由于嘌呤碱基（A和G）的体积大于嘧啶碱基（C和T），这将导致嘌呤碱基与纳米孔道表面更强的相互作用，因此，嘌呤碱基比嘧啶碱基表现出更大的电流阻断作用。此外，由于碱基具有的电荷、相互作用力以及相对于纳米表面的偶极矩取向不同，可以通过分析离子电流的变化（变化持续时间、离子流阻断或电流波动）来区分每个碱基。

DNA分子在电场的驱动下穿过孔道速度过快是固态纳米孔道进行DNA测序目前所面临的难点之一。可尝试通过控制温度、盐浓度、溶液黏度和施加的偏压等方法来解决。这些方法可将DNA分子穿过纳米孔道的速度降低一个数量级，极大地提高了纳米孔道对不同碱基的分辨能力[73]。同时，许多研究都表明可以使用纳米孔道阵列进行DNA测序，这将在很大程度上提高测序的通量[74-76]。

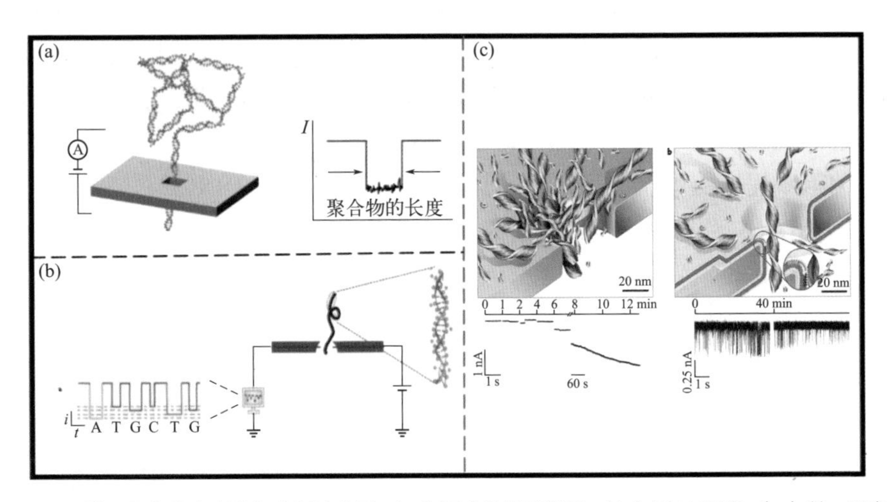

图7-17　基于固态纳米孔道传感器的应用：（a）聚合物长度测量；（b）DNA测序；（c）单一蛋白质检测的纳米孔道装置[72]

7.2.4 固态纳米孔道检测单分子构象变化

实时监测单个生物分子的动态构象变化为探究生物过程的相关机制提供了技术支持。当DNA双链的直径大于纳米孔道的横截面尺寸时，双链DNA将经历解链过程而通过纳米孔道。生物纳米孔道α-HL广泛应用于dsDNA的解链动力学研究，因为它内部前庭的直径与dsDNA的大小相当。而固态纳米孔道制造方法发展也十分迅速，目前研究人员已经成功制备出直径小于2 nm的纳米孔道，并将其应用到DNA解链过程的研究中[77]。使用高带宽电化学仪器监测DNA分子过孔时的离子流变化，分析DNA分子过孔事件（如停留时间等），可用来分析dsDNA的解链动力学。不同长度、序列和杂合的dsDNA在停留时间上表现出显著差异。此外，对于非互补配对的dsDNA，DNA双螺旋区域中序列细微不匹配的DNA也可被识别出来。研究人员通过解链动力学的温度依赖性研究表明解链过程遵循一级动力学，并使用分子动力学模拟揭示了发夹DNA通过固态纳米孔道时的解链或拉伸过程。

最近，有研究通过分析dsDNA通过直径小于2 nm氮化硅纳米孔道时产生的特征性阻断电流对dsDNA解链过程进行了解析[78]。在这项工作中，研究人员使用介电击穿法在10 nm厚的氮化硅薄膜上制备了直径为2 nm的纳米孔道。*I-V*曲线用于表征制备的固态纳米孔道直径大小，之后使用单链DNA（ssDNA）作为分子标尺测量*I-V*曲线，进一步确认孔径大小。dsDNA过孔时，产生阻断时间较长且阻断程度较大的电流信号，可分为Ⅰ型和Ⅱ型。Ⅰ型阻断信号具有三种阻断程度，可以理解为dsDNA的解链过程，仅具有一种阻断程度的Ⅱ型事件被认为dsDNA没有穿过纳米孔道而折返到溶液中。dsDNA分子头部有40 bp的双链互补区，尾部有10 nt的单链突出，存在2种进孔方向，研究发现其尾部进入孔道的概率大于头部。为了研究dsDNA的解链过程，对Ⅰ型事件中的每种阻断程度的电流信号进行了详细的统计分析[图7-18(a)]。阻断程度1对应于dsDNA解链，并且其阻断时间与已报道的纳米孔道解链DNA的时间相当[图7-18(b)]。阻断程度2归因于短的ssDNA解链后停留在固态纳米孔道内部。阻断程度3对应于解链后的ssDNA离开固态纳米孔道［图7-18(c)]。阻断程度1和阻断程度3的阻断时间随着施加电压的增加呈指数减小[图7-18(d)]，对应于dsDNA的解链和穿孔过程。使用单模型对每种程度的阻断信号的电导进行计算，其结果与实验结果一致，进一步验证了实验中观察到的结果。

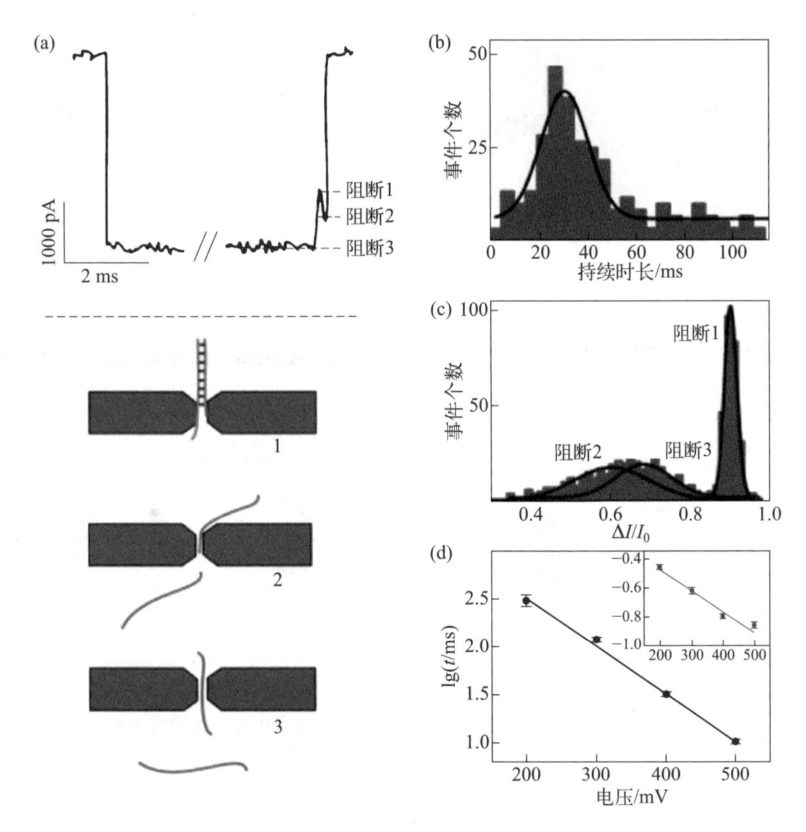

图7-18　特征电流信号实时表征dsDNA的解链过程：（a）Ⅰ型事件的特征电流信号，下方为dsDNA解链和穿过固态纳米孔道示意图；（b）阻断程度1事件持续时间的频率直方图，阻断时间为dsDNA解链过程的持续时间，概率函数符合指数函数分布；（c）Ⅰ型事件阻断电流（$\Delta I/I_0$）的频率直方图，$\Delta I/I_0$的频率直方图符合高斯分布；（d）dsDNA解链过程中Ⅰ型事件中阻断程度1事件的持续时间与施加电压之间的关系，插图为阻断程度3事件阻断时间与施加电压之间的关系[78]

此外，有研究将介电打孔技术制备的小孔径的固态纳米孔道用于检测人端粒重复序列[图7-19(a)][79]。研究中的超低电流检测系统既可用于固态纳米孔道的打孔，又可完成基于固态纳米孔道的检测工作[图7-19(b)]。作为探针的端粒重复序列可用于增加纳米孔道对待测物的限域效应。结果表明，当固态纳米孔道与待测物的尺寸相当时，其具有优异的单分子传感能力。例如，人端粒DNA穿过直径为1.7 nm的固态纳米孔道时，产生明显的阻断电流信号，并且阻断电流信号可以反映DNA分子的构象变化[图7-19(c)]。然而，使用尺寸为6.2 nm的固态纳米孔道检测人端粒DNA时，产生了较短的阻断时间的电流信号［图7-19(d)]。此研究表明，纳米孔道的电化学限域效应对纳米孔道传感能力有很大影响。

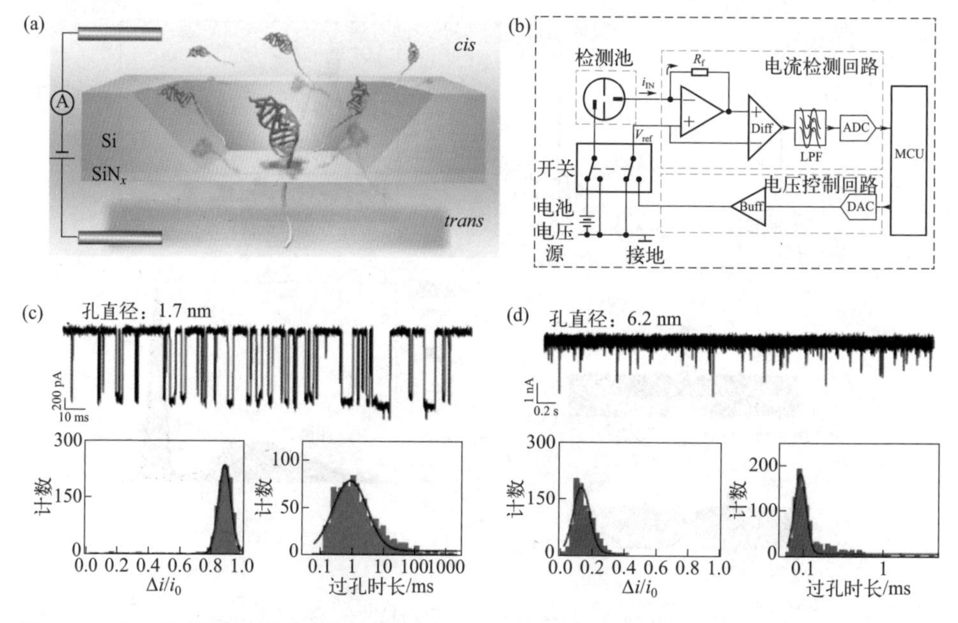

图7-19 使用固态纳米孔道检测端粒重复序列；（a）使用固态纳米孔道检测人端粒DNA的示意图，在施加的电位下将DNA分子驱入孔道中;（b）将纳米孔道制造与电化学检测装置集成电路图；（c）使用直径为1.7 nm的固态纳米孔道检测人端粒DNA的阻断电流频率直方图和阻断时间的频率直方图，施加的电位为+300 mV；（d）使用直径为6.2 nm的固态纳米孔道检测人端粒DNA的阻断电流频率直方图和阻断时间的频率直方图，实验过程中施加的电位为+300 mV[79]

目前，单分子过孔是纳米孔道传感最广泛使用和开发的策略。然而，分子穿孔速度过快会降低测量信息的丰富度。为了延长待测分子在纳米孔道中的停留时间，研究人员提出了许多方法。一种方法是通过调节电解质[80-81]、改变电场[82]等来减慢分子的运输速度以提高纳米孔道传感的分辨率。另一种策略是调整纳米孔道表面性质以增强分子与孔道之间的相互作用，例如蛋白质基因改造工程[39, 83]或固态纳米孔道的表面修饰[53, 56]。此外，也有研究人员开发了一些微妙的技术来精确捕获和控制单个分析物分子，如光镊[84]、磁镊[85]、原子力显微镜[86]等。但这些技术通常需要复杂的操作过程，并且通量较低。因此，研究人员尝试使用大分子，即“分子塞”（通常是较大的蛋白质），将靶分子持续限制在纳米孔道的传感测量域内，来提高传感的分辨率。该策略已被引入生物纳米孔道中，用于蛋白质和DNA构象变化的研究[87-88]。对于固态纳米孔道，已有研究人员使用“分子塞”的研究策略对蛋白质-DNA相互作用进行了深入的探究[89]。最近，研究人员将介电打孔方法制备的孔径为3～5 nm的固态纳米孔道用于蛋白质-DNA复合物分析，依靠读取到的离子电流信息对捕获在限域固态纳米孔道中的单个蛋白质-DNA复合物的结合动力学进行了研究[90]

[图7-20(a)]。作为“分子塞”的单价链霉亲和素可以与生物素化的DNA结合。在施加电压的情况下，负电荷的DNA-蛋白质复合物被驱动并捕获在孔道内，产生持续的阻断电流［图7-20(b)～(d)]，然后通过施加反向电位，DNA-蛋白质复合物从孔道中释放并返回到本体溶液中。

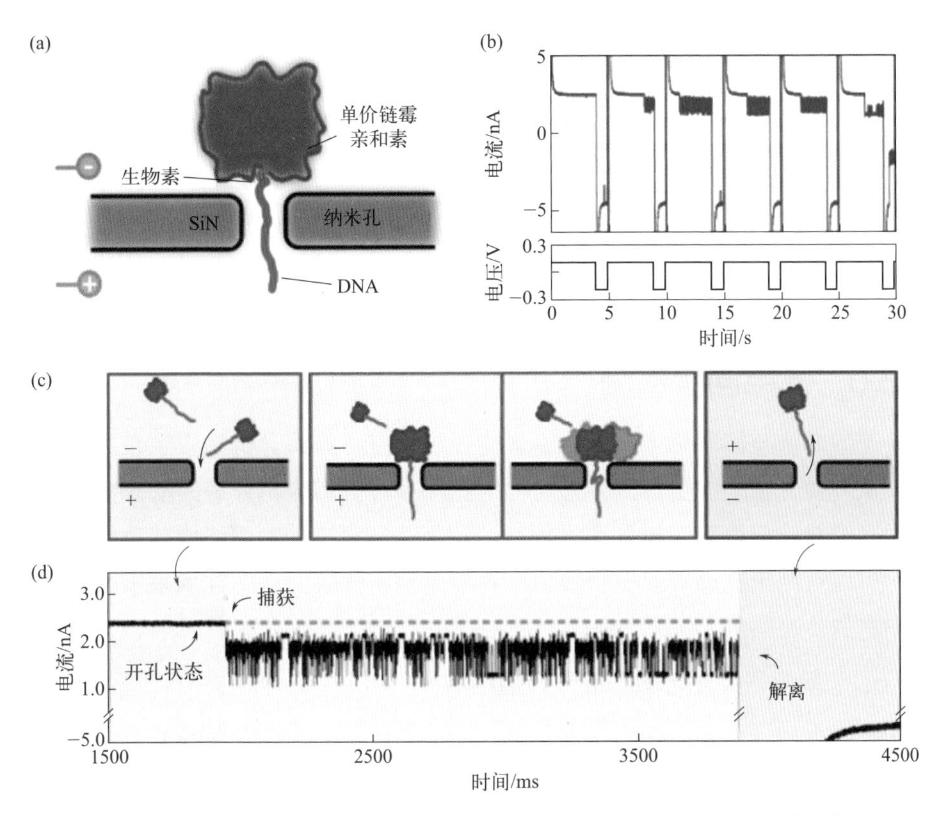

图7-20　实验设计的示意图：(a) 蛋白质-DNA复合物被捕获在固态纳米孔道内，生物素化的DNA分子结合在单价链霉亲和素上；(b) 蛋白质-DNA复合物被捕获事件的电流；(c) 蛋白质-DNA复合物被捕获，对接和释放的示意图，在正偏压下链霉亲和素-DNA复合物停靠在纳米孔道上，在负偏压下复合物从孔道中释放出来；(d) 链霉亲和素-ssDNA复合物的对接和释放的代表性的离子电流迹线，阻断电流在几个不连续的电流水平之间波动[90]

7.2.5　基于二维材料的固态纳米孔道传感应用

近年来，二维材料石墨烯在纳米孔道的制备方面引起了研究者的广泛关注。这种材料是目前世界上已知的最薄的材料，其单层厚度与DNA碱基对之间的间隙（0.3～0.5 nm）相当[91]。二维材料的器件结构及其在固态纳米孔道中的应用如图7-21所示。2010年，三个独立的研究小组均使用石墨烯纳米孔道证明了dsDNA过孔[图7-21(a)] [92-94]。正如预期的那样，石墨烯纳米孔道显示的ΔI的值约为传统固态纳米孔道的2倍［图7-21(b)］。其他二维材料也被用来制作原子厚度的纳米孔道，如图7-21(c)。研究首次将六方氮化硼（h-BN）引入纳米孔道研究中，其经过UV-臭氧处理后可具有高的润湿性能，并能有效防止DNA-纳米孔道表面相互作用造成的孔隙堵塞[95]。研究还报道了低噪声、高灵敏度的h-BN纳米孔道在100 kHz滤波器带宽下，其信噪比高达约50[图7-21(d)]。

近年来，许多新的二维材料如二硫化钼（MoS_2）[96-98]和二硫化钨（WS_2）[99]等，也被应用于生物传感的制备纳米孔道的膜材料。二硫化钼纳米孔道检测dsDNA穿孔过程如图7-21(e)，其具有极高的信噪比[100]，能够用于ssDNA均聚物（poly-A30，poly-T30，polyC30，poly-G30）以及单核苷酸[图7-21(f)][96]的检测区分。

7.2.6 光电同步检测

光学方法与固态纳米孔道结合具有多种优点，如将分析物限制在纳米孔道中，从而使光学检测更高效，并可同时探测多个孔道内单分子的动态变化，以实现高通量检测以及在单分子水平标记和跟踪待测物的不同结构或功能区。此外，可以对纳米孔道表面进行改造，并使用相应的表面制备技术来增强孔道内待测物的荧光信号。

7.2.6.1 单分子荧光与固态纳米孔道结合

荧光光谱（fluorescence spectrum, FS）是在溶液体系中进行单分子检测的最广泛和最通用的分析手段之一，因此，传统的荧光光谱与纳米孔道结合是未来纳米孔道单分子分析的趋势[101]。这种策略一方面能够将分析物限制并精确定位在光学检测区域内，另一方面由于纳米孔道是两个检测池之间唯一的通道，能够精准地检测到每个过孔分子，避免了常规单分子荧光光谱中大多数分析物绕过检测区域而被漏检的问题。涂有金属（如铝）的膜已被证明可用作膜与分析物之间的光学屏障（铝在可见光谱中是光学不透明的），并在纳米孔道中产生倏逝波，如图7-22。这种检测模式与零模式波导非常类似[58]，重要的是，由于波长和纳米孔道直径之间的关系，这种方法可将光学检测体积限制在纳米孔道的尺寸内。有报道根据类似的原理搭建了光学纳米孔道平台[103]，实现了单分子水平上的超高通量并行检测。研究显示了可以使用高时间分辨率的共聚焦光学器件进行单个纳米孔道探测，从而能够更有效地表征单个过孔事件。研究人员认为，此纳米孔道——光学平台系统可进一步优化，达到同时

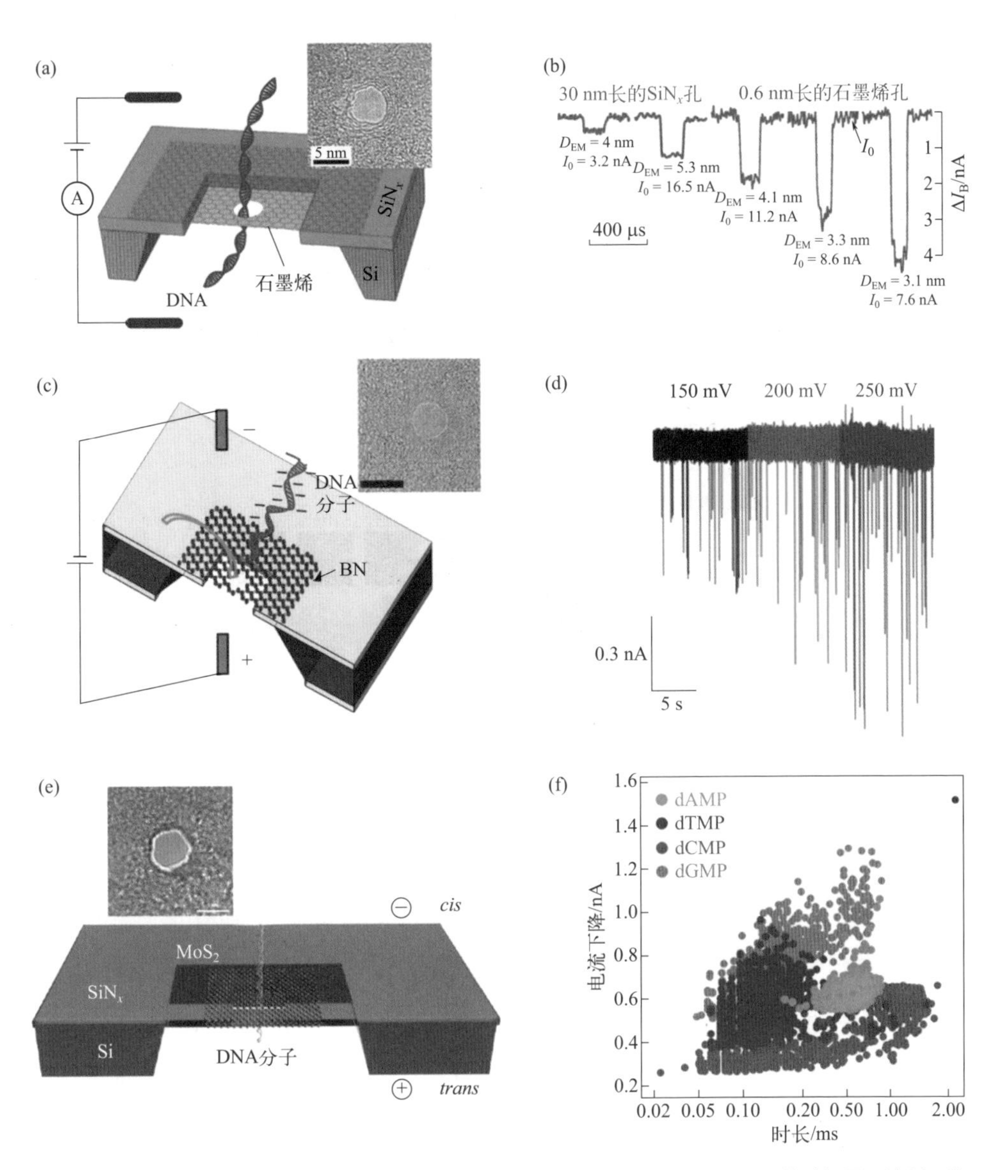

图7-21 二维材料纳米孔道：(a)石墨烯纳米孔道器件的结构示意图和TEM图像(插图，比例尺为5 nm)；(b)dsDNA通过不同直径的氮化硅纳米孔道(红色)和石墨烯纳米孔道(蓝色)，比例尺如图所示；(c)具有悬浮h-BN膜的纳米孔道器件的结构和h-BN纳米孔道的TEM图像(插图，比例尺为10 nm)；(d)不同电压下dsDNA通过多层h-BN纳米孔道时的电流信号；(e)二硫化钼纳米孔道及DNA穿孔示意图，插图为直径约5 nm的纳米透射电镜图；(f)单个核苷酸通过单层二硫化钼孔道时事件的阻断时间-阻断电流散点图[92-95]

检测数百个纳米孔道信号的水平，从而创建用于各种传感分析的真正的高通量光学检测系统。研究使用了图案化的金属膜修饰在纳米孔道表面，引入等离子体结构，证明了由五个周期性波纹包围的135 nm金图案化的微阱会使荧光增强[104]。

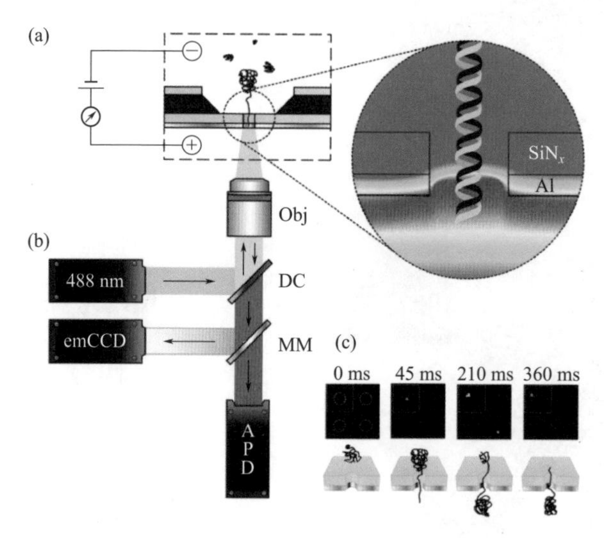

图7-22 （a）用于检测λ-DNA过孔事件的光学装置示意图，彩色图像突出了纳米孔道和局部膜环境中激发光的消逝衰变。（b）来自激发源发射的波长为488 nm的激光被位于45°的二向色镜（DC）反射并穿过60×物镜（Obj）。根据光学配置，光可以用于单点共焦检测，或者可以使用宽视场照明来对整个膜成像，再通过相同的Obj和DC收集来自分析物的荧光。使用移动镜（MM）将荧光反射到用于成像孔阵列的emCCD上或者用于单点共焦成像的光电二极管检测器（APD）上。（c）用YOYO-1标记的两个λ-DNA过孔事件的荧光图像。每帧中的虚线圆圈表示纳米孔道的位置，下方对应了相应的过孔过程的示意图[102]

7.2.6.2 全内反射荧光与固态纳米孔道结合

在固态纳米孔道平台中，使用内径为4 nm的氮化硅纳米孔道，通过全内反射荧光（total internal reflection fluorescence, TIRF）和离子电流信号同时对荧光标记的421 bp dsDNA和蛋白质-DNA复合物进行测量[104]；通过引入两种类型的荧光基团，进一步对DNA序列进行检测和表征[105]。首先，基于二进制码将目标DNA序列进行延长转化，转化的DNA上的编码区与荧光标记的ssDNA“信标”互补。当含有杂交“信标”的转化DNA穿过纳米孔道时，荧光“信标”被释放而发射出荧光，通过对荧光信号的分析，从而获得基于二进制编码的重构原始DNA序列。通过TIRF与氮化硅纳米孔道结合，不仅证明了可以利用光学技术获取单分子信息，而且还可以检测来自多个纳米孔道的离散光学信号，实现高通量单分子测量[106]。

7.3　玻璃纳米孔道应用

随着纳米制备技术的不断发展，石英或硼硅酸盐毛细管材料以其成本低、制备简单的优势受到广泛关注。玻璃纳米孔道尺寸可控，能够满足从纳米到微米尺度单个体探测的需求。不仅如此，孔道尖端的锥形结构和电荷效应使其对离子流的细微变化非常敏感，保证了其可以在高时间分辨率下提供快速的电化学响应，从而实现单个DNA分子、金纳米颗粒、聚合物微球、囊泡等不同尺度个体的分析检测。玻璃纳米孔道细锐的尖端不仅可以容纳单个检测实体，还可以增强电化学场、光密度和质谱信号。此外，玻璃纳米孔道尖端直径可小至几百甚至几十纳米，极大地降低了对活细胞的伤害，为单细胞穿透和体内测量提供了新的技术手段。由此可见，玻璃纳米孔道在单个体分析方面有着巨大的优势及潜力。本节将对玻璃纳米孔道的电化学检测原理及其在单个体检测方面的应用进行详细阐述，并对近年来新型玻璃纳米孔道检测技术进行综述。

7.3.1　玻璃纳米孔道的电化学分析原理

与生物纳米孔道原理相同，玻璃纳米孔道根据待测物穿过孔道时引起的离子流变化可实现对单个穿孔物质特征及行为的分析研究。玻璃纳米孔道结构稳定、表面可修饰及其尖端特殊的锥形对称结构使其表现出传统纳米孔道难以实现的电化学特性，为不同个体的检测提供了更多可能性。

1997年，美国电化学家Allen J. Bard首次报道了玻璃毛细管电极中的整流现象[108]。随后，Bard课题组也发现，在电解质浓度较低、电极两端电解质浓度相同的条件下，玻璃毛细管产生了非线性的电流-电压（*I-V*）曲线。将毛细管尖端尺寸扩大至微米级别时，*I-V*曲线则呈现为正常的线性相关。这一非线性的*I-V*关系即是纳米尺度下的电化学整流现象。Bard等人通过改变电极尺寸、电解液浓度、pH等条件来探究其对*I-V*曲线的影响。最终实验结果表明，整流效应主要是由石英/电解质界面上表面电荷和孔口不对称几何形状引起的。

实验中采用了双电极系统，其中，一根Ag/AgCl纳米电极作为工作电极插入玻璃管中，另一根Ag/AgCl纳米电极作为辅助/参比电极放置在体相溶液中。在实验中，玻璃管内和体相中的溶液均充满了相同的电解质。如图7-23所示，随着电解液浓度从1 mol/L降至0.01 mol/L，*I-V*曲线呈现出明显的不对称现象，表现为阴极方向电流大于阳极方向电流。当在电极两端施加直流电压时，电极表面发生如下反应:

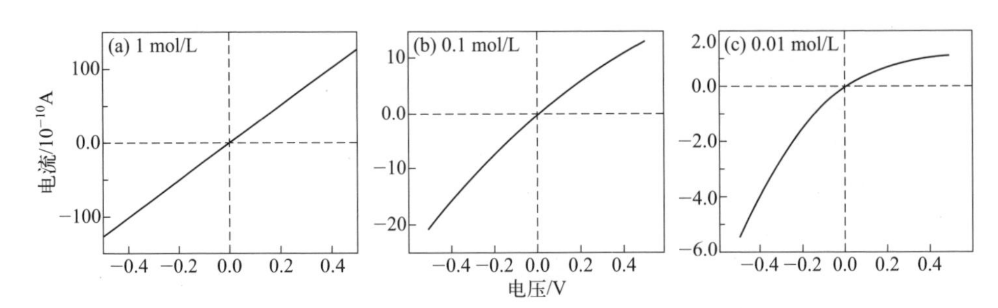

图7-23 玻璃纳米孔道在不同浓度氯化钾溶液中的I-V曲线变化[107]

由于特定离子吸附或表面质子解离，毛细管壁会带有一定的电荷，这些电荷将由溶液中弥散的离子来补偿，从而形成双电层。SiO_2材料的等电点一般在pH 1～4，因此，在pH 6.8的KCl溶液中，石英表面带负电荷，其双电层中钾离子过剩、氯离子不足。在纳米尺度的孔道两端施加电压，两电极间的电流主要取决于纳米级孔口处的离子流，并受到孔口处双电层的影响。当双电层厚度与纳米尖端的直径相当时，电流必然经过扩散层，此时离子和表面电荷之间的静电相互作用将影响离子传输。反之，若双电层厚度相对于管口尺寸可以忽略时，离子运动则不会受到影响。

双电层的厚度(cm)可以用如下公式表示[108]:

$$\delta=\frac{1}{k}=\left(\frac{2n^0z^2e^2}{\epsilon\epsilon_0k_BT}\right)^{-1/2}$$

式中，n_0是物质的浓度；z是物质的电荷；ϵ是介电常数；T是温度；e、ϵ_0和k_B分别是电子电荷、真空介电常数和玻尔兹曼常数。在25 ℃水相溶液的条件下，这一公式可以简化为:

$$\frac{1}{k}=3.1\times10^{-8}/C^{*-1/2}$$

式中，C^*为溶液浓度，mol/L。

由此可见，双电层厚度会随溶液浓度的升高而显著降低。双电层的形成使阴离子（Cl^-）被排除在该区域外，补偿了玻璃上的负电荷，从而改变电解过程中孔道尖端K^+和Cl^-的离子通量。在施加正电压时，电极表面的氯离子被消耗，理论上需要溶液中的氯离子扩散迁移至电极表面进行补充；然而，玻璃纳米孔道尖端表面带有的负电荷将排斥溶液中带负电荷的氯离子，表现为阳离子选择性。因此，该条件下将主要通过钾离子外流以维持电中性。而在施加负电压时，电极表面产生氯离子，此时主要依靠钾离子流入来实现电荷平衡，这也就导致了电流随电压呈现出非线性变化（图7-24）。对于纳米尺度的孔道尖端来说，双电层的影响更为明显，纳米孔道对整流现象引起的微弱电流变化响应十分灵敏，因而可以用于一些离子或小分子化合物的灵敏检测。

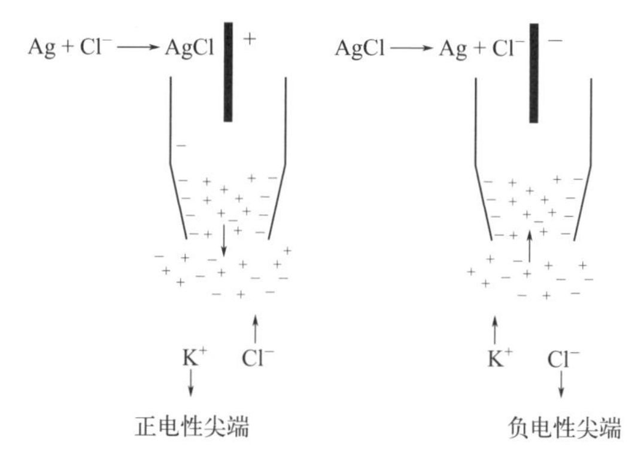

图7-24 正电压和负电压情况下纳米孔道尖端的离子传输情况

毛细管尖端双电层的存在不仅会引起离子整流效应，还会在施加电场时使孔道内部形成电渗流（electroosmotic flow, EOF）[109]。当电场施加在流体上时，双电层中的净电荷被库仑力驱动，使得溶液以某一固定速度流动。当待测物质进入纳米孔道时，其受到电场力与电渗流的双重作用。由于电渗流是由双电层效应驱动的，因此在双电层重叠的管道内，电渗流的作用较小，即在整流现象明显的纳米孔道中（即双电层的厚度接近纳米孔道的直径时），离子迁移是决定电流大小的主要因素，即电渗流的作用几乎可以忽略[110-111]。研究发现，在直径30 nm、表面电荷−0.1～1.0 mC/m^{2}且充满0.1 mmol/L单价盐溶液的孔道内，电渗流作用产生的离子传输只占不到10% [112]。研究人员利用有限元模拟，对不同盐浓度及不同电压下电渗流的变化情况进行分析，描述了在不同条件下待测物在电场中的运动情况[113-114]。随着对纳米孔道内电渗流现象认识的不断深入，Ulrich F. Keyser课题组利用物质在电场中受到电渗流作用的调控，实现了对DNA穿孔过程的精准操控[115]。

7.3.2 基于整流现象的单分子分析方法

一般来说，离子电流整流（ion current rectification, ICR）的出现需要满足两个条件，分别是纳米流体通道与德拜长度相当以及离子在纳米孔道中的轴向不对称分布[113]。在满足上述条件时，分析物与孔道内壁相互作用时所引起的纳米孔道内构象、表面电荷或内表面亲疏水性的变化都会改变纳米孔道的电导率，并在*I-V*曲线中表现出来。通过测量加入待测物前后的纳米孔道*I-V*曲线的变化，即可分析待测物的浓度。

基于这一原理，将纳米孔道内壁功能化，即可以实现对蛋白质[116]、离子、DNA等物质的即时检测。使用可共价结合在纳米孔道内壁的溶菌酶适配体（LBA），实现对溶酶体的高选择性与高灵敏检测[117]。在pH 7.4的1 mmol/L KCl溶液中，适配体链带负电荷，而溶菌酶分子带正电荷。当溶菌酶进入孔道后，其与适配体之间的生物特异性相互作用会导致孔道内壁表面负电荷部分中和，从而引起纳米孔道离子整流的快速响应。当加入0.5～10 pmol/L的溶菌酶后，−1 V时记录到的电流值显著减小，而在+1 V时记录到的离子电流基本保持不变，表明纳米孔道的整流程度降低。利用溶菌酶与适配体的结合反应，可以对低至0.5 pmol/L的溶菌酶进行灵敏检测［图7-25(a)］。适配体修饰的新型玻璃纳米孔道具有灵敏度高、选择性高和可逆性好、材料消耗少以及稳定性好等优点，如果控制适当的pH条件，以确保蛋白质分子和相应的适配体之间存在相反的电荷极性，那么这一基于蛋白-适配体的策略可以扩展到更多蛋白质的靶向检测。

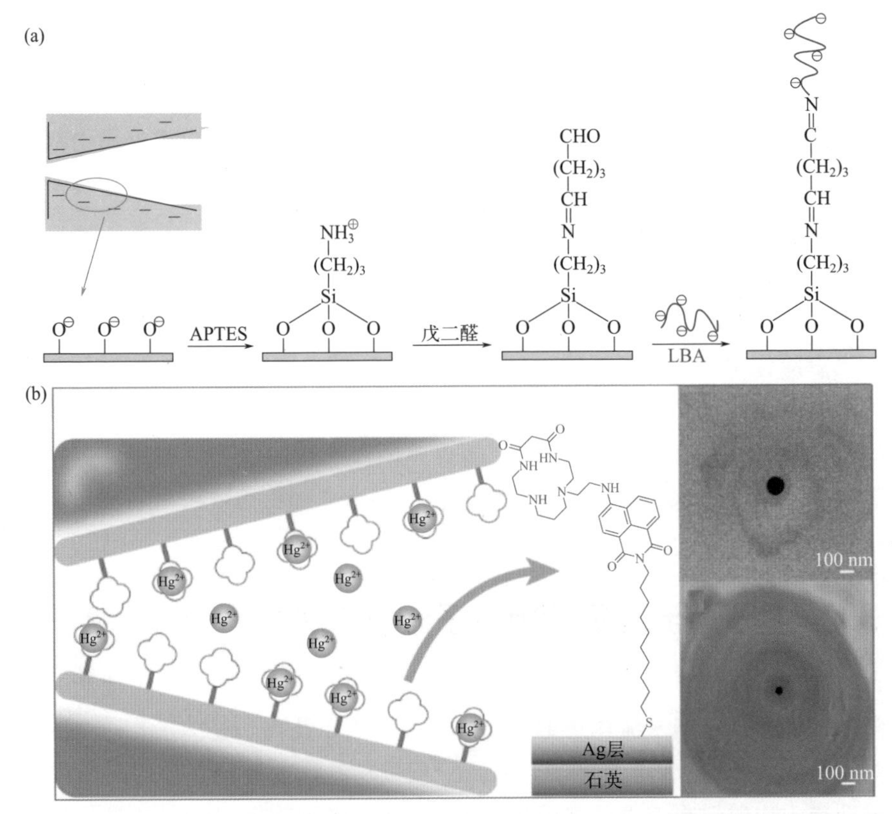

图7-25 （a）在玻璃纳米孔道内壁共价修饰溶菌酶适配体（LBA）以对溶酶体进行高选择性与高灵敏检测；（b）在玻璃纳米孔道内壁修饰二氧四胺大环衍生物对溶液中汞离子（Hg^{2+}）进行检测[117]

除适配体-底物这一反应体系外，金属离子也可以与其特定的配体形成配合物，因此可以被整合至纳米孔道中，构建基于ICR的金属离子检测。有研究利用化学修饰的方法制备功能化玻璃纳米孔道用于汞离子的检测[118]。对纳米孔道内壁进行镀银处理，可以将二氧四胺大环衍生物修饰在孔道内壁，当溶液中有汞离子存在时，其可以与大环基团发生配位反应，基团中两个去质子化的酰胺氮和未去质子化的酰胺氮一起将汞离子包裹起来，导致纳米孔道内壁负电荷减少，从而影响孔道的*I-V*曲线。该方法可以对低至10 pmol/L的汞离子进行检测［图7-25(b)］。纳米孔道具有制备简单、灵敏度高、无需标记的特性，使得基于功能性纳米孔道的金属离子探测方法有望用于食品、水质、环境中的金属离子灵敏检测。自然界中有许多与离子相互作用的蛋白，这些都可以应用到基于纳米孔道的离子检测中[119]，比如有课题组从流感嗜血杆菌中表达纯化了可与Fe^{2+}结合的hFbpA蛋白，并通过层层自组装将其修饰在纳米孔道内壁，构建了对Fe^{2+}具有特异性的纳米孔道探针，实现了对溶液中低至0.05 μmol/L的Fe^{2+}的高选择性及高灵敏响应[120]。

基于ICR的纳米孔道传感性能很大程度上依赖于电荷变化，当初始纳米孔道背景电荷较高时，相对检测响应较低。因此，如果能将初始纳米孔道背景电荷最小化，将提高该方法的传感性能。基于这一考虑，有研究人员利用肽核酸（PNA）作为探针修饰纳米孔道来检测目标DNA。不带电荷的PNA骨架有效地降低了纳米孔道的初始背景电荷，从而增强了纳米孔道对目标DNA的响应[121]。

除上述挑战外，目前大部分基于离子整流效应的纳米孔道检测体系仅适用于带电荷的目标物如DNA、金属离子等。同时，目标物与纳米孔道内壁修饰物质结合后难以释放，因而极大影响了纳米孔道的再次检测能力。为了解决以上两个问题，有研究团队将与适配体杂化的cDNA修饰在纳米孔道内壁，目标物进入孔道后将与适配体结合而离开cDNA，这一过程会导致内壁负电荷减少，并反映在*I-V*曲线的变化上[122]。基于这一检测模式，可以对不带电荷的目标分析物进行快速、灵敏的分析。此外，适配体与目标物结合脱离cDNA后，体系中游离的适配体能重新与cDNA结合，使纳米孔道内壁回到初始状态，可再次用于目标物的分析检测（图7-26）。

7.3.3　玻璃纳米孔道单分子及单颗粒分析

依据记录得到的瞬时离子电流变化，玻璃纳米孔道显示出检测单个分子（如DNA、肽和蛋白质）的能力[115, 123-125]。如图7-27（a）所示，Ulrich F. Keyser教授使用直径为20 nm左右的玻璃纳米孔道实现了对β-半乳糖苷酶、牛

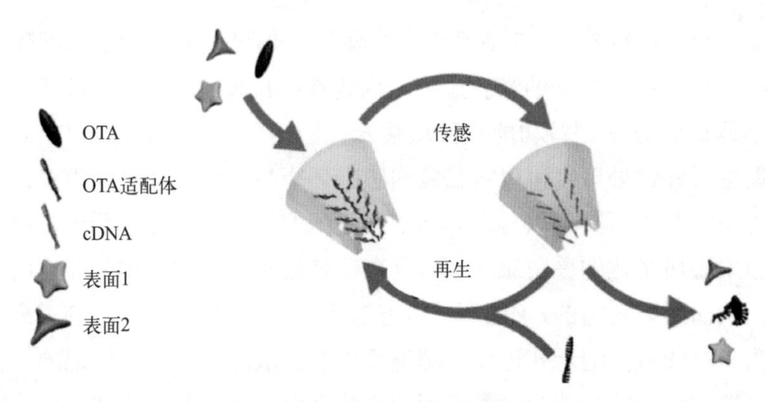

图7-26 基于cDNA与适配体修饰的可再生离子整流纳米孔道传感界面的构建[123]

血清蛋白、β-乳球蛋白、免疫球蛋白、亲和素等重要生物蛋白质分子的直接区分[123]。由于玻璃纳米孔道对蛋白质分子检测的灵敏性较好，所以后续很多工作都集中在使用该技术对疾病相关蛋白进行检测方面。比如，研究人员利用30 nm的玻璃纳米孔道，对阿尔茨海默病相关的淀粉样蛋白进行研究，如图7-27（b）所示，依据肉眼可分辨的电流信号成功对β-淀粉样蛋白Aβ1-42在溶液中的三种状态（单体、寡聚体及纤维）进行实时检测和区分[124]。此外，纳米孔道还被用于抗原-抗体间弱相互作用力的分析，例如通过对不同电压下抗原-抗体过孔信号的监测，可以计算得到抗原-抗体间的解离常数，为单分子水平上研究抗原-抗体结合的动力学过程提供了新的思路[126]。

然而，玻璃纳米孔道对小分子DNA的检测仍受到管径限制的影响（通常＞50 nm）[127]。主要表现为DNA分子穿孔速度较快且引起的阻断电流变化微弱，使得难以记录到分子穿孔过程的具体信息。有研究使用直径约50 nm的玻璃纳米孔道检测λ-DNA（48.5 kbp）[128]。检测到未折叠的λ-DNA穿孔时间为1.56 ms，平均每个碱基对的穿孔时间仅有0.03 μs。因此，如果要检测较短的DNA（几百个碱基对或更少），则需要带宽高达MHz的电流放大器来实现这种微弱电流信号的读取，同时，高带宽也会使得噪声增大，不利于高信噪比的信号获取[129]。

最近有研究聚焦于使用各种策略来提高玻璃纳米孔道对DNA小分子检测的灵敏度。比如，研究人员通过控制扫描电子显微镜（scanning electron microscopy, SEM）光束聚焦在玻璃纳米孔道孔口的时间实现了对其管径的缩小。如图7-28（a），在电子束分别作用2 min、4 min和6 min的情况下，原本42 nm的玻璃纳米孔道孔径分别缩小至33 nm、23 nm和11 nm[130]。通过该方法制备得到的小管径玻璃纳米孔道在进行离子流传感时表现出更高的信噪比。另

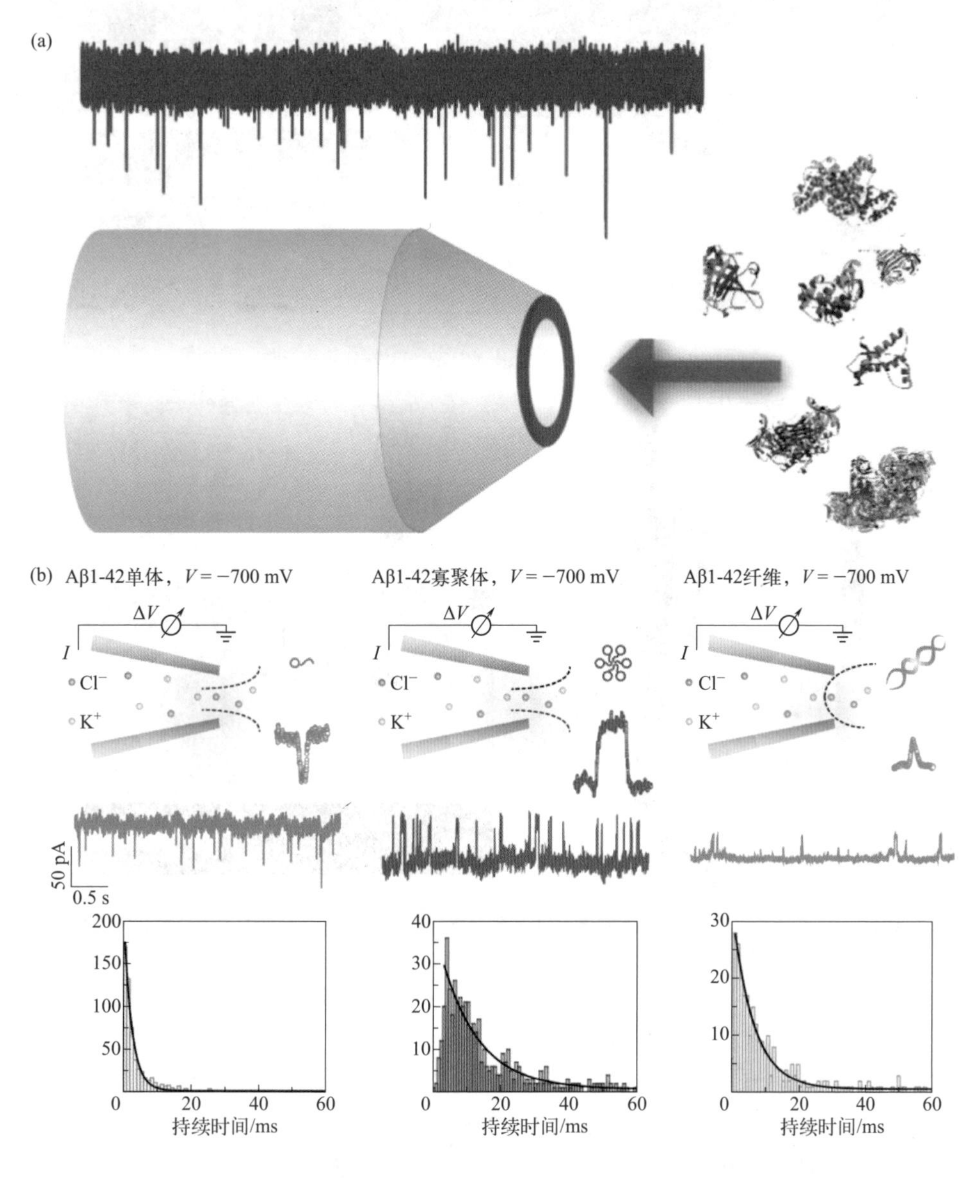

图7-27 （a）玻璃纳米孔道用于β-半乳糖苷酶、牛血清蛋白、β-乳球蛋白、免疫球蛋白、亲和素等重要生物蛋白质分子的区分[123]；（b）使用玻璃纳米孔道对β-淀粉样蛋白Aβ1-42在溶液中的三种状态（单体、寡聚体及纤维）进行实时捕获及区分[126]

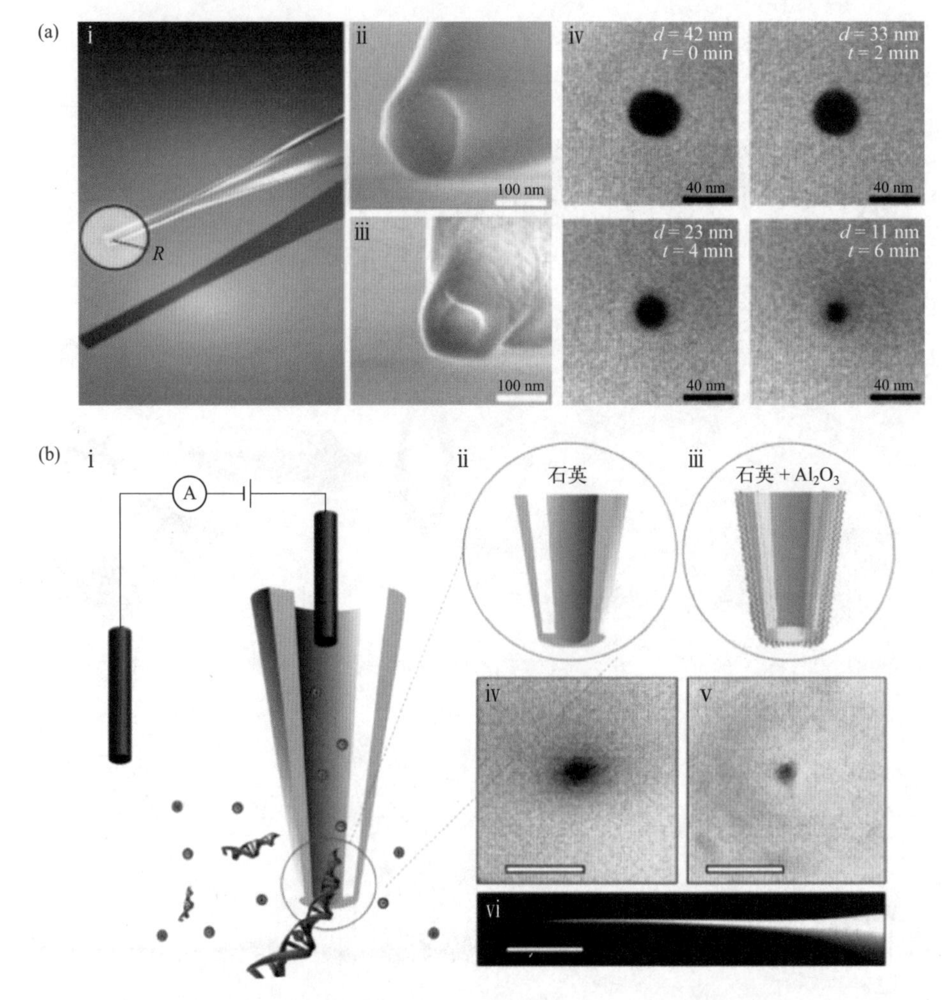

图7-28 (a)使用SEM光束实现了对玻璃纳米孔道直径的缩小，通过调节电子束聚焦时间，将原本42 nm的孔径分别缩小至33 nm、23 nm和11 nm；(b) 在纳米孔道内壁原子层沉积 Al_2O_3 镀层以提高对单链DNA检测的信噪比

外，还有研究人员提出了一种低成本的缩小纳米孔道孔径的策略[131]。他们使用硅酸二钠水解将纳米孔道的孔径从42 nm缩小至6.4 nm不等，并比较使用不同孔径大小的玻璃纳米孔道（6.4 nm和16.2 nm）检测λ-DNA得到的电流信号。结果发现，使用孔径为6.4 nm的玻璃纳米孔道检测到的阻断电流振幅比16.2 nm的纳米孔道中测得的振幅提高了2倍。虽然收缩孔径的方法可以使DNA分子穿孔信号的强度大幅提高，但是由于DNA分子和裸纳米孔道内壁之间缺乏相互作用，这一策略在延长DNA分子穿孔时间方面的效果尚不明显。

通过在玻璃纳米孔道内壁修饰不同的镀层亦可改善纳米孔道的检测性能。

例如，在内壁包覆磷脂膜的方法使玻璃纳米孔道的直径减小了约9 nm，同时磷脂膜的存在屏蔽了内壁原有的负电荷，增加了纳米孔道对DNA分子的捕获率[132]。如图7-28（b），研究人员在玻璃纳米孔道内壁沉积Al_2O_3，电镜表征和电化学*I-V*曲线的结果表明该方法可将纳米孔道的直径从25 nm缩小至7.5 nm[133]。进一步利用该玻璃纳米孔道对10 kbp的dsDNA进行检测，发现在7.5 nm孔道中记录到的信号阻断时间和电流强度（0.30 ms ± 0.01 ms，122.4 pA ± 8.9 pA）均大于60 nm孔道所记录的信号（0.24 ms ± 0.02 ms，95.4 pA ± 5.6 pA）。这些结果说明Al_2O_3的修饰缩小了玻璃纳米孔道的直径，显著提高了DNA分子穿孔时的电流分辨率，与之前的研究结果一致；同时，由于DNA分子与镀层表面的相互作用，该方法也可以在一定程度上延长目标分子的阻断时间。为了进一步提高检测的特异性，研究人员将与目标DNA特异性结合的分子修饰在玻璃纳米孔道的内壁，制备了功能化玻璃纳米孔道[134]。当玻璃纳米孔道内壁修饰（ssDNA）时，如$5'\text{-}NH_2\text{-}(T)_{20}\text{-}3'$，其直径将由40 nm缩小至18 nm，并在DNA检测时表现出明显的选择性，表现为具有互补DNA序列的poly(dA)$_{20}$穿孔时信号明显增强，穿孔时间延长至0.43 s,而不具有互补作用的poly(dC)$_{20}$则几乎没有穿孔信号，这一结果表明了功能化纳米孔道对目标分子选择性检测的能力。

在基于玻璃纳米孔道技术的DNA检测中，如何实现DNA分子的捕获及操控一直都是研究人员十分关注的热点问题。玻璃纳米孔道检测技术已与单分子介电泳捕获技术集成，用于克服玻璃纳米孔道难以捕获单个小分子的限制[135]。如图7-29所示，dsDNA在金属包覆的玻璃纳米孔道尖端被捕获并富集，该方法将对dsDNA的检测限降低至5 fmol/L，显著低于生物纳米孔道能达到的检测限（nmol/L级）。近年来，利用不对称电压脉冲在单分子水平上捕获和递送DNA分子的方法也被报道。具体策略是，在充满DNA分子的玻璃纳米孔道中，施加正负电压的周期性脉冲。在施加正电压的过程中，玻璃纳米孔道中的DNA被驱动捕获。在施加负电压的过程中，DNA被驱动到纳米孔道之外。

玻璃纳米孔道尺寸可控，通过调节拉制参数即可获得不同尺寸的孔道以用于不同大小的单个体分析。近期，玻璃纳米孔道对单个纳米粒子的分析受到研究人员的广泛关注。玻璃纳米孔道尖端形成一个电化学限域空间，当纳米颗粒穿孔时，其尺寸及表面电荷会引起离子流的变化，分析瞬态离子电流的变化可以获取单颗粒尺寸及表面性质等信息。Henry S. White教授课题组使用玻璃纳米孔道对半径为80 nm和160 nm的聚苯乙烯小球（polystyrene spheres, PS）进行检测，发现PS穿孔时产生形状对称的阻断电流且阻断电流的大小与其尺寸成正比，如图7-30（a）所示。这些结果说明颗粒的大小和形状与阻断电流的

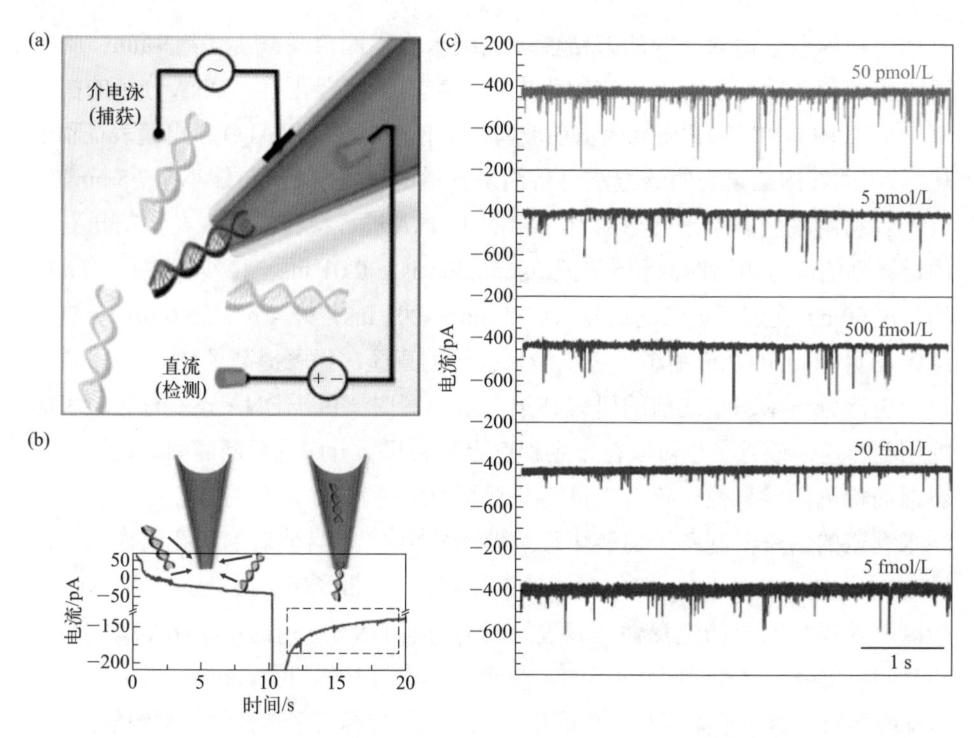

图7-29 （a）dsDNA被镀金玻璃纳米孔道尖端捕获示意图；（b）介电泳力预浓缩实现DNA捕获与检测的示意图和电流轨迹图；（c）利用介电泳力实现五种浓度DNA分子检测的电流轨迹图，偏置电压500 mV

大小和形状相关，因此可以通过目标分子穿孔时产生的特征电流信息对颗粒的尺寸与形状进行分辨[136]。同时，该课题组也发现，小球在正负电压下的穿孔信号有所不同，表现为在正电压下对称的阻断电流信号，而在负电压下增强的电流信号[137]。该研究认为这一现象是由小球表面电荷所致，当带负电荷的PS通过纳米孔道时，其表面电荷所引起的电流增强程度超过了颗粒对离子排阻引起的电流降低程度，从而导致增强电流信号。对PS穿孔时玻璃纳米孔道尖端的离子流强度模拟也证实了这一猜测，如图7-30（b）所示。基于这一发现，可以根据有限元模拟及负电压下产生的电流信号获取待测颗粒表面的电荷信息。通常认为基于体积排阻效应的待测物分析需要纳米孔道尺寸大于待测物尺寸，然而，玻璃纳米孔道不仅可以捕获尺寸小于孔径的颗粒，也可以灵敏区分体积大于孔径的颗粒[138]。当体积稍大于玻璃纳米孔道的颗粒在电压驱动下靠近孔口时，会被纳米孔道捕获并吸附，产生阶梯状的电流阻塞信号，而体积远大于孔道尺寸的纳米颗粒会与孔口碰撞后离开，产生瞬时的电流阻断信号，因此该方法可以通过信号的形状及电流大小对体积稍大于纳米孔道的颗粒进行分辨。“碰撞和脱离”的检测模式提供了一个可再生的检测界面，不会造成孔道的阻塞，同时适用于更大尺度的颗粒分析。基于这一检测模式，该课题组对不同尺寸的PS进行了分析，对信号的强度和阻断时间进行对比，实现了对0.20 μm、0.50 μm、0.75 μm和1.0 μm尺寸PS的灵敏区分，如图7-30（c）所示[139]。

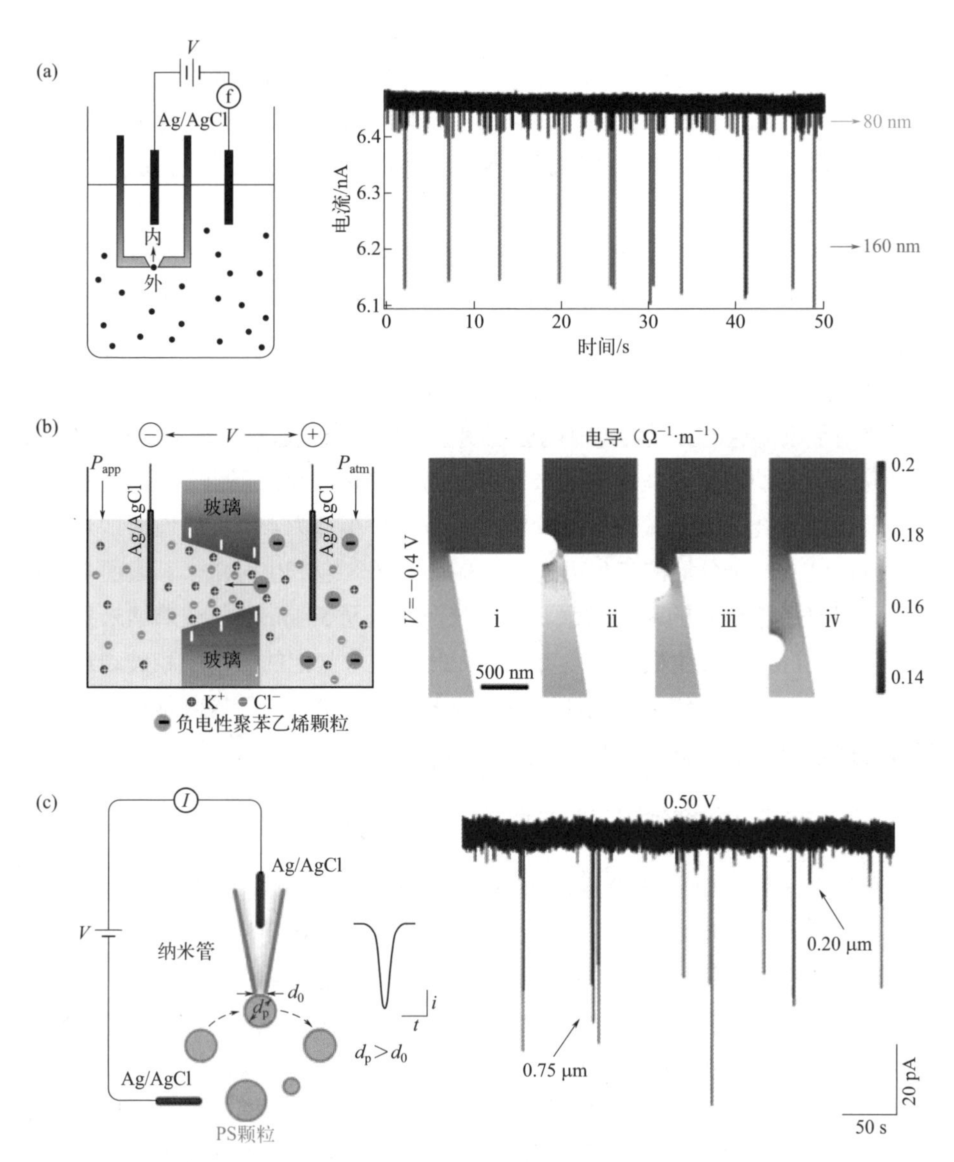

图7-30（a）利用玻璃纳米孔道对半径为80 nm和160 nm的PS进行区分[136]；（b）通过模拟的手段获得待测颗粒表面的电荷量[137]；（c）利用“碰撞和脱离”的检测模式对多种尺寸的小球进行灵敏区分[139]

除了对颗粒本身性质进行分析，玻璃纳米孔道中还可以将颗粒作为信号增强的载体，用于蛋白质或DNA的检测[140-141]。例如，将24个碱基长度的寡核苷酸分子连接到直径为10 nm的金纳米颗粒（gold nanoparticles, GNP）上，来检测单个寡核苷酸差异，从而实现对目标寡核苷酸的特异性识别[141]。还有研究将血管内皮生长因子C的抗体修饰在直径10 nm左右的金纳米颗粒表面[142]，并利用直径约100 nm的玻璃纳米孔道对血管内皮生长因子C进行检测。由于血管内皮生长因子C与抗体-金纳米颗粒偶联后，会将偶联物体积增大至14 nm左右，因此，血管内皮生长因子C偶联后的纳米颗粒和仅有抗体修饰的纳米颗粒穿过玻璃纳米孔道时产生的电流信号具有不同的阻断电流程度，从而可以特异性地识别出血管内皮生长因子C。

很多颗粒类似物如囊泡[144]、纳米气泡[144]、纳米沉淀[145-147]也都可以使用玻璃纳米孔道进行研究。在40～60 nm的玻璃纳米孔道两端加入不同的电解质溶液，产生磷酸锌沉淀引起电流阻塞。纳米尺度的沉淀在玻璃纳米孔道尖端处存在溶解-沉淀-溶解的循环状态，使得电流产生“阻塞”和“打开”交替出现的振荡现象，这一灵敏的电流响应证明了玻璃纳米孔道具有较宽的检测范围，为研究人员借助纳米孔道观测纳米尺度下的动态化学反应提供了新的途径[146]。利用玻璃纳米孔道高灵敏的电流分辨，有研究在半径为45 nm的玻璃纳米孔道中实时监测了纳米气泡的产生和运动过程，纳米气泡产生时由于其表面电荷的聚集引起离子流信号的瞬时增强。而当气泡生长至50 nm（与玻璃纳米孔道的直径尺寸相近）时发生破裂，电流恢复，此后纳米气泡的再产生和破裂遵循该电流变化规律，这些结果再次证明玻璃纳米孔道技术可用于探测常规手段无法获取的纳米尺度反应信息[145]。

7.3.4 基于玻璃纳米孔道的单细胞分析

在单分子及单颗粒的检测应用中，生物纳米孔道和固体纳米孔道技术分别凭借其高空间分辨和尺寸可控的优势展现出巨大的应用潜力[148]。除此之外，玻璃纳米孔道纳米尺寸的尖端易与显微操作系统结合，并用于单细胞分析。有研究表明，细胞被管径为100 nm的玻璃纳米孔道穿透1 min后仍能维持良好的细胞状态，保持良好的细胞活性[149]。这也使得玻璃纳米孔道用于单细胞分析成为可能。玻璃纳米孔道在单细胞分析中的另一大优势是，其内壁易于修饰并用于选择性检测活细胞。如上文所述，通过在玻璃纳米孔道内壁修饰特定物质，可以根据整流曲线或者阻断电流的变化实现对目标分子或离子的灵敏检测。有研究将各种底物-适配体、抗原-抗体反应引入玻璃纳米孔道单细胞分析中，依靠灵敏的电流响应实现对单细胞中活性小分子、蛋白质等物质的无损探测[151]。例如，在玻璃纳米孔道内壁修饰葡萄糖氧化酶，酶促反应产物葡萄糖酸可以降低玻璃纳米孔道尖端的pH值，从而对阻断电流产生直接影响，利用这一原理可对单细胞中的葡萄糖进行测量，实现对人类成纤维细胞、人乳腺癌细胞MCF-7和MDA-MB-231细胞中葡萄糖的测定[151]，如图7-31所示。通过在玻璃纳米孔道内壁修饰对pH敏感的壳聚糖层，可制得在pH值为6～8范围内灵敏响应的pH探针[152]。该体系不仅可用于对癌细胞和正常细胞的pH值探测，还能检测在药物作用下的细胞内pH值的实时变化。

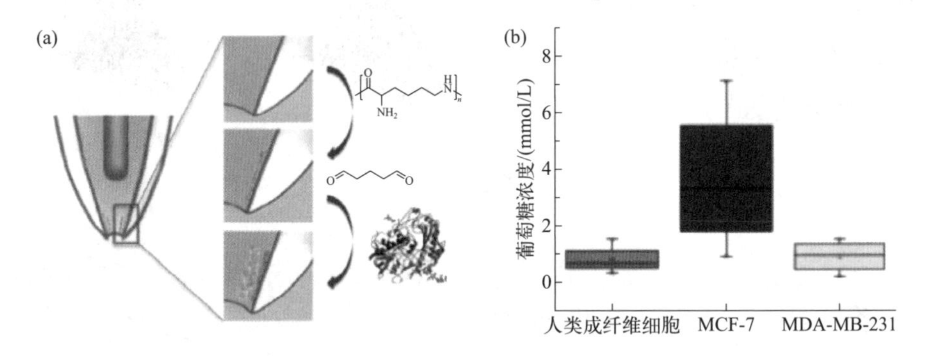

图7-31　（a）利用葡萄糖氧化酶修饰的功能性玻璃纳米孔道检测单个细胞内葡萄糖水平；（b）功能性玻璃纳米孔道对不同细胞中葡萄糖水平的灵敏响应[151]

最近，有研究通过在纳米孔道内壁修饰含有ATP适配体的自组装金纳米颗粒，实现了单个细胞内ATP浓度的检测[153]。当玻璃纳米孔道尖端有ATP存在时，ATP与其适配体之间强烈的作用力会导致自组装结构解离，此时金纳米颗粒离开孔口从而使电流增大，对孔口电流变化的监测可以实现对不同浓度ATP的测量。利用这一原理，成功测量了癌细胞和正常细胞中ATP浓度的差异，以及在药物刺激下细胞凋亡过程中癌细胞和正常细胞中ATP浓度的不同变化情况［图7-32(a)］。

为了进一步提高玻璃纳米孔道在单细胞检测上的空间分辨率，有研究将直径仅30 nm的玻璃纳米孔道用于细胞内不同位点的过氧化氢浓度检测[155]。在玻璃纳米孔道内壁修饰G四联体——DNAzyme作为2,2′-联氮基双-(3-乙基苯并噻唑啉-6-磺酸)二铵盐（ABTS）与过氧化物反应的催化剂，ABTS与过氧化氢反应产生的自由基中间体吸附在DNA上，导致管壁上的负电荷增加，从而产生显著的整流现象。如图7-32所示，基于这一检测原理，玻璃纳米孔道检测技术实现了体外对0.2～5 mmol/L范围内过氧化氢的检测。由于过氧化氢与细胞呼吸代谢密切相关，该技术还可用于药物诱导氧化应激下有氧代谢的监测。研究人员使用荧光染料FM（mitotracker green）标记仓鼠卵巢细胞，并使用佛波酯（phorbol-12-myristate-13-acetate, PMA）刺激细胞代谢以增加活性氧（reactive oxygen species，ROS）。约25 min后，使用玻璃纳米孔道探针检测不同位置处的整流值，结果发现与对照组相比，线粒体中的整流值明显增大，说明该高空间分辨率的方法可实时动态地响应线粒体中ROS的生成。

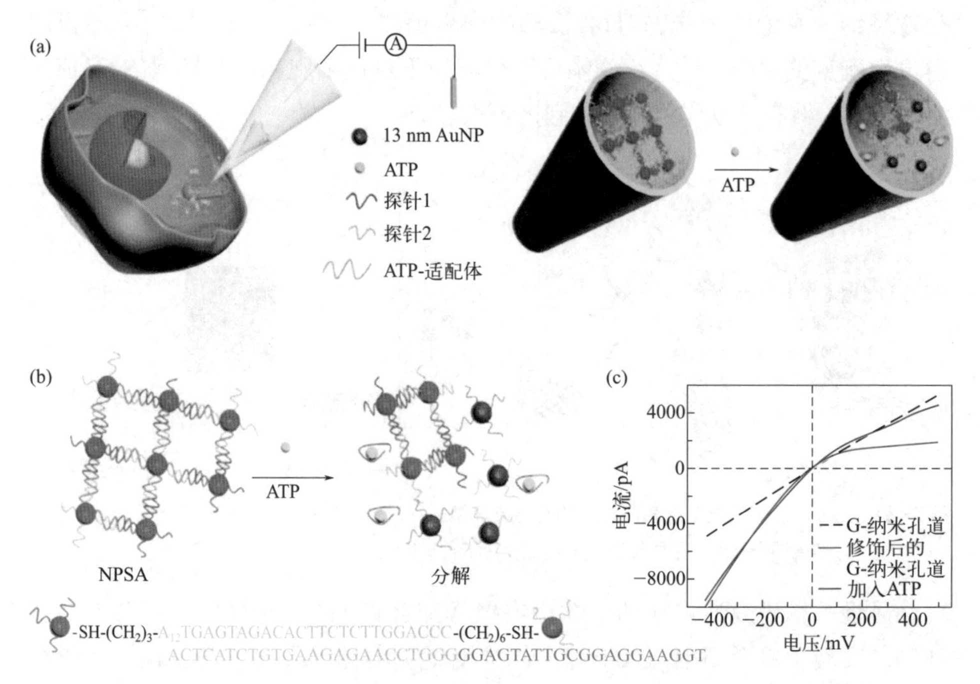

图7-32 （a）G四联体-DNAzyme修饰的玻璃纳米孔道用于单个细胞内ATP水平的探测；（b）ATP与NPSA的反应过程；（c）G四联体-DNAzyme修饰的玻璃纳米孔道检测ATP时的电压-电流曲线[153]

以上研究均表明玻璃纳米孔道在单细胞分析中存在巨大优势。不仅如此，玻璃纳米孔道能够实现精准细胞注射，解决细胞给药所面临的药物难吸收问题[156]。通常，药物或荧光分子需要经过细胞膜的渗透作用进入细胞内。但一些难以渗透的分子很难进入细胞内。通过电化学方法，玻璃纳米孔道可以将装载在孔道内部的外源物质泵入单个细胞中。例如，通过施加适当的电位，可以将常用于细胞成像的荧光染料分子注入单个活细胞的特定位置。同时，可渗透和不可渗透的荧光分子都可通过此方法注入单个细胞中。此外，通过施加不同电位，还能够将装载在玻璃纳米孔道中不同类型的染料分子同时注入细胞中[156-157]。对于一些不带电荷、在电场中难以驱动的小分子染料，还可以利用液液界面电化学进行细胞注射［图7-33(a)］。2007年，研究人员制备了直径约为100 nm的玻璃纳米孔道，并在其中灌注有机溶液，利用电压对液液界面张力的影响，将一定体积的水相荧光染料吸取至纳米孔道内，并注射入人类乳腺细胞（MCF-10A）[图7-33(a)] [158]。这一过程可以通过电压控制，并通过电流-时间监测注射体积的变化，且实验结果显示该过程对细胞的形貌及位置无影响，初步证明了玻璃纳米孔道具有探测单个细胞的潜力。然而，当利用玻璃纳米孔道进行细胞注射时，必须施加适当的电压，才能够控制分子进入细胞。如图7-33（b）所示，为了在细胞注射时尽可能减小电压对细胞的影响，可以利用双头玻璃管制备得到的尖端含有两个对称开孔的玻璃纳米孔道[159]。这种情况下，电流不会经过细胞膜表面，最大程度上降低了施加电压造成的细胞膜损伤。不仅如此，利用双头玻璃纳米孔道，还可以实现同时向细胞内注射两种不同的荧光染料，进一步减小了对细胞的刺激。但以上方法依然需要在纳米孔道两端施加电压。为了进一步减小操作过程中对细胞的刺激，有课题组将光响应水凝胶集成到玻璃纳米孔道中，以构建水凝胶-纳米孔道混合系统[图7-33(c)][160]。在可见光（λ＞600 nm）照射下，发生快速凝胶-溶胶转变，并在不施加电压或不使用有机溶剂的情况下驱动药物注射。这一策略基本不影响细胞活力（90%的存活率）。不仅如此，水凝胶-纳米孔道混合系统可以实现不同细胞系中单个细胞内癌症药物阿霉素（Dox）的时间依赖性注射（7.94 fL/s）和剂量定量（0～326 fg），用于高精度、剂量可控的单细胞药物输送。

7.3.5　新型玻璃纳米孔道电极的应用

目前基于离子流响应的玻璃纳米孔道主要用于分子结构、大小、电荷及弱相互作用的检测，而对于解析纳米尺度上电子传递过程仍然比较困难。随着纳米制备技术的发展，可将铂丝或金丝置入纳米毛细管中拉制得到纳米尺度的电极。这种电极是目前最为常用的获取氧化还原反应过程、分子间电荷传递信息的材料，但是纳米电极拉制后尖端封装打磨较为耗时。得益于近年来不断发展的电化学技术及理论，双极电化学的概念受到电化学领域学者们的广泛关注。近年来，将双极电化学系统引入纳米尺度的玻璃纳米孔道中，发展了基于玻璃纳米孔道的新型无线纳米孔道电极。该电极的制备比传统电极更为简单可控，为纳米孔道电化学检测开启了新的思路。

将双极化电极置于电场中，由于导体是一个等势体，溶液中的电势随着距离管口的位置不断变化，因此金层表面会产生过电势以平衡溶液电势与金属导体本身的电势差，导致金层发生极化，在施加负电压的情况下，靠近管口的一

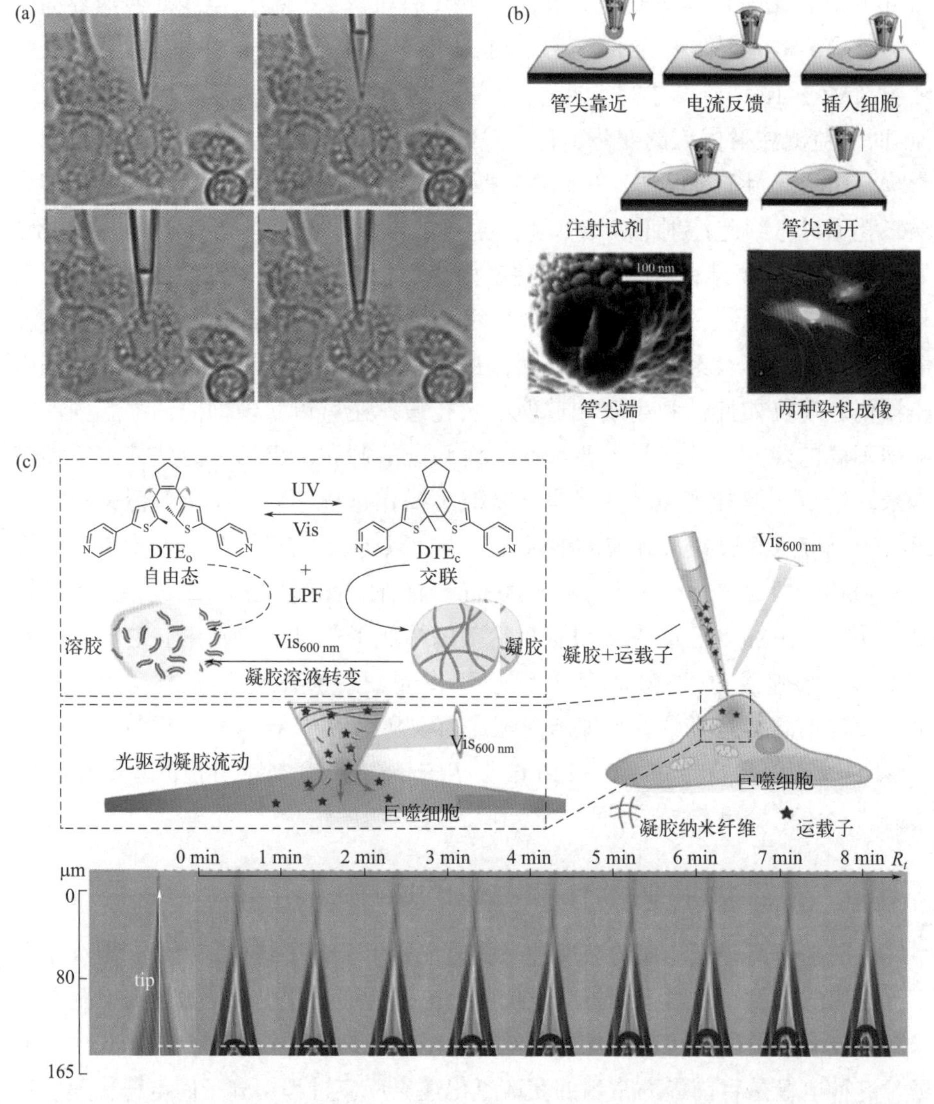

图7-33 （a）利用液液界面电化学进行细胞注射[158]；（b）利用双通道玻璃纳米孔道实现两种不同染料同时注射[159]；（c）利用水凝胶-纳米孔道混合系统实现高精度、剂量可控的单细胞药物输送[160]

端会被极化为电极的阴极，发生还原反应，另一端则被极化为电极的阳极，发生氧化反应[161]。于是，金层的两端可以同时发生氧化和还原反应，成为双极化电极。双极化电极体系可分为两大类：开放式双极化电极体系和封闭式双极化电极体系。在开放式双极化电极体系中，电极置于通道内或本体电解质溶液中，此时所测得的电信号大部分来自离子流；而在另一种封闭式双极化电极体系中，孔道尖端处的闭合电极阻碍了离子流路径，电极之间只能测量电子传递信息，为纳米尺度电化学反应的测量提供了新的手段[162]。

双极化电极由于具有制备方法简单、检测模式灵活、信息获取全面等优点，近年来吸引了众多研究者的关注，目前，该方法已应用到对单细胞及单颗粒电化学过程的分析中。笔者课题组在纳米孔道内壁蒸镀金层并修饰电活性物质巯基-邻苯二酚构建了双极化纳米孔道电活性界面，并利用电极表面氧化还原反应引起的离子流灵敏响应实现了癌细胞内NADH水平的探测[163]。使用电化学反应在纳米孔道内壁构建开放式铂电极，并将鲁米诺电致发光反应引入电极体系内，通过检测荧光强度可以对细胞内过氧化氢浓度进行准确定量分析。基于这一反应原理，将电化学反应限域在纳米尺度的孔道尖端，在较低的电压下即可促使电化学反应的发生，可以在对细胞损伤较小的情况下实现对细胞内电活性物质的探测[164]。

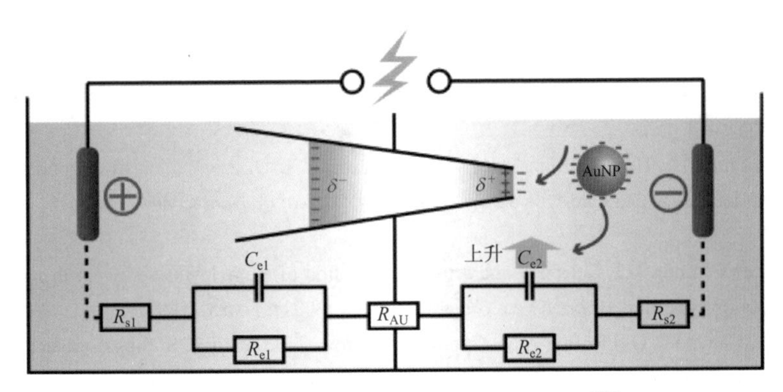

图7-34　基于电容反馈机理的纳米颗粒分析[165]

开放式纳米电极由于具有良好的离子流传输性能，在各类电活性物质及细胞内物质检测方面有着广泛的应用。闭合式纳米孔道电极更适用于对溶液中特定电化学反应电子传递信息的读取，在其他方面的应用潜力仍有待挖掘。为了拓展闭合式纳米孔道电极的应用，如图7-34所示，研究人员提出了一种基于闭合式纳米孔道电极的电容反馈响应（CFR）机制，可以提高单颗粒鉴别过程的灵敏度[165]。研究将氯金酸与硼氢化钠还原反应引入纳米孔道尖端，制备了尺寸约30 nm的闭合式双极化金电极。闭合纳米孔道电极电流噪声均方根值为（0.6±0.1)pA，比传统纳米孔道电极和相同孔径的玻璃纳米孔道都低，同时，这一电极尖端可以对金纳米颗粒碰撞产生的电容扰动产生灵敏响应。利用这一电容响应机制，实现了对不同尺寸纳米颗粒的高灵敏分辨。

参考文献

[1] Ying Y L, Long Y T. Nanopore-based single-biomolecule interfaces: From information to knowledge[J]. *Journal of the American Chemical Society*, 2019, 141(40): 15720-15729.

[2] Ying Y L, Cao C, Hu Y X, Long Y T. A single biomolecule interface for advancing the sensitivity, selectivity and accuracy of sensors[J]. *National Science Review*, 2018, 5(4): 450-452.

[3] Wang Y Q, Li M Y, H Q, Cao C, Wang M B, Wu X Y, Huang J, Ying Y L, Long Y T. Identification of essential sensitive regions of the aerolysin nanopore for single oligonucleotide analysis[J]. *Analytical Chemistry*, 2018, 90(13): 7790-7794.

[4] Wang H Y, Ying Y L, Li Y, Kraatz H B, Long Y T. Nanopore analysis of β-amyloid peptide aggregation transition induced by small molecules[J]. *Analytical Chemistry*, 2011, 83(5): 1746-1752.

[5] Sutherland T C, Long Y T, Stefureac R I, Bediako-Amoa I, Lee J S. Structure of peptides investigated by nanopore analysis[J]. *Nano Letters*, 2004, 4(7): 1273-1277.

[6] Li M Y, Ying Y L, Li S, Wang Y Q, Wu X Y, Long Y T. Unveiling the heterogenous dephosphorylation of DNA using an aerolysin nanopore[J]. *ACS Nano*, 2020, 14(10): 12571-12578.

[7] Iacovache I, Carlo S D, Cirauqui N, Peraro M, Goot F, Zuber B. Cryo-EM structure of aerolysin variants reveals a novel protein fold and the pore-formation process[J]. *Nature Communications*, 2016, 7(1): 1-8.

[8] Cao C, Ying Y L, Hu Z L, Liao D F N, Tian H, Long Y T. Discrimination of oligonucleotides of different lengths with a wild-type aerolysin nanopore[J]. *Nature Nanotechnology,* 2016, 11(8): 713-718.

[9] Yu J, Cao C, Long Y T. Selective and sensitive detection of methylcytosine by aerolysin nanopore under serum condition[J]. *Analytical Chemistry*, 2017, 89(21): 11685-11689.

[10] Ren H, Cheyne C G, Fleming A M, Cynthia J, Burrows C J, White H S. Single-molecule titration in a protein nanoreactor reveals the protonation/deprotonation mechanism of a C:C mismatch in DNA[J]. *Journal of the American Chemical Society*, 2018, 140(15): 5153-5160.

[11] Zhang X, Zhang D, Zhao C, Tian K, Shi R, Du X, Burcke A J, Wang J, Chen S J, Gu L Q. Nanopore electric snapshots of an RNA tertiary folding pathway[J]. *Nature Communications*, 2017, 8(1): 1458.

[12] Piguet F, Ouldali H, Pastoriza-Gallego M, Manivet P, Pelta J, Oukhaled A. Identification of single amino acid differences in uniformly charged homopolymeric peptides with aerolysin nanopore[J]. *Nature Communications*, 2018, 9(1): 966.

[13] Li S, Cao C, Yang J, Long Y T. Detection of peptides with different charges and lengths by using the aerolysin nanopore[J]. *ChemElectroChem*, 2019, 6(1): 126-129.

[14] Jiang J, Li M Y, Wu X Y, Ying Y L, Han H X, Long Y T, Protein nanopore reveals the renin-angiotensin system crosstalk with single-amino-acid resolution[J]. *Nature Chemistry*, 2023, 15: 578-586.

[15] Galenkamp N S, Biesemans A, Maglia G. Directional conformer exchange in dihydrofolate reductase revealed by single-molecule nanopore recordings[J]. *Nature Chemistry*, 2020, 12(5): 481-488.

[16] Rosen C B, Rodriguez-Larrea D, Bayley H. Single-molecule site-specific detection of protein phosphorylation with a nanopore[J]. *Nature Biotechnology*, 2014, 32(2):179-181.

[17] Wang J, Bafna J A, Bhamidimarri S P, Winterhalter M. Small molecule permeation across membrane channels: Chemical modification to quantify transport across OmpF[J]. *Angewandte Chemie International Edition,* 2019, 131(14): 4737-4741.

[18] Wang J, Prajapati J D, Gao F, Ying Y L, Kleinekathöfer U, Winterhalter M, Long Y T. Identification of single amino acid chiral and positional isomers using an electrostatically asymmetric nanopore[J]. *Journal of the American Chemical Society*, 2022, 144(33): 15072-15078.

[19] Baaken G, Halimeh I, Bacri L, Pelta J, Oukhaled A, Behrends J C. High-resolution size-discrimination of single nonionic synthetic polymers with a highly charged biological nanopore[J]. *ACS Nano*, 2015, 9(6): 6443-6449.

[20] Luchian T, Shin S H, Bayley H. Single-molecule covalent chemistry with spatially separated reactants[J]. *Angewandte Chemie International Edition*, 2003, 42(32): 3766-3771.

[21] Ramsay W J, Bayley H. Single-molecule determination of the isomers of d-glucose and d-fructose that bind to boronic acids[J]. *Angewandte Chemie International Edition*, 2018, 57(11): 2841-2845.

[22] Ramsay W J, Bell N, Qing Y, Bayley H. Single-molecule observation of the intermediates in a catalytic cycle[J]. *Journal of the American Chemical Society*, 2018, 140(50): 17538-17546.

[23] Steffensen M B, Rotem D, Bayley H. Single-molecule analysis of chirality in a multicomponent reaction network[J]. *Nature Chemistry*, 2014, 6(7): 603-607.

[24] Wu H C, Bayley H. Single-molecule detection of nitrogen mustards by covalent reaction within a protein nanopore[J]. *Journal of the American Chemical Society*, 2008, 130(21): 6813-6819.

[25] Mindell J A, Zhan H, Huynh P D, Collier R J, Finkelstein A. Reaction of diphtheria toxin channels with sulfhydryl-specific reagents: Observation of chemical reactions at the single molecule level[J]. *Proceedings of the National Academy of Sciences*, 1994, 91(12): 5272-5276.

[26] Shin S H, Bayley H. Stepwise growth of a single polymer chain[J]. *Journal of the American Chemical Society*, 2005, 127(30): 10462-10463.

[27] Zhou B, Wang Y Q, Cao C, Li D W, Long Y T. Monitoring disulfide bonds making and breaking in biological nanopore at single molecule level[J]. *Science China Chemistry*, 2018, 61: 1385-1388.

[28] Haugland M M, Borsley S, Cairns-Gibson D F, Elmi A, Cockroft S L. Synthetically diversified protein nanopores: resolving click reaction mechanisms[J]. *ACS Nano*, 2019, 13(4): 4101-4110.

[29] Lee J, Bayley H. Semisynthetic protein nanoreactor for single-molecule chemistry[J]. *Proceedings of the National Academy of Sciences*, 2015, 112(45): 13768-13773.

[30] Hammerstein A F, Shin S H, Bayley H. Single-molecule kinetics of two-step divalent cation chelation[J]. *Angewandte Chemie International Edition*, 2010, 49(30): 5085-5090.

[31] Wang L, Yao F, Kang X. Nanopore Single-molecule analysis of metal ion-chelator chemical reaction[J]. *Analytical Chemistry*, 2017, 89(15): 7958-7965.

[32] Cao J, Jia W, Zhang J, Xu X, Huang S.Giant single molecule chemistry events observed from a tetrachloroaurate(Ⅲ) embedded Mycobacterium smegmatis porin A nanopore[J]. *Nature Communications*, 2019, 10(1): 5668.

[33] Ying Y L, Li Z Y, Hu Z L, Zhang J, Meng F N, Chan C, Long Y T, Tian H. A time-resolved single molecular train based on aerolysin nanopore[J]. *Chem*, 2018, 4(8): 1893-1901.

[34] Hu Z L, Li Z Y, Ying Y L, Zhang J, Cao C, Long Y T, Tian H. Real-time and accurate identification

of single oligonucleotide photoisomers via an aerolysin nanopore[J]. *Analytical Chemistry,* 2018, 90(7): 4268-4272.

[35] Pulcu G S, Mikhailova E, Choi L S, Bayley H. Continuous observation of the stochastic motion of an individual small-molecule walker[J]. *Nature Nanotechnology*, 2015, 10(1): 76-83.

[36] Qing Y, Tamagaki-Asahina H, Ionescu S A, Liu M, Bayley H. Catalytic site-selective substrate processing within a tubular nanoreactor[J]. *Nature Nanotechnology*, 2019, 14(12): 1-8.

[37] Qing Y J, Ionescu S A, Su P G, Hagan B. Directional control of a processive molecular hopper[J]. *Science*, 2018, 361(6405): 908-912.

[38] Li M Y, Ying Y L, Yu J, Liu S C, Long Y T. Revisiting the origin of nanopore current blockage for volume difference sensing at the atomic level[J]. *JACS Au*, 2021, 1(7): 967-976.

[39] Wang Y Q, Cao C, Ying Y L, Li S, Wang M B, Huang J, Long Y T. Rationally designed sensing selectivity and sensitivity of an aerolysin nanopore via site-directed mutagenesis[J]. *ACS Sensors,* 2018, 3(4): 779-783.

[40] Li M Y, Wang Y Q, Lu Y, Ying Y L, Long Y. Single molecule study of hydrogen bond interactions between single oligonucleotide and aerolysin sensing interface[J]. *Frontiers in Chemistry*, 2019, 7:528.

[41] Wang J, Li M Y, Yang J, Wang Y Q, Wu X Y, Huang J, Ying Y L, Long Y T. Direct quantification of damaged nucleotides in oligonucleotides using an aerolysin single molecule interface[J]. *ACS Central Science*, 2020, 6(1): 76-82.

[42] Li S, Wu X Y, Li M Y, Liu S C, Ying Y L, Long Y T. T232K/K238Q aerolysin nanopore for mapping adjacent phosphorylation sites of a single tau peptide[J]. *Small Methods*, 2020, 4(11): 2000014.

[43] Liu S C, Li M X, Li M Y, Wang Y Q, Ying Y L, Wan Y J, Long Y T. Measuring a frequency spectrum for single-molecule interactions with a confined nanopore[J]. *Faraday Discussions*, 2018, 210: 87-99.

[44] Larimi M G, Mayse L A, Movileanu L. Interactions of a polypeptide with a protein nanopore under crowding conditions[J]. *ACS Nano*, 2019, 13(4): 4469-4477.

[45] Ouldali H, Sarthak K, Ensslen T, Piguet F, Manivet P, Pelta J, Behrends J C, Aksimentiev A, Oukhaled A. Electrical recognition of the twenty proteinogenic amino acids using an aerolysin nanopore[J]. *Nature Biotechnology,* 2020, 38(2): 176-181.

[46] Huang G, Voet A, Maglia G. FraC nanopores with adjustable diameter identify the mass of opposite-charge peptides with 44 dalton resolution[J]. *Nature Communications*, 2019, 10(1): 835.

[47] Hu F, Angelov B, Li S, Li N, Lin X, Zou A. Single‐molecule study of peptides with the same amino acid composition but different sequences by using an aerolysin nanopore[J]. *ChemBioChem*, 2020, 21(17):2467-2473.

[48] 李孟寅，蒋杰，牛红艳，应佚伦，龙亿涛. 基于纳米孔道的单分子组学[J]. 科学通报，2023, 68(17): 2148-2154.

[49] Hu Z L, Huo M Z, Ying Y L, Long Y T. Biological nanopore approach for single-molecule protein sequencing[J]. *Angewandte Chemie International Edition,* 2021, 60(27): 14738-14749.

[50] Halliwell C M, Cass A. A factorial analysis of silanization conditions for the immobilization of oligonucleotides on glass surfaces[J]. *Analytical Chemistry*, 2001, 73(11): 2476-2483.

[51] Vericat C, Vela M E, Benitez G, Carro P, Salvarezza R C. Self-assembled monolayers of thiols and dithiols on gold: new challenges for a well-known system[J]. *Cheminform*, 2010, 39(5): 1805-1834.

[52] Wanunu M, Meller A. Chemically modified solid-state nanopores[J]. *Nano Letters*, 2007, 7(6): 1580-1585.

[53] Wei R, Gatterdam V, Wieneke R, Tampé R, Rant U. Stochastic sensing of proteins with receptor-modified solid-state nanopores[J]. *Nature Nanotechnology*, 2012, 7(4): 257-263.

[54] Kowalczyk S W, Kapinos L, Blosser T R, Magalhes T, Dekker C. Single-molecule transport across an individual biomimetic nuclear pore complex[J]. *Nature Nanotechnology*, 2011, 6(7): 433-438.

[55] Wei R, Tampé R, Rant U. Stochastic sensing of proteins with receptor-modified solid-state nanopores[J]. *Nature Nanotechnology*, 2012,7(4): 257-263.

[56] Yusko E C, Johnson J M, Majd S, Prangkio P, Rollings R C, Li J, Yang J, Mayer M. Controlling protein translocation through nanopores with bio-inspired fluid walls[J]. *Nature Nanotechnology*, 2011, 6(4): 253-260.

[57] Yusko E C, Prangkio P, Sept D, Rollings R C, Li J, Mayer M. Single-particle characterization of Aβ oligomers in solution[J]. *ACS Nano*, 2012, 6(7): 5909-5919.

[58] Kleefen A, Pedone D, Grunwald C, Wei R, Tampé R. Multiplexed parallel single transport recordings on nanopore arrays[J]. *Nano Letters*, 2010, 10(12): 5080-5087.

[59] Mussi V, Fanzio P, Repetto L, Firpo G, Stigliani S, Tonini G P, Valbusa U. "DNA-Dressed Nanopore" for complementary sequence detection[J]. *Biosensors & Bioelectronics*, 2011, 29(1): 125-131.

[60] Chang H, Iqbal S M, Stach E A, King A H, Zaluzec N J, Bashir R. Fabrication and characterization of solid-state nanopores using a field emission scanning electron microscope[J]. *Applied Physics Letters*, 2006, 88(10): 103109.

[61] Bernaschi M, Melchionna S, Succi S, Fyta M, Kaxiras E. Quantized current blockade and hydrodynamic correlations in biopolymer translocation through nanopores: evidence from multiscale simulations[J]. *Nano Letters*, 2008, 8(4): 1115-1119.

[62] Fyta M, Melchionna S, Succi S, Kaxiras E. Hydrodynamic correlations in the translocation of a biopolymer through a nanopore: Theory and multiscale simulations[J]. *Physical Review E*, 2008, 78(3): 036704.

[63] Luo K, Ala-Nissila T, Ying S C, Metzler R. Driven polymer translocation through nanopores: Slow versus fast dynamics[J]. *Europhysics Letters*, 2009, 88(6): 68006-68011.

[64] Meller A. Dynamics of polynucleotide transport through nanometre-scale pores[J]. *Journal of Physics Condensed Matter*, 2003, 15(17): R581.

[65] Movileanu L. Squeezing a single polypeptide through a nanopore[J]. *Soft Matter*, 2008, 4(5): 925-931.

[66] Storm A J, Storm C, Chen J, Zandbergen H, Joanny J F, Dekker C. Fast DNA translocation through a solid-state nanopore. *Nano Letters*, 2005, 5(7): 1193-1197.

[67] Biance A L, Gierak J, Bourhis E, Madouri A, Lafosse X, Patriarche G, Oukhaled G, Ulysse C, Galas J C, Chen Y. Focused ion beam sculpted membranes for nanoscience tooling[J]. *Microelectronic Engineering*, 2006, 83(4/9): 1474-1477.

[68] Purnell R F, Schmidt J J. Discrimination of single base substitutions in a DNA strand immobilized in a biological nanopore[J]. *ACS Nano*, 2009, 3(9): 2533-2538.

[69] Malmstadt N, Nash M A, Purnell R F, Schmidt J J. Automated formation of lipid-bilayer membranes in a microfluidic device[J]. *Nano Letters*, 2006, 6(9): 1961-1965.

[70] Mathé J, Aksimentiev A, Nelson D R, Schulten K, Meller A. Orientation discrimination of single-stranded DNA inside the -hemolysin membrane channel[J]. *Proceedings of the National Academy of Sciences*, 2005, 102(35): 12377-12382.

[71] Li J, Gershow M, Stein D, Brandin E, Golovchenko J A. DNA molecules and configurations in a solid-state nanopore microscope[J]. *Nature Materials*, 2003, 2(9): 611-615.

[72] Tang Z, Zhang D, Cui W, Zhang H, Pang W, Duan X. Fabrications, applications and challenges of solid-state nanopores: A mini review[J]. *Nanomaterials and Nanotechnology*, 2016, 6: 35.

[73] Fologea D, Uplinger J, Thomas B, Mcnabb D S, Li J. Slowing DNA translocation in a solid-state nanopore[J]. *Nano Letters*, 2005, 5(9): 1734-1737.

[74] Kim M J, Wanunu M, Bell D C, Meller A. Rapid fabrication of uniformly sized nanopores and nanopore arrays for parallel DNA analysis[J]. *Advanced Materials*, 2010, 18(23): 3149-3153.

[75] Osaki T, Suzuki H, Pioufle B L, Takeuchi S. Multichannel simultaneous measurements of single-molecule translocation in α-hemolysin nanopore array[J]. *Analytical Chemistry*, 2009, 81(24): 9866-9870.

[76] Chen Z, Jiang Y, Dunphy D R, Adams D P, Hodges C, Liu N, Brinker C F.DNA translocation through an array of kinked nanopores[J]. *Nature Materials*, 2010, 9(8): 667-675.

[77] Mcnally B, Wanunu M, Meller A. Electromechanical unzipping of individual DNA molecules using synthetic sub-2 nm pores[J]. *Nano Letters*, 2008, 8(10): 3418-3422.

[78] Lin Y, Shi X, Liu S C, Ying Y L, Li Q, Gao R, Fathi F, Long Y T, Tian H. Characterization of DNA duplex unzipping through a sub-2 nm solid-state nanopore[J]. *Chemical Communications*, 2017, 53(25): 3539-3542.

[79] Ying Y L, Long Y T. Single-molecule analysis in an electrochemical confined space[J]. *Science China Chemistry*, 2017, 60(9): 1187-1190.

[80] Kowalczyk S W, Wells D B, Aksimentiev A, Dekker C. Slowing down DNA translocation through a nanopore in lithium chloride[J]. *Nano Letters*, 2012, 12(2): 1038-1044.

[81] Anderson B N, Muthukumar M, Meller A. pH tuning of DNA translocation time through organically functionalized nanopores[J]. *ACS Nano*, 2013, 7(2): 1408-1414.

[82] Tsutsui M, He Y, Furuhashi M, Rahong S, Taniguchi M, Kawai T. Transverse electric field dragging of DNA in a nanochannel[J]. *Scientific Reports*, 2012, 2(1): 394.

[83] Wang Y Q, Li M Y, Qiu H, Cao C, Wang M B, Wu X Y, Huang J, Ying Y L, Long Y T. Identification of essential sensitive regions of the aerolysin nanopore for single oligonucleotide analysis[J]. *Analytical Chemistry*, 2018, 90(13): 7790-7794.

[84] Keyser U F, Koeleman B N, van Dorp S, Krapf D, Smeets R M M, Lemay S G, Dekker N H, Dekker C. Direct force measurements on DNA in a solid-state nanopore[J]. *Nature Physics*, 2006, 2(7): 473-477.

[85] Peng H, Ling X S. Reverse DNA translocation through a solid-state nanopore by magnetic tweezers[J]. *Nanotechnology*, 2009, 20(18): 185101.

[86] Hyun C, Rollings R, Li J. Probing access resistance of solid-state nanopores with a scanning-probe microscope tip[J]. *Small*, 2012, 8(3): 385-392.

[87] Hornblower B, Coombs A, Whitaker R D, Kolomeisky A, Picone S J, Meller A, Akeson M. Single-molecule analysis of DNA-protein complexes using nanopores[J]. *Nature Methods*, 2007, 4(4): 315-317.

[88] Stoddart D, Heron A J, Mikhailova E, Maglia G, Bayley H. Single-nucleotide discrimination in immobilized DNA oligonucleotides with a biological nanopore[J]. *Proceedings of the National Academy of Sciences*, 2009, 106(19): 7702-7707.

[89] Tabard-Cossa V, Wiggin M, Trivedi D, Jetha N N, Marziali A. Single-molecule bonds characterized by solid-state nanopore force spectroscopy[J]. *ACS Nano*, 2009, 3(10): 3009-3014.

[90] Shi X, Li Q, Gao R, Si W, Long Y T. The dynamics of a molecular plug docked onto a solid-state nanopore[J]. *The Journal of Physical Chemistry Letters*, 2018, 9(16): 4686-4694.

[91] Arjmandi-Tash H, Belyaeva L A, Schneider G F. Single molecule detection with graphene and other two-dimensional materials: Nanopores and beyond[J]. *Chemical Society Reviews*, 2016, 45(3): 476-493.

[92] Feng J, Graf M, Liu K, Ovchinnikov D, Dumcenco D, Heiranian M, Nandigana V, Aluru N R, Kis A, Radenovic A. Single-layer MoS_2 nanopores as nanopower generators[J]. *Nature*, 2016, 536(7615): 197-200.

[93] Vieira A G, Luz-Lima C, Pinheiro G S, Lin Z, Rodríguez-Manzo J A, Perea-López N, Elías A, Drndi M, Terrones M, Terrones H. Temperature- and power-dependent phonon properties of suspended continuous WS_2 monolayer films[J]. *Vibrational Spectroscopy*, 2016, 86: 270-276.

[94] Waduge P, Larkin J, Upmanyu M, Kar S, Wanunu M. Programmed synthesis of freestanding graphene nanomembrane Arrays[J]. *Small*, 2015, 11(5): 597-603.

[95] Zhou Z, Hu Y, Wang H, Xu Z, Wang W, Bai X, Shan X, Lu X. DNA translocation through hydrophilic nanopore in hexagonal boron nitride[J]. *Scientific Reports*, 2013, 3(1): 3287.

[96] Feng J, Liu K, Bulushev R D, Khlybov S, Dumcenco D, Kis A, Radenovic A. Identification of single nucleotides in MoS_2 nanopores[J]. *Nature Nanotechnology*, 2015, 10(12): 1070-1076.

[97] Feng J, Liu K, Graf M, Lihter M, Bulushev R D, Dumcenco D, Alexander D T L, Krasnozhon D, Vuletic T, Kis A, Radenovic A. Electrochemical reaction in single layer MoS_2: Nanopores opened atom by atom[J]. *Nano Letters*, 2015, 15(5): 3431-3438.

[98] Waduge P, Bilgin I, Larkin J, Henley R Y, Goodfellow K, Graham A C, Bell D C, Vamivakas N, Kar S, Wanunu M. Direct and scalable deposition of atomically thin low-noise MoS_2 membranes on apertures[J]. *ACS Nano*, 2015, 9(7): 7352-7359.

[99] Danda G, Das P M. Chou Y C, Mlack J T, Drndic M. Monolayer WS_2 nanopores for DNA translocation with light-adjustable sizes[J]. *ACS Nano*, 2017, 11(2): 1937-1945.

[100] Liu K, Feng J, Kis A, Radenovic A. Atomically thin molybdenum disulfide nanopores with high sensitivity for DNA translocation[J]. *ACS Nano*, 2014, 8(3): 2504-2511.

[101] Zheng Q, Juette M F, Jockusch S, Wasserman M R, Blanchard S C. Ultra-stable organic fluorophores for single-molecule research[J]. *Chemical Society Reviews*, 2014, 43(4):1044-1056.

[102] Levene M J, Korlach J, Turner S W, Foquet M, Craighead H G, Webb W W. Zero-mode waveguides for single-molecule analysis at high concentrations[J]. *Science*, 2003, 299(5607): 682-686.

[103] Chansin G, Mulero R, Hong J, Kim M J, Demello A J, Edel J B. Single-molecule spectroscopy using nanoporous membranes[J]. *Nano Letters*, 2007, 7(9): 2901-2906.

[104] Aouani H, Mahboub O, Bonod N, Devaux E, Popov E, Rigneault H, Ebbesen T W, Wenger J. Bright unidirectional fluorescence emission of molecules in a nanoaperture with pasmonic corrugations[J]. *Nano Letters*, 2011, 11(2): 637-644.

[105] Soni G V, Singer A, Yu Z, Sun Y, Mcnally B, Meller A. Synchronous optical and electrical detection of biomolecules traversing through solid-state nanopores[J]. *Review of Scientific Instruments*, 2010, 81(1): 014301.

[106] Mcnally B, Singer A, Yu Z, Sun Y, Meller A. Optical recognition of converted DNA nucleotides for single-molecule DNA sequencing using nanopore arrays[J]. *Nano Letters*, 2010, 10(6): 2237-2244.

[107] Chang W, Bard A J, Feldberg S W. Current rectification at quartz nanopipet electrodes[J]. *Analytical Chemistry*, 1997, 69(22): 4627-7633.

[108] Bard A J, Faulkner L R. Electrochemical methods: Fundamentals and applications. 2nd ed. New York: Wiley, 2001.

[109] Ghosal S. Fluid mechanics of electroosmotic flow and its effect on band broadening in capillary electrophoresis[J]. *Electrophoresis*, 2004, 25(2): 214-228.

[110] Taylor J, Ren C L. Application of continuum mechanics to fluid flow in nanochannels[J]. *Microfluidics & Nanofluidics*, 2005, 1(4): 356-363.

[111] Pennathur S, Santiago J G. Electrokinetic transport in nanochannels. 1. Theory[J]. *Analytical Chemistry*, 2005, 77(21): 6772-6781.

[112] Daiguji H. Ion transport in nanofluidic channels[J]. *Chemical Society Reviews*, 2010, 39(3): 901-911.

[113] Laohakunakorn N, Keyser U F. Electroosmotic flow rectification in conical nanopores[J]. *Nanotechnology*, 2015, 26(27): 275202.

[114] Lin D H, Lin C Y, Tseng S, Hsu J P. Influence of electroosmotic flow on the ionic current rectification in a pH-regulated, conical nanopore[J]. *Nanoscale*, 2015, 7(33): 14023-14031.

[115] Niklas E, Nikita H, Wang V, Chen K, Weckman N E, Keyser U F. Promoting single-file DNA translocations through nanopores using electroosmotic flow[J]. *The Journal of Chemical Physics*, 2018, 149(16): 163311.

[116] Cai S L, Zhang L X, Zhang K, Zheng Y B, Zhao S, Li Y Q. A single glass conical nanopore channel modified with 6-carboxymethyl-chitosan to study the binding of bovine serum albumin due to hydrophobic and hydrophilic interactions[J]. *Microchimica Acta*, 2016, 183: 981-986.

[117] Cai S L, Cao S H, Zheng Y B, Zhao S, Yang J L, Li Y Q. Surface charge modulated aptasensor in a single glass conical nanopore[J]. *Biosensors and Bioelectronics*, 2015, 71: 37-43.

[118] Gao R, Ying Y L,Yan B Y,Iqbal P, Preece J A. Ultrasensitive determination of mercury(Ⅱ) using glass nanopores functionalized with macrocyclic dioxotetraamines[J]. *Microchimica Acta*, 2016, 183: 491-495.

[119] Actis P, Mcdonald A, Beeler D, Vilozny B, Millhauser G, Pourmand N. Copper sensing with a prion protein modified nanopipette[J]. *RSC Advances*, 2012, 2(31): 11638-11640.

[120] Bulbul G, Liu G, Vithalapur N R, Atilgan C, Sayers Z, Pourmand N. Employment of iron-binding protein from haemophilus influenzae in functional nanopipettes for iron monitoring[J]. *ACS Chemical Neuroscience*, 2018, 10(4): 1970-1977.

[121] Cai X, Cao S, Cai S, Wu Y, Ajmal M, Li Y. Reversing current rectification to improve DNA: Ensing sensitivity in conical nanopores[J]. *Electrophoresis*, 2019, 40(16-17): 2098-2103.

[122] Zhang S, Chai H, Cheng K, Song L, Chen W, Yu L, Lu Z, Liu B, Zhao Y D. Ultrasensitive and regenerable nanopore sensing based on target induced aptamer dissociation[J]. *Biosensors and*

Bioelectronics, 2020, 152: 112011.

[123] Li W, Bell N, Hernández-Ainsa S, Thacker V V, Thackray A M, Bujdoso R, Keyser U F. Single protein molecule detection by glass nanopores[J]. *ACS Nano*, 2013, 7(5): 4129-4134.

[124] Yu R J, Lu S M, Xu S W, Li Y J, Xu Q, Ying Y L, Long Y T. Single molecule sensing of amyloid-β aggregation by confined glass nanopores[J]. *Chemical Science*, 2019, 10(46): 10728-10732.

[125] Sha J, Si W, Xu W, Zou Y, Chen Y. Glass capillary nanopore for single molecule detection[J]. *Science China Technological Sciences*, 2015, 58(5): 803-812.

[126] Yu R J, Ying Y L, Hu Y X, Gao R, Long Y T. Label-free monitoring of single molecule immunoreaction with a nanopipette[J]. *Analytical Chemistry*, 2017, 89(16): 8203-8206.

[127] Deamer D W, Branton D. Characterization of nucleic acids by nanopore analysis[J]. *Accounts of Chemical Research*, 2002, 35(10): 817-825.

[128] Steinbock L J, Otto O, Chimerel C, Gornall J, Keyser U F. Detecting DNA folding with nanocapillaries[J]. *Nano Letters*, 2010, 10(7): 2493-2497.

[129] Branton D, Deamer D W, Marziali A, Bayley H, Benner S A, Butler T, Ventra M, Garaj S, Hibbs A, Huang X. The potential and challenges of nanopore sequencing[J]. *Nature Biotechnology*, 2008, 26(10): 1146-1153.

[130] Steinbock L J, Steinbock J F, Radenovic A. Controllable shrinking and shaping of glass nanocapillaries under electron irradiation[J]. *Nano Letters*, 2013, 13(4): 1717-1723.

[131] Xu X, Li C, Zhou Y, Jin Y. Controllable shrinking of glass capillary nanopores down to sub-10 nm by wet-chemical silanization for signal-enhanced DNA translocation[J]. *ACS Sensors*, 2017, 2(10): 1452-1457.

[132] Hernández-Ainsa S, Muus C, Bell N, Steinbock L J, Keyser U F. Lipid-coated nanocapillaries for DNA sensing[J]. *Analyst*, 2013, 138(1): 104-106.

[133] Sze J, Kumar S, Ivanov A P, Oh S H, Edel J B. Fine tuning of nanopipettes using atomic layer deposition for single molecule sensing[J]. *Analyst*, 2015, 140(14): 4828-2834.

[134] Youn Y, Lee C, Kim J H, Chang Y W, Kim D Y, Yoo K H. Selective detection of single-stranded DNA molecules using a glass nanocapillary functionalized with DNA[J]. *Analytical Chemistry*, 2016, 88(1): 688-694.

[135] Freedman K J, Otto L M, Ivanov A P, Barik A, Oh S H, Edel J B. Nanopore sensing at ultra-low concentrations using single-molecule dielectrophoretic trapping[J]. *Nature Communications*, 2016, 7(1): 10217.

[136] Lan W J, Holden D A, Zhang B, White H S. Nanoparticle transport in conical-shaped nanopores[J]. *Analytical Chemistry*, 2011, 83(10): 3840-3847.

[137] Lan W J, Kubeil C, Xiong J W, Bund A, White H S. Effect of surface charge on the resistive pulse waveshape during particle translocation through glass nanopores[J]. *Journal of Physical Chemistry C*, 2014, 118(5): 2726-2734.

[138] Li T, He X, Zhang K, Kai W, Ping Y, Mao L. Observing single nanoparticle events at the orifice of a nanopipet[J]. *Chemicalence*, 2016, 7(10): 6365-6368.

[139] Liu Y, Xu C, Gao T, Chen X, Mao L. Sizing of single particles at the orifice of a nanopipette[J]. *ACS Sensors*, 2020, 5(8): 2351-2358.

[140] Wang Y, Kececi K, Mirkin M, Mani V, Sardesai N, Rusling J. Resistive-pulse measurements with

nanopipettes: Detection of Au nanoparticles and nanoparticle-bound anti-peanut lgY[J].*Chemical Science*, 2013, 4(2): 655-663.

[141] Karhanek M, Kemp J T, Pourmand N, Davis R W, Webb C. Single DNA molecule detection using nanopipettes and nanoparticles[J]. *Nano Letters*, 2005, 5(2): 403-407.

[142] Cai H, Wang Y, Yu Y, Mirkin M V, Bhakta S, Bishop G W, Joshi A A, Rusling J F. Resistive-Pulse Measurements with nanopipettes: detection of vascular endothelial growth factor C (VEGF-C) using antibody-decorated nanoparticles[J]. *Analytical Chemistry*, 2015, 87(12): 6403-6410.

[143] Chen L, He H, Jin Y. Counting and dynamic studies of the small unilamellar phospholipid vesicle translocation with single conical glass nanopores[J]. *Analytical Chemistry*, 2015, 87(1): 522.

[144] Hu Y X, Ying Y L, Gao R, Yu R J, Long Y T. Characterization of the dynamic growth of the nanobubble within the confined glass nanopore[J]. *Analytical Chemistry*, 2018, 90(21): 12352-12355.

[145] Yusko E C, Billeh Y N, Mayer M. Current oscillations generated by precipitate formation in the mixing zone between two solutions inside a nanopore[J]. *Journal of Physics Condensed Matter An Institute of Physics Journal*, 2010, 22(45): 454127.

[146] Vilozny B, Actis P, Seger R A, Pourmand N. Dynamic control of nanoprecipitation in a nanopipette[J]. *ACS Nano*, 2011, 5(4): 3191-3197.

[147] Maddar F M, Perry D, Unwin P R. Confined crystallization of organic materials in nanopipettes: tracking the early stages of crystal growth and making seeds for unusual polymorphs[J]. *Crystal Growth & Design*, 2017, 17(12): 6565-6571.

[148] Yu R J, Ying Y L, Gao R, Long Y T. Confined nanopipette sensing: From single molecules, single nanoparticles to single cells[J]. *Angewandte Chemie International Edition*, 2018, 58(12): 3706-3714.

[149] Actis P, Tokar S, Clausmeyer J, Babakinejad B, Mikhaleva S, Cornut R, Korchev Y E. Electrochemical nanoprobes for single-cell analysis[J]. *ACS Nano*, 2014, 8(1): 875-884.

[150] Ruan Y F, Wang H Y, Shi X M, Xu Y T, Xu J J. Target-triggered assembly in a nanopipette for electrochemical single-cell analysis[J]. *Analytical Chemistry*, 2020, 93(2): 1200-1208.

[151] Nascimento R A S, Özel R E, Mak W H, Mulato M, Singaram B, Pourmand N. Single cell "glucose nanosensor" verifies elevated glucose levels in individual cancer cells[J]. *Nano Letters*, 2016, 16(2): 1194-1200.

[152] Özel R E, Lohith A, Mak W H, Pourmand N. Single-cell intracellular nano-pH probes[J]. *RSC Advances*, 2015, 5(65): 52436-52443.

[153] Wang D, Qi G, Zhou Y, Zhang Y, Wang B, Hu P, Jin Y. Single-cell ATP detection and content analyses in electrostimulus-induced apoptosis using functionalized glass nanopipettes[J]. *Chemical Communications*, 2020, 56(10): 1561-1564.

[154] Song J, Xu C H, Huang S Z, Lei W, Ruan Y F, Lu H J, Zhao W, Xu J J, Chen H Y. Ultrasmall nanopipette: Toward continuous monitoring of redox metabolism at subcellular level[J]. *Angewandte Chemie International Edition*, 2018, 57(40): 13226-13230.

[155] Lu S M, Long Y T. Confined nanopipette-A new microfluidic approach for single cell analysis[J]. *Trends in Analytical Chemistry*, 2019, 117: 39-46.

[156] Bruckbauer A, James P, Zhou D, Yoon J W, Excell D, Korchev Y, Jones R, Klenerman D. Nanopipette delivery of individual molecules to cellular compartments for single-molecule

fluorescence tracking[J]. *Biophysical Journal*, 2007, 93(9): 3120-3131.

[157] Qian R C, Lv J, Long Y T. Ultrafast mapping of subcellular domains via nanopipette-based electroosmotically modulated delivery into a single living cell[J]. *Analytical Chemistry*, 2018, 90(22): 13744-13750.

[158] Laforge F O, Carpino J, Rotenberg S A, Mirkin M V. Electrochemical attosyringe[J]. *Proceedings of the National Academy of Sciences*, 2007, 104(29): 11895-11900.

[159] Adam Seger R, Actis P, Penfold C, Maalouf M, Vilozny B, Pourmand N. Voltage controlled nano-injection system for single-cell surgery[J]. *Nanoscale*, 2012, 4(19): 5843-5846.

[160] Li Z Y, Liu Y Y, Li Y J, Wang W, Song Y, Zhang J, Tian H. High-preservation single-cell operation through a photo-responsive hydrogel-nanopipette system[J]. *Angewandte Chemie International Edition*, 2021, 60(10): 5157-5161.

[161] Mavré F, Anand R K, Laws D R, Chow K F, Chang B Y, Crooks J A, Crooks R M. Bipolar electrodes: A useful tool for concentration, separation, and detection of analytes in microelectrochemical systems[J]. *Analytical Chemistry*, 2010, 82(21): 8766-8774.

[162] Guerrette J P, Oja S M, Zhang B. Coupled electrochemical reactions at bipolar microelectrodes and nanoelectrodes[J]. *Analytical Chemistry*, 2012, 84(3): 1609-1616.

[163] Ying Y L, Hu Y X, Gao R, Yu R J, Gu Z, Lee L P, Long Y T. Asymmetric nanopore electrode-based amplification for electron transfer imaging in live cells[J]. *Journal of the American Chemical Society*, 2018, 140(16): 5385-5392.

[164] Wang Y, Jin R, Sojic N, Jiang D, Chen H Y. Intracellular wireless analysis of single cells by bipolar electrochemiluminescence confined in a nanopipette[J]. *Angewandte Chemie International Edition*, 2020, 59(26): 10416-10420.

[165] Gao R, Ying Y L, Li Y J, Hu Y X, Yu R J, Lin Y, Long Y T. A 30 nm nanopore electrode: acile fabrication and direct insights into the intrinsic feature of single nanoparticle collisions[J]. *Angewandte Chemie International Edition*, 2018, 57(4): 1011-1015.

第 8 章

总结与展望

单分子分析在生命科学领域已取得重大突破，纳米孔道电化学技术是具有革命性意义的单分子分析技术之一。30年前，纳米孔道最初作为一种生物传感器，被开发应用于核酸测序和无标记生物小分子的单分子传感测量[1]。生物/化学功能化修饰赋予纳米孔道理想的几何尺寸和丰富的界面性质，可进一步提升其传感灵敏度和选择性。因此，纳米孔道能够从本体溶液中高效地捕获、识别和传输各种分子和离子。在典型的纳米孔道测量中，单个分析物分子在外加电场作用下进入纳米孔道限域空间，扰动离子流动和分布，产生与分析物尺寸、电性、序列等相关的时序电流响应变化。通过解析单分子电信号的电流幅值与波动程度、持续时间和事件频率等特征差异，实现了在单分子水平上DNA、RNA、多肽、蛋白质、小分子代谢物及其复合物等在内的多种生物分子的随机传感测量和表征。

生物纳米孔道是一种自然界广泛存在的可运输离子、水分子和生物分子的纳米级孔道。生物纳米孔道可由天然的蛋白质构成，其具有尺寸小、结构稳定、孔道内任意氨基酸基团可被精准调控等特点，在单分子分析领域展现出良好的重现性和较高的灵敏度[2]。因此，在解析生物分子的单个体行为、核酸定性定量检测、多肽和蛋白质构型构象研究、酶反应动力学研究以及化学键的形成与断裂研究等方面具有良好的应用前景。当目标分子通过生物纳米孔道时，目标分子会排出孔道内的离子，导致瞬态离子流阻断事件的产生。通过对阻断事件的幅值、持续时间、频率和形状等进行统计分析，可以在单分子水平上实时获得目标分子的多种特性，包括其大小、构象、结构、电荷、几何形状以及与其他分子的相互作用等。纳米孔道传感器为快速、无需标记的单分子分析提供了一种高度创新的工具。

基于生物纳米孔道技术的DNA单分子测序经过近30年的发展，已取得了巨大的研究进展，此方法无需对样品进行化学修饰、荧光标记或者扩增等有可能影响样品环境的前期处理，具有多方面的优越性，为高通量、低成本的DNA测序提供了可能[3]。生物纳米孔道技术已经不局限于DNA测序领域，越来越多的研究表明，生物纳米孔道可作为一种通用的单分子传感器，用于研究分子集合系统测量无法获得的生物分子单个体异质性特征。

生物纳米孔道技术在蛋白质领域的研究引起了人们的广泛关注，通过对待测物结构、长度等差异进行高灵敏分辨，可实现对多肽/蛋白质过孔动力学的研究，以及多肽/蛋白质结构的差异识别[4]。近年来，研究者利用纳米孔道技术研究了蛋白质的一些重要特性，如蛋白质在溶液中的稳定性、构象变化、折叠状态以及酶动力学过程等[5]。通过探测蛋白与受体特异性作用，研究疾病相关蛋白质的错误折叠，以及实现对不同蛋白的区分等[6-7]。基于已知的生物分子间相互作用，生物纳米孔道技术还可用于蛋白质-配体、抗原-抗体等复合物的检测[8]。例如可在纳米孔道上修饰抗体，通过监测抗原-抗体之间的特异性结合引起的纳米孔道内离子流变化，得到抗原的浓度及抗原-抗体结合常数[9-10]。

基于生物纳米孔道的单分子蛋白质测序已逐渐成为后基因组时代的研究热点，但与单分子DNA测序相比，目前仍处于初期研究阶段（图8-1）[11-12]。由于天然蛋白质折叠结构复杂、组成蛋白质的氨基酸种类多且结构性质不均一等，实现单分子蛋白质测序需要克服的主要挑战包括：设计改造解折叠酶，驱动全长蛋白质链通过纳米孔道传感区域；调控蛋白质运动速度使其在孔道内停留时间延长，获取包含每个氨基酸信息的高信噪比时序电流信号；设计构建孔道灵敏限域测量界面，控制其与待测分子的弱相互作用，提高氨基酸识别准确率和检测通量；发展高带宽、低噪声微弱电流测量系统，提高仪器时间和电流分辨率，同时开发大数据机器学习智能算法，解码电流信号信息和重构蛋白质序列。

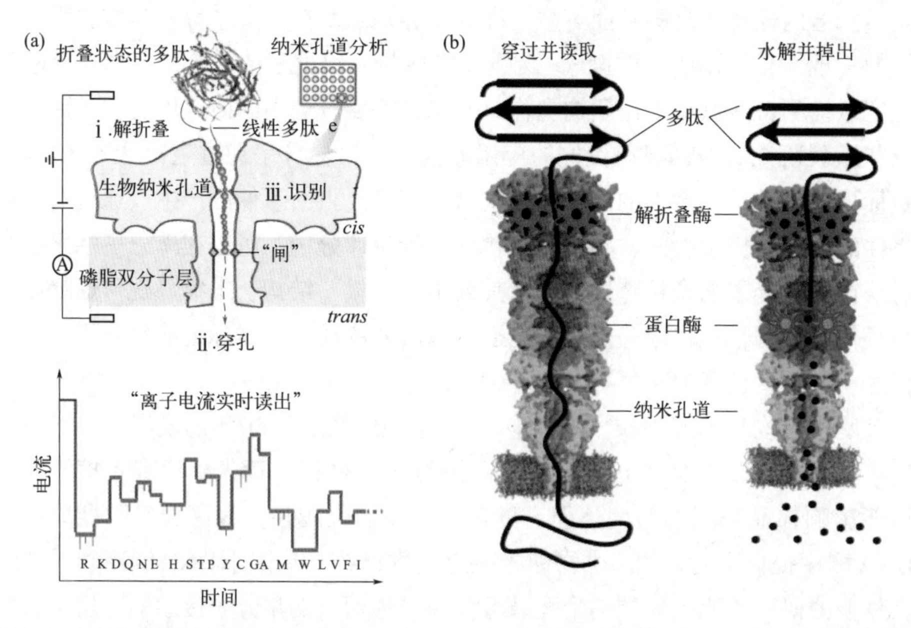

图8-1 基于生物纳米孔道的单分子蛋白质测序：（a）生物纳米孔道单分子蛋白质测序原理示意图[11]；（b）生物纳米孔道机器设计改造与单分子多肽/蛋白质测序策略[12]

生物纳米孔道技术也可以作为一种单分子质谱技术分析聚合物，如聚乙二醇（polyethylene glycol，PEG）分子量差异，有望打破由平均值代表的集合体测量的局限性[13-14]。纳米孔道单分子质谱与常规质谱技术相比具有明显的优势：首先，纳米孔道单分子质谱无需标记待测物，可直接得到分子的结构信息，并且保证了待测分子的完整性；再者，纳米孔道单分子质谱无需真空环境，可直接在溶液体系中进行检测，减免了样品前处理操作且降低了成本，并且可以控制适宜的酸碱度和温度，有利于保持待测分子的活性；另外，纳米孔道单分子质谱可直接对单个分子进行实时分析。这些优势使纳米孔道单分子质谱在生物分析方面展现出良好的应用前景。

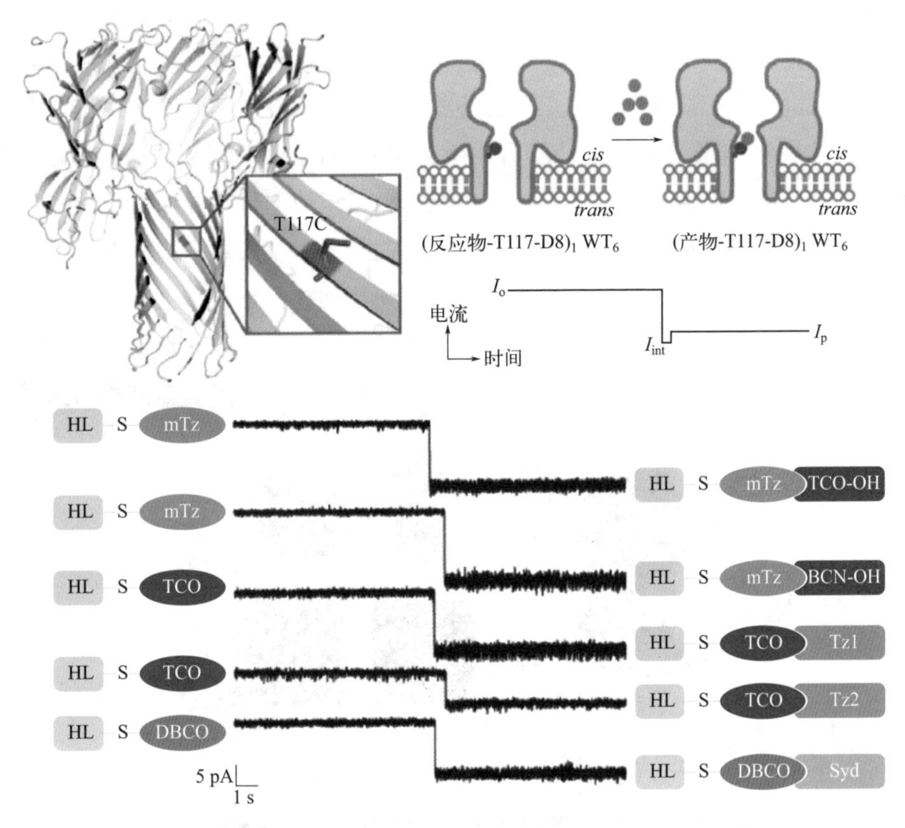

图8-2 生物纳米孔道单分子反应测量与单分子水平合成研究[15]

单分子测量和操控技术在检测和识别短寿命反应中间体、可视化瞬态存在形式等方面发挥着重要作用。宏观体系中发生的化学反应通常是大量反应物分子随机碰撞的平均效应，因此，难以确定某个分子是否发生了有效碰撞。蛋白质生物纳米孔道具有天然的限域结构，可以作为优秀的纳米级反应器，应用于多种单分子反应研究，能够有效避免分子集合体随机行为产生的平均效应，实时监控真实分子系统的动态和静态的异构特性，在单分子水平上揭示个体分子的行为特性随时间的变化，实现短寿命中间体的检测，有助于揭示分子的隐藏特性和理解复杂化学反应的内在分子机制[15-18]。如图8-2所示[15]，生物纳米孔道本身可以参与单分子反应过程，在孔道界面修饰上特定的活性基团与目标分子进行反应，有望获取定制化产物分子或构造高性能单分子器件。

生物纳米孔道单分子检测由于具有高灵敏、高分辨及高通量等优势，已逐渐成为一种易于操作、快速高效的分析手段。然而，推动生物纳米孔道单分子技术在基因测序、DNA损伤检测及microRNA分析等方面的实际应用，仍需克服许多挑战：第一，磷脂支撑膜难以长时间保持稳定，生物膜的脆性是生物纳米孔道探索发展的一大阻碍，可以通过使用新型脂质膜和减小疏水基底上微孔的尺寸来进一步解决此问题；第二，生物纳米孔道单分子界面修饰，仍需继续探索新的生物纳米材料，设计新型生物纳米孔道以获得更高的灵敏度和选择性；第三，纳米孔道传感，需要构建由单个分子组成的传感界面以及集成化纳米孔道阵列传感模型，才有利于实现含有不同分子尺寸及组成的复杂样品的快速、高效、平行测量；第四，纳米孔道技术无法独立满足复杂生命科学研究等的需求，亟须多学科间深度交叉融合，开发纳米孔道与质谱、光谱联用等新技术，为未来基础研究、疾病诊断、药物开发和环境监测等方面提供新的支撑。

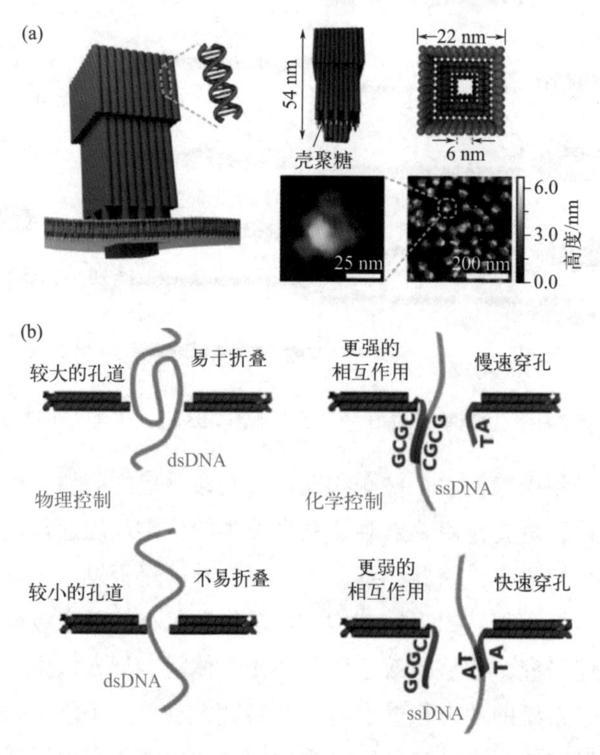

图8-3 DNA折纸技术构建纳米孔道及其单分子检测应用：（a）DNA折纸纳米孔道结构示意图和AFM表征图[19]；（b）不同尺寸DNA折纸纳米孔道对DNA穿孔行为的调控[20]

随着DNA折纸技术（DNA origami）的发展，研究人员用DNA分子自组装成各种形状和尺寸的纳米结构，成功构建了结构和性质可精确调控的DNA折纸纳米孔道［图8-3(a)］[19, 21]。通过改变DNA折纸结构的尺寸，可以选择性检测不同尺寸大小的蛋白质分子以及研究DNA分子在孔内的结构变化［图8-3(b)］[20, 22]。此外，在DNA折纸结构中引入特定的结合位点，使DNA折纸纳米孔道孔口悬挂一段具有特定序列的DNA单链，即可实现其互补序列的特异性检测。

目前，生物纳米孔道在单分子分析领域已经取得了重大研究进展，但是由于天然蛋白生物纳米孔道的尺寸和结构固定，大大限制了其检测范围；同时生物孔道-磷脂膜体系对pH、温度以及盐浓度等外界条件十分敏感，难以长时间稳定。针对上述挑战，逐渐发展了固体纳米孔道[23-24]，按照形成孔道的结构和材料特点，本书第3章、第4章将固体纳米孔道主要分为：

① 以硅基材料SiN_x、MoS_2等二维材料为代表的固体纳米孔道。通常使用聚焦离子束或电子束在硅及其衍生物或其他二维薄膜材料表面制备纳米尺度的孔洞，再对孔道表面进行进一步物理或化学修饰以满足检测需求。常用的制备方法包括聚焦离子束刻蚀法、高能电子束刻蚀法以及电化学刻蚀法，由于采用电化学刻蚀法需要借助高压电场控制介质击穿固态薄膜，不需要昂贵的仪器设备并且可以通过软件程序自动控制制备过程，实验成本较低，实验操作简单，可作为一种常见的制备单个氮化硅纳米孔道的方法。

② 以石英或硼硅酸盐玻璃毛细管为代表的锥形纳米孔道。目前主要是利用激光加热玻璃毛细管后再将其拉制出纳米级别的管尖，通过调节拉制参数获得尺寸、形状可控的锥形玻璃纳米孔道，并进一步进行化学改性拓展其应用范围。对玻璃毛细管进行退火和拉伸逐渐成为一种制备锥形玻璃固体纳米孔道的常用方法，这种物理拉制方法操作简单、过程可控，可以稳定地制造出直径100 nm以及更小的玻璃纳米孔道。玻璃纳米孔道具有特殊的锥形结构，在电解质溶液中呈现整流的特性，基于该特征，可以在玻璃纳米孔道内修饰各种纳米仿生材料，用于设计功能化纳米器件。同时，由于玻璃纳米孔道易于与其他检测技术结合，近年来被成功地应用于单分子、单颗粒以及单细胞的研究。

由于固体纳米孔道具有机械强度高、耐受性好、孔道尺度可控、表面易于修饰等特点，可作为一种能够非标记检测单分子、单颗粒以及单细胞的分析方法。利用固体纳米孔道能够实现单个体间差异、单个体动态变化的精准测量，进一步拓宽纳米孔道在实际样品检测和具体生命活动过程研究等方面的应

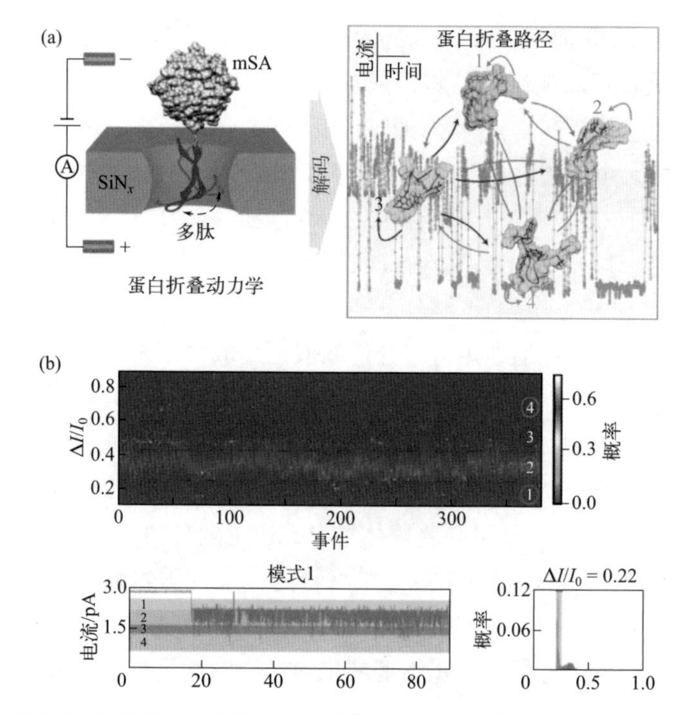

图8-4 固体纳米孔道限域单分子多肽构象研究[25]：（a）基于SiN_x固体纳米孔道的单分子多肽折叠路径解析示意图；（b）单分子多肽阻断电流信号及其阻断电流程度分布图

用。近年来，利用氮化硅固体纳米孔道探究了具有矢量性特征的纳米颗粒的穿孔行为，基于纳米孔道的电化学空间限域效应实时监测单个双链DNA分子动态解链过程，构建集成化固体纳米孔道传感器，实现了实际样品中癌症标志物的超灵敏定量检测以及单个氧化还原酶分子的电催化过程实时分析[26]。基于固体纳米孔道发展了一种研究单分子多肽/蛋白质动态构象变化的方法，结合分子动力学模拟和马尔可夫链模型，解析了俘获到固体纳米孔道中的单个多肽分子的稳态和亚稳态构象及其动态折叠变换过程（图8-4）[25]。玻璃纳米孔道也可用于蛋白质结构研究，已成功实现对阿尔茨海默病相关Aβ蛋白的单体、寡聚体和纤维三种不同聚集状态的区分[27]。此外，石英锥形纳米孔道实现了水样中汞离子浓度的高灵敏检测和抗原-抗体特异性相互作用的分析，通过对石英锥形纳米孔道内表面进行烷基化修饰，实现了对疾病标志物分子的选择性分析[28]。

固体纳米孔道因具有稳定性强、尺寸可控、易于修饰等优点，拓宽了纳米孔道单分子检测的应用范围。但在以固体纳米孔道为载体制备纳米电极、探究反应过程及机制等方面仍然存在诸多挑战。基于目前的研究进展，固体纳米孔

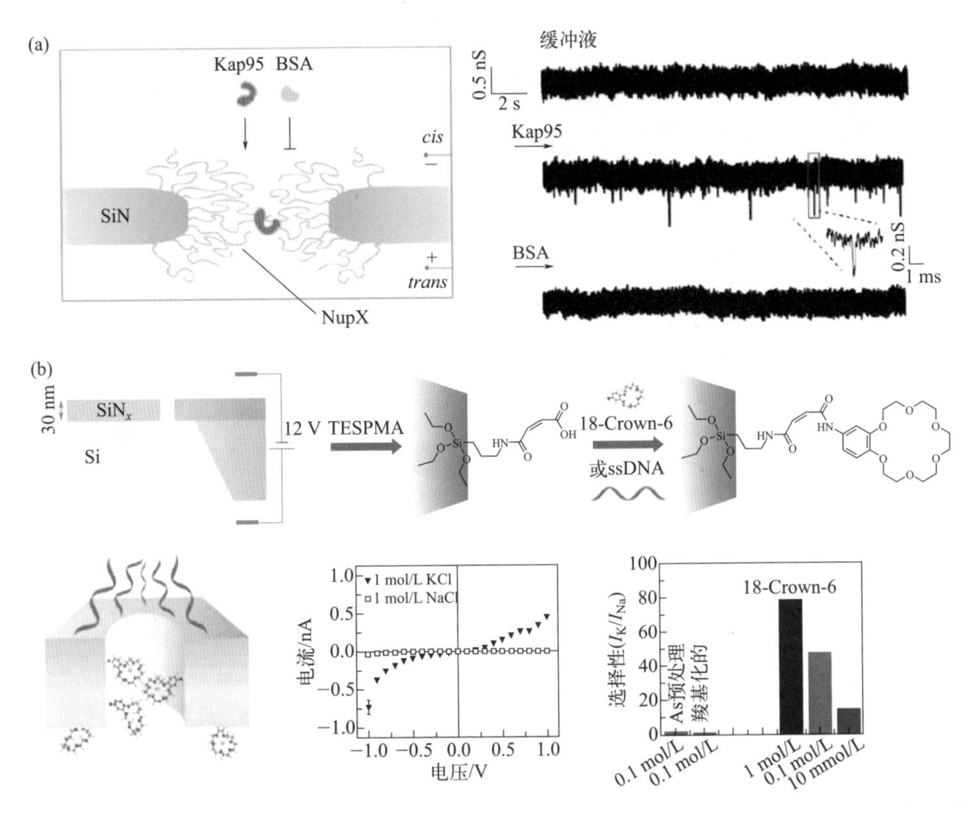

图8-5　功能化仿生固体纳米孔道的分子离子检测：（a）核孔蛋白修饰SiN纳米孔道检测Kap95和BSA蛋白[29]；（b）冠醚、ssDNA修饰SiN_x固体纳米孔道钾离子选择性研究[30]

道未来的发展方向包括：第一，纳米电活性界面的构建，以功能化固体纳米孔道为基底材料，通过在纳米孔道内部构建高灵敏的纳米电活性界面，实现对离子、分子、纳米颗粒动态传输和反应非平衡态过程的精准解析。第二，功能化单分子电子器件的设计与制备，对固体纳米孔道内外表面进行物理、化学修饰，用于构建功能化仿生纳米级单分子器件（图8-5）[29-30]。第三，便携式高通量传感芯片的研制，由于固体纳米孔道具有机械强度高、稳定性好等特点，将功能化纳米孔道设计并制备成便携式智能疾病诊断阵列系统，以满足对疾病分子的高通量、现场、实时检测需求，发展成为个体精准诊疗纳米孔道单分子体外诊断技术。第四，复合孔道技术开发，将生物孔道与固体孔道结合，开发快速、多功能的纳米传感器，实现复杂样品的高灵敏检测。将生物孔道与固体孔道结合构建复合纳米孔道是实现高效检测的重要发展方向之一。最早的复合纳米孔道系统是由α-溶血素蛋白孔道与SiN固体纳米孔道结合形成的［图8-6（a）］[31]，该复合纳米孔道不仅具有生物纳米孔道原子精度的结构，同时具备了固体纳米孔道的机械稳定性。另一种复合纳米孔道是将碳纳米管作为通道插入脂质双层膜或细胞膜中[图8-6(b)][32]，可用于水分子、离子以及DNA分子的传输研究，为仿生界面的开发以及细胞膜中物质输运机制探究提供了一种新的分析手段。

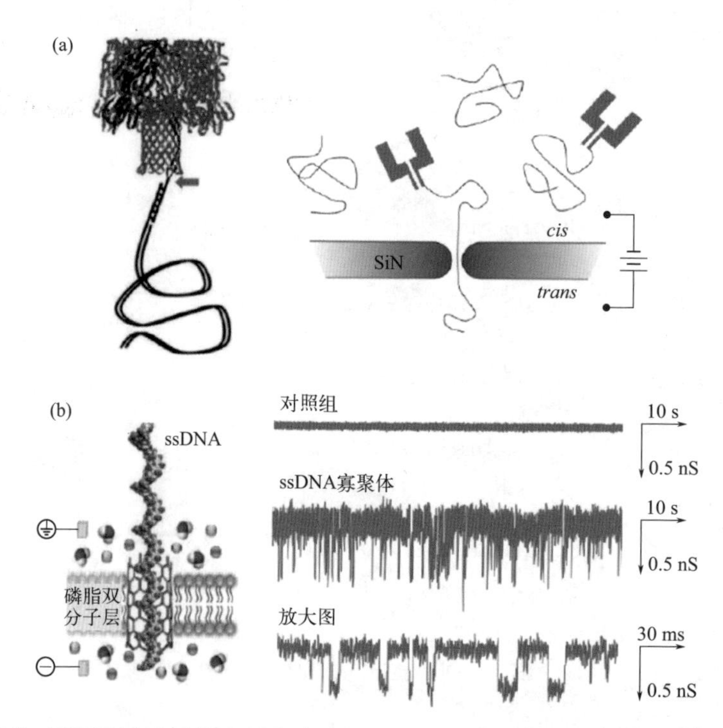

图8-6 生物-固体复合纳米孔道示意图：（a）α-HL蛋白与SiN固体复合纳米孔道[31]；（b）碳纳米管与磷脂双分子层膜复合孔道及其ssDNA检测应用[32]

纳米孔道电化学测量基于一系列瞬态离子流响应来解析分子个体的结构、性质和动态构象变化。然而，纳米孔道内单个分子所产生的信号为皮安级微弱电流，大多情况下持续时间仅为毫秒级别。因此，如何放大和精确解析单分子瞬态微弱电流信号是纳米孔道测量仪器面临的一个巨大挑战。此外，纳米孔道研究通常基于对大量单分子事件的结果进行统计分析。因此，需要针对纳米孔道数据特征，研究和开发智能单分子大数据算法以及与测量仪器匹配的数据软件，用于精准高效地提取数据中的有效信息。

本书第5章、第6章详细介绍了纳米孔道单分子信号的噪声来源、信号放大原理、数据分析算法等与纳米孔道电化学测量系统开发相关的内容。纳米孔道电化学测量系统集成了前置微弱电流放大器、信号处理降噪模块、高速信号采集电路和计算机软件等，实现对纳米孔道单分子信号的高灵敏、高带宽测量。通过引入混合信号处理芯片，设计研制了高度灵敏集成化电化学仪器系统，可将多种电化学检测技术集成于微型化电路；进一步，通过研究纳米孔道微弱电流信号的噪声来源及电流放大原理，研制出具有超高灵敏度的前置电流放大器模块，实现了纳米孔道单分子信号放大并显著降低了干扰噪声。

单分子穿过孔道产生的皮安级离子电流不可避免地受到噪声的干扰，低电流幅值的短时阻断事件容易被噪声掩盖而难以检测，采用低通滤波去除高频噪声可有效地进行数据的分析和处理，然而低通滤波器通常会限制带宽并且导致信号失真，使得持续时间增加且电流幅值减少，难以准确测定单分子信息。针对上述出现的滤波问题，通常基于纳米孔道等效电路法恢复畸变事件，采用半峰宽（full width at half maxima, FWHM）和事件的斜率提高前置滤波数据分析的性能[33]；或增加电化学测量仪器的带宽，降低信号失真程度，但这将引入强噪声并增加检测成本，孔隙结构本身和膜容量也会对记录的整体信号带宽产生贡献，当纳米孔道信号带宽低于仪器的信号带宽时，高带宽仪器（＞10 kHz）不会使事件发生失真[34]。目前，通过对纳米孔道微弱信号放大和降噪方法的研究以及集成化仪器系统和软件的研制，实现了纳米孔道电流信号的高带宽采集、高速处理、精准分析和高效储存，并可将其应用于纳米孔道单分子信号的高速、低噪声和超长时间采集与处理。

为实现对纳米孔道单分子信号的精准识别和高通量快速分析，发展了纳米孔道单分子信号识别算法，引入多缓冲并行程序，实现了纳米孔道的实时在线数据处理。综合使用改进的隐马尔可夫模型（hidden Markov model, HMM）高带宽纳米孔道数据分析方法和高斯函数混合模型，利用维特比（viterbi）编译技术，直接分析原始或未经过滤的纳米孔道电流数据，可显著降低过滤引起的纳米孔道事件失真[35]。隐马尔可夫模型已被证明对高噪声数据具有强烈的响应信号，直接分析原始数据避免了预处理过程导致的快速易位和碰撞引起阻断电流形状的扭曲。采用模糊 c 均值（fuzzy c-means algorithm, FCM）算法来自动初始化HMM参数，克服了该模型对于初始预设参数的敏感性，利用维特比训练算法可对其进一步优化。模拟和实验结合证明了该方法对纳米孔道电流阻断事件的精确检测性，并能够在商业仪器的最高带宽下检测纳米孔事件。基于隐马尔可夫模型的高带宽纳米孔道数据分析方法能够更加精确地评估更短的电流阻断信号（＜100 μs），在相同的实验条件下可将纳米孔测量系统的带宽从3 kHz调整至10 kHz时，维特比训练算法计算速度更快，更适合于在线纳米孔道数据分析。与其他高效机器学习技术结合，可实现对实验测得纳米孔道时间序列数据进行在线精确分析。

由于单分子过孔行为的随机性，纳米孔道的研究总是基于对大量阻断事件的统计分析，在传统的数据处理过程中单分子事件是通过整个电流轨迹来确定的，这些阻断事件由基线偏离阈值的聚集数据点组成，通常以当前所追踪事件的标准偏差来定义阈值。纳米孔道分析软件采用单阈值法可以实现简单快速的分析，但由于指定阈值应设值较大时会引入噪声成分的影响，因此通常忽略了阻断事件两个边缘的数据点，双阈值法可以将缺失数据点的数量最小化。由于纳米孔道和盐浓度变化的影响，电流信号会呈现出明显的漂移现象，恒定的基线或者阈值既不能提供一个灵活识别阻断的标准，同时也无法正确地识别阻断的起始点和终止点，因而无法准确地测量阻断时间和幅值。采用局部阈值的移动窗口平均法可解决此类问题。

采用局部阈值法和返回追踪程序可近似检测阻断信号，移动窗口算法能够对每个时间点的局部基线进行评估并有效消除基线漂移的影响，随后基于二阶差分法（second-order-differential-based calibration，DBC）对阻断时间进行标定，可在很大程度上消除随机噪声影响[36]。在阻断区域近似定位后，采用DBC对阻断区域进行矫正，能够准确测量阻断时间；采用积分法对电流幅值进行评估，可以恢复快速阻断的准确性。与传统分析方法相比，DBC法在标定阻断时间为0.05 ms的阻断事件中的相对误差减小71%。采用集成电流表征纳米孔道阻断能够实现在小型专用微机或者微处理器的实时数据处理，将该方法与HMM等经典方法相结合，可以为纳米孔道实验结果提供一个清晰的分子行为图像，显著提高了数据分析的带宽。在此基础上，利用MATLAB平台设计了一个集成的软件系统“Nanopore Analysis”，并引入一个指数修正高斯函数，以满足拟合半高斯半指数事件直方图的需要，与传统的指数函数相比，此函数具有更好的拟合性，可以覆盖整个分布范围。

纳米孔道电化学的基本原理是通过解析孔道内离子流阻断电信号的变化来揭示单分子性质和行为。纳米孔道界面，尤其是蛋白生物纳米孔道界面上的氨基酸残基与限域单分子、离子、质子等之间发生相互作用，引起孔道内离子流量发生瞬态变化并产生微弱离子电流波动。目前所采用的纳米孔道分析方法主要是基于恒电位下的电流信号测量，所获取的信息在理想模型中是分子穿过孔道所产生电流变化的时域信息。然而，在实际微观尺度下，纳米孔道内复杂微环境中的分子本身具有瞬态结构变化和高频振动。因此，仅利用电流信号的时域特征难以实现对分子、纳米孔道及其相互作用的精准解析。开发针对电流信号频域特征的数据分析算法已被证实可用于获得更深层次的分子与纳米孔道间的作用信息。

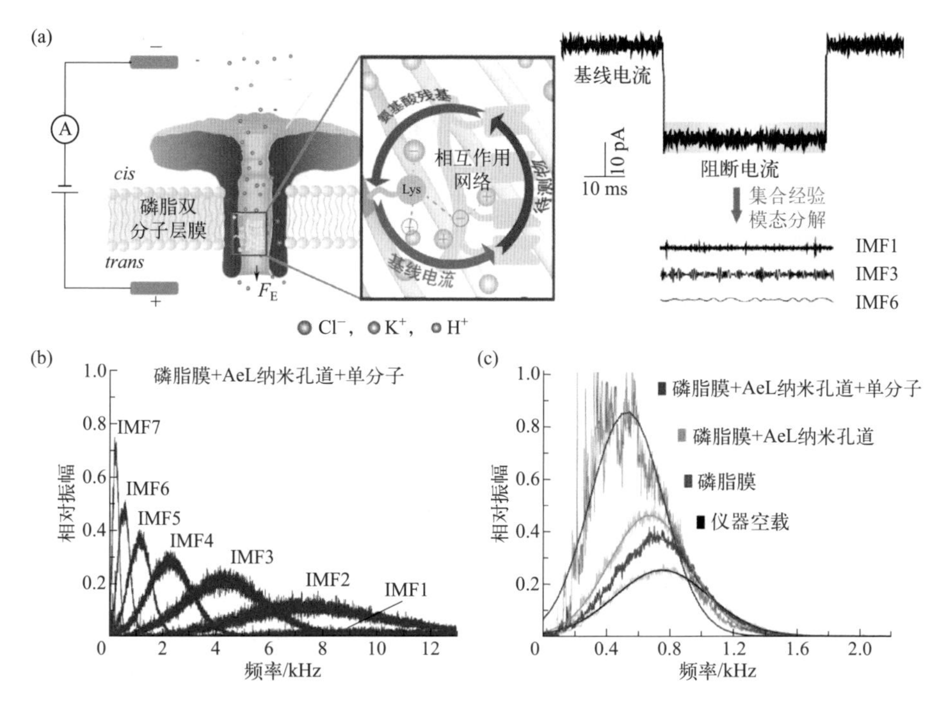

图8-7 频谱分析纳米孔道内部离子动态相互作用网络[37]：（a）poly（dA）$_4$分子通过气溶素纳米孔道及其电流信号经验模态分解示意图；（b）单分子特征电流阻断信号的希尔伯特谱分析频谱图；（c）膜-孔单分子测量系统的幅值-频谱图对比

近期有学者发展了纳米孔道离子流信号指纹图谱分析方法，并提出了单分子频率指纹图谱的数学模型（图8-7）[37]。以气溶素生物纳米孔道为例，首先将原始单分子电流信号通过经验模态分解得到一系列本征模态函数，然后经过希尔伯特谱分析得到每个信号的时频谱图，获取频域谱图峰值频率（f_m）和峰值振幅（a_m），评估纳米孔道内离子的解离速率以及限域空间内相互作用网络平衡后纳米孔道结合的离子数目。通过改变纳米孔道灵敏区域内氨基酸残基种类及其与单个ssDNA分子的相互作用，归纳了孔道界面化学特性对离子指纹图谱特征f_m和a_m的影响规律，利用多元回归分析建立了单分子频率指纹图谱经验模型，表明了频率特征与孔道界面上氨基酸残基电性、范德华体积以及亲疏水性等的关系。这种新的复杂信息提取方法可以获取纳米孔道离子流信号的瞬时频率，有助于实现纳米孔道-单分子动态相互作用的精准解析。

在恒电位下基于电流时域信号进行频域分析的局限在于其分析结果包含大量除了分子和孔道本征频率以外的信息，并且受仪器采样限制的干扰。通过研制微弱电流信号的频谱扫描分析系统，采用纳米孔道或分子的本征频率作为激励信号进行分析，或采用频率扫描模式探测其特征频率，可更进一步帮助放大和研究纳米孔道单分子信息，进而提高DNA、多肽等单分子分析的准确性。此外，在纳米孔道测量中，实验温度会改变孔道内外溶液中离子和分子的运动行为，显著影响孔道的基线电流以及测得的单分子电流信号。开发集成温度控制功能的纳米孔道仪器系统，不仅可用于研究纳米孔道以及不同测量分子的温度响应，而且根据待测体系的特点优化实验温度，能够有效提高纳米孔道电化学测量系统的时间和空间分辨率。

待测分子进入孔道内诱导的离子流变化是纳米孔道电化学传感的基本原理，通常认为其主要由分子排开孔道内溶液的体积决定。然而，排阻体积与离子流阻断不匹配现象频繁出现，促使研究者从电化学源头重新认识纳米孔道内离子流传感信号。结合溶液电导理论、纳米孔道实验和分子动力学模拟，验证并量化了孔道-分析物相互作用对离子流信号的增强效应，揭示了静电和范德华相互作用、氢键等非共价相互作用通过影响孔道内的离子迁移率，改变未被目标分子占位空间内溶液的电导，从而诱导离子流传感信号的增强[图8-8(a)][38]。在此基础上，定向调控孔道界面与单分子的非共价相互作用类型及程度，获得了“倍增”的离子流信号。对纳米孔道内离子流传感来源的重新审视，表明非共价相互作用协同体积排阻效应共同决定了离子流电信号的特征，这种新认知修正了传统的体积排阻电流传感模型[图8-8(b)][39]，将推动纳米孔道技术在复杂体系生物标志物识别、单分子蛋白质测序等方面的发展和应用。

纳米孔道电化学测量涉及分析化学、生物传感、生命科学、信号处理、电路设计、芯片加工、数学算法和嵌入式系统开发等多个学科和方向，纳米孔道电化学测量仪器的发展依赖于多个交叉学科的共同进步，纳米孔道技术向价格低廉和具有竞争力的单分子分析方向发展仍面临诸多挑战与机遇[40-42]：人工智能模拟算法辅助精确设计纳米限域空间以创建可控的高时间/空间分辨的灵敏传感或反应区域，通过调节孔道界面-分析物的相互作用调控单分子随机运动或选择性反应行为，同时结合荧光、拉曼等光学技术同步获取单分子“构-效”关系，未来有望实现单个分子的精准操纵以及单分子水平的精确化学合成；计算机模拟与仿真体系的逐渐发展还可提高传输和接收单分子动态信息的能力，为数据快速处理、分析与检验提供新的思路；进一步优化微弱电流信号时域、频域分析算法模型可以提高其对参数的敏感性，有利于获得更加准确的分子以及孔道的本征信息；开发低噪声、多通道的集成温控功能的纳米孔道仪器以及数据处理系统，可改善数据采集、存储和传输性能，获得更加准确的处理结果，有助于推动实现自动化并行处理纳米孔道阵列的高带宽、高通量、微小差异电流信号的进程。纳米孔道电化学测量系统可拓展应用于其他基于微弱

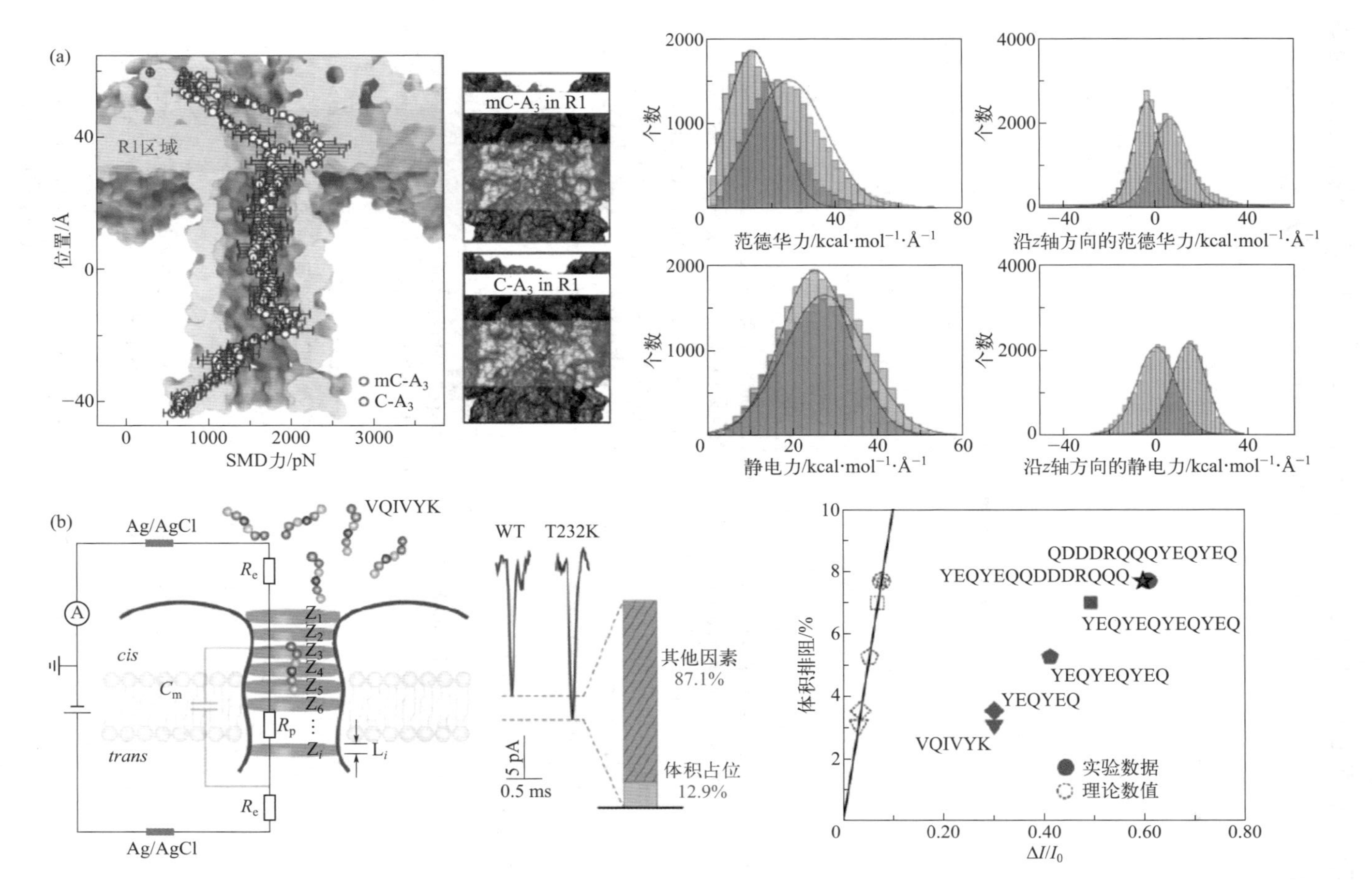

图8-8 纳米孔道电化学测量机制的重新思考：（a）分子动力学模拟揭示纳米孔道-单分子相互作用差异[38]；（b）体积排阻与离子阻断电流程度关系的解析[39]

电流信号的单分子、单颗粒、单细胞等单个体纳米电化学研究，如纳米颗粒的随机碰撞和细胞内活性物质的电化学测量等。此外，高灵敏集成化电化学测量系统在便携式、可穿戴、可植入传感器等领域也展现出了良好的应用前景。

参考文献

[1] Kasianowicz J J, Brandin E, Branton D, Deamer D W. Characterization of individual polynucleotide molecules using a membrane channel[J]. *Proceedings of the National Academy of Sciences*, 1996, 93(24): 13770-13773.

[2] Ying Y L, Long Y T. Nanopore-based single-biomolecule interfaces: from information to knowledge[J]. *Journal of the American Chemical Society*, 2019, 141(40): 15720-15729.

[3] Deamer D, Akeson M, Branton D. Three decades of nanopore sequencing[J]. *Nature Biotechnology*, 2016, 34(5): 518-524.

[4] Cressiot B, Bacri L, Pelta J. The promise of nanopore echnology: advances in the discrimination of protein sequences and chemical modifications[J]. *Small Methods*, 2020, 13: 2000090.

[5] Varongchayakul N, Song J, Meller A, Grinstaff M W. Single-molecule protein sensing in a nanopore: A tutorial[J]. *Chemical Society Reviews*, 2018, 47(23): 8512-8524.

[6] Galenkamp N S, Biesemans A, Maglia G. Directional conformer exchange in dihydrofolate reductase revealed by single-molecule nanopore recordings[J]. *Nature Chemistry*, 2020, 12(5): 481-488.

[7] van Meervelt V, Soskine M, Maglia G. Detection of two isomeric binding configurations in a protein-aptamer complex with a biological nanopore[J]. *ACS Nano*, 2014, 8(12): 12826-12835.

[8] Soskine M, Biesemans A, Maglia G. Single-molecule analyte recognition with ClyA nanopores equipped with internal protein adaptors[J]. *Journal of the American Chemical Society*, 2015, 137(17): 5793-5797.

[9] Fahie M A, Yang B, Mullis M, Holden M A, Chen M. Selective detection of protein homologues in serum using an OmpG nanopore[J]. *Analytical Chemistry*, 2015, 87(21): 11143-11149.

[10] Wang S, Haque F, Rychahou P G, Evers B M, Guo P. Engineered nanopore of Phi29 DNA-packaging motor for real-time detection of single colon cancer specific antibody in serum[J]. *ACS Nano*, 2013, 7(11): 9814-9822.

[11] Hu Z L, Huo M, Ying Y L, Long Y T. Biological nanopore approach for single - molecule protein sequencing[J]. *Angewandte Chemie International Edition*, 2021, 60(27): 14738-14749.

[12] Zhang S, Huang G, Versloot R, Herwig B M, de Souza P C T, Marrink S J, Maglia G. Bottom-up fabrication of a proteasome-nanopore that unravels and process single protein[J]. *Nature Chemistry*, 2021, 13: 1192-1199.

[13] Robertson J W F, Rodrigues C G, Stanford V M, Rubinson K A, Krasilnikov O V, Kasianowicz J J. Single-molecule mass spectrometry in solution using a solitary nanopore[J]. *Proceedings of the National Academy of Sciences*, 2007, 104(20): 8207-8211.

[14] Baaken G, Halimeh I, Bacri L, Pelta J, Oukhaled A, Behrends J C. High-resolution size-discrimination of single nonionic synthetic polymers with a highly charged biological nanopore[J]. *ACS Nano*, 2015, 9(6): 6443-6449.

[15] Qing Y, Pulcu G S, Bell N A W, Bayley H. Bioorthogonal cycloadditions with sub-millisecond intermediates[J]. *Angewandte Chemie International Edition*, 2018, 57(5): 1218-1221.

[16] Qing Y, Tamagaki-Asahina H, Ionescu S A, Liu M D, Bayley H. Catalytic site-selective substrate processing within a tubular nanoreactor[J]. *Nature Nanotechnology*, 2019, 14(12): 1135-1142.

[17] Haugland M M, Borsley S, Cairns-Gibson D F, Elmi A, Cockroft S L. Synthetically diversified protein nanopores: Resolving click Reaction mechanisms[J]. *ACS Nano*, 2019, 13(4): 4101-4110.

[18] Hu Z L, Li Z Y, Ying Y L, Zhang J, Cao C, Long Y T, Tian H. Real-time and accurate identification of single oligonucleotide photoisomers via an aerolysin nanopore[J]. *Analytical Chemistry*, 2018, 90(7): 4268-4272.

[19] Göpfrich K, Li C Y, Ricci M, Bhamidimarri S P, Yoo J, Gyenes B, Ohmann A, Winterhalter M, Aksimentiev A, Keyser U F. Large-conductance transmembrane porin made from DNA origami[J]. *ACS Nano*, 2016, 10(9): 8207-8214.

[20] Hernández-Ainsa S, Bell N A W, Thacker V V, Göpfrich K, Misiunas K, Fuentes-Perez M E, Moreno-Herrero F, Keyser U F. DNA origami nanopores for controlling DNA Translocation[J]. *ACS Nano*, 2013, 7(7): 6024-6030.

[21] Engst C R, Ablay M, Divitini G, Ducati C, Liedl T, Keyser U F. DNA origami nanopores[J]. *Nano Letters*, 2012, 12(1): 512-517.

[22] Ketterer P, Ananth A N, Laman Trip D S, Mishra A, Bertosin E, Ganji M, van der Torre J, Onck P, Dietz H, Dekker C. DNA origami scaffold for studying intrinsically disordered proteins of the nuclear pore complex[J]. *Nature Communications*, 2018, 9: 902.

[23] Xue L, Yamazaki H, Ren R, Wanunu M, Ivanov A P, Edel J B. solid-state nanopore sensors[J]. *Nature Reviews Materials*, 2020, 5(12): 931-951.

[24] Hu R, Tong X, Zhao Q. Four aspects about solid-state nanopores for protein sensing: Fabrication, sensitivity, selectivity, and durability[J]. *Advanced Healthcare Materials*, 2020, 9(17): 2000933.

[25] Liu S C, Ying Y L, Li W H, Wan Y J, Long Y T. Snapshotting the transient conformations and tracing the multiple pathways of single peptide folding using a solid-state nanopore[J]. *Chemical Science*, 2021, 12(9): 3282-3289.

[26] Lu S M, Peng Y Y, Ying Y L, Long Y T. Electrochemical sensing at a confined space[J]. *Analytical Chemistry*, 2020, 92(8): 5621-5644.

[27] Yu R J, Lu S M, Xu S W, Li Y J, Xu Q, Ying Y L, Long Y T. Single molecule sensing of amyloid-β aggregation by confined glass nanopores[J]. *Chemical Science*, 2019, 10(46): 10728-10732.

[28] Yu R J, Ying Y L, Gao R, Long Y T. Confined nanopipette sensing: From single molecules, single nanoparticles, to single cells[J]. *Angewandte Chemie International Edition*, 2019, 58(12): 3706-3714.

[29] Fragasso A, de Vries H W, Andersson J, van der Sluis E O, van der Giessen E, Dahlin A, Onck P R, Dekker C. A designer FG-Nup that reconstitutes the selective transport barrier of the nuclear pore complex[J]. *Nature Communications*, 2021, 12: 2010.

[30] Acar E T, Buchsbaum S F, Combs C, Fornasiero F, Siwy Z S. Biomimetic potassium-selective nanopores[J]. *Science Advances*, 2019, 5(2): eaav2568.

[31] Hall A R, Scott A, Rotem D, Mehta K K, Bayley H, Dekker C. Hybrid pore formation by directed insertion of α-Haemolysin into solid-State nanopores[J]. *Nature Nanotechnology*, 2010, 5(12): 874-877.

[32] Geng J, Kim K, Zhang J, Escalada A, Tunuguntla R, Comolli L R, Allen F I, Shnyrova A V, Cho K R, Munoz D, Wang Y M, Grigoropoulos C P, Ajo-Franklin C M, Frolov V A, Noy A. Stochastic transport through carbon nanotubes in lipid bilayers and live cell membranes[J]. *Nature*, 2014, 514(7524): 612-615.

[33] Pedone D, Firnkes M, Rant U. Data Analysis of translocation events in nanopore experiments[J]. *Analytical Chemistry*, 2009, 81(23): 9689-9694.

[34] Uram J D, Ke K, Mayer M. Noise and bandwidth of current recordings from submicrometer pores and nanopores[J]. *ACS Nano*, 2008, 2(5): 857-872.

[35] Zhang J, Liu X, Ying Y L, Gu Z, Meng F N, Long Y T. High-bandwidth nanopore data analysis by using a modified hidden markov model[J]. *Nanoscale*, 2017, 9(10): 3458-3465.

[36] Gu Z, Ying Y L, Cao C, He P, Long Y T. Accurate data process for nanopore analysis[J]. *Analytical Chemistry*, 2015, 87(2): 907-913.

[37] Li X, Ying Y L, Fu X X, Wan Y J, Long Y T. Single-molecule frequency fingerprint for ion interaction networks in a confined nanopore[J]. *Angewandte Chemie International Edition*, 2021, 60(46): 24582-24587.

[38] Li M Y, Ying Y L, Yu J, Liu S C, Wang Y Q, Li S, Long Y T. Revisiting the origin of nanopore current blockage for volume difference sensing at the atomic level[J]. *JACS Au*, 2021, 1(7): 967-976.

[39] Huo M Z, Li M Y, Ying Y L, Long Y T. Is the volume exclusion model practicable for nanopore protein sequencing?[J]. *Analytical Chemistry*, 2021, 93(33): 11364-11369.

[40] Ying Y L, Lu S M, Wang J, Long Y T. Chapter 7 Summary and Outlook[M]//*Confining electrochemistry to nanopores: From fundamentals to applications*. London: The Royal Society of Chemistry, 2021.

[41] Ying Y L, Hu Z L, Zhang S, Qing Y, Fragasso A, Maglia G, Meller A, Bayley H, Dekker C, Long Y T. Nanopore-based technologies beyond DNA sequencing[J]. *Nature Nanotechnology*, 2022, 17(11): 1136-1146.

[42] Ying Y L. Handling a protein with a nanopore machine[J]. *Nature Chemistry*, 2021, 13 (12): 1160-1162.